制造业高端技术系列

离心泵非定常流动激励转子动力学

Unsteady-flow-induced Rotordynamics in Centrifugal Pumps

朱祖超　翟璐璐　著

机械工业出版社

本书以对我国经济建设和国家安全有重要现实意义的流程离心泵和航天发动机离心泵为具体工程背景，从基础理论、数值计算和应用实例等方面，构建基于全流量、全流场非定常流场信息的流体激励力及考虑流体激励力的转子动力特性分析方法，得到了非定常流体激励力作用下的转子系统动力特性，并以高速离心泵和多级离心泵为例进行计算分析。本书研究成果可为高性能离心泵设计开发和可靠运行提供技术支撑。

本书可作为流体机械和叶轮机械教学和科研人员的参考书，也可为离心泵产品设计和实际应用的科研人员提供借鉴和参考。

图书在版编目（CIP）数据

离心泵非定常流动激励转子动力学/朱祖超，翟璐璐著. —北京：机械工业出版社，2019.6
ISBN 978-7-111-62968-9

Ⅰ.①离… Ⅱ.①朱…②翟… Ⅲ.①离心泵–非定常流动–转子动力学–研究 Ⅳ.①TH311

中国版本图书馆CIP数据核字（2019）第118716号

机械工业出版社（北京市百万庄大街22号　邮政编码100037）
策划编辑：何月秋　责任编辑：何月秋　王春雨
责任校对：李　伟　封面设计：马精明
责任印制：孙　炜
北京联兴盛业印刷股份有限公司印刷
2019年7月第1版第1次印刷
169mm×239mm·16印张·1插页·275千字
0001—1200册
标准书号：ISBN 978-7-111-62968-9
定价：118.00元

电话服务　　　　　　　　　网络服务
客服电话：010-88361066　　机 工 官 网：www.cmpbook.com
　　　　　010-88379833　　机 工 官 博：weibo.com/cmp1952
　　　　　010-68326294　　金 书 网：www.golden-book.com
封底无防伪标均为盗版　　　机工教育服务网：www.cmpedu.com

前言

离心泵是石油化工、化工、煤化工和制药等流程领域的关键设备,可以将液态工作介质加压输送至系统的各个生产环节和操作单元,是整个液体输送系统的心脏。随着流程工业领域和航天事业的发展,离心泵正在向大功率密度即往高速、高压和大型化方向发展。离心泵在运行过程中,必须要具备高效率、高抗汽蚀余量、低振动噪声和高工作稳定性等优越的外特性指标,特别是振动特性,它是机组性能参数满足生产工艺要求的前提,用户最关心的、衡量离心泵运行可靠性的最关键的指标。离心泵的工作转速越高、叶轮级数越多、工作介质越特殊,其内部非定常流体激励力特性越复杂,在此类激励力作用下的振动特性及其他转子动力学行为越复杂。尽管国内外针对旋转机械转子动力学特性开展了较多的理论分析和实验研究,但目前还未能建立考虑非定常流体激励力下的离心泵转子动力学特性及行为计算方法。

本书以对我国经济建设和国家安全有重要现实意义的流程离心泵和航天发动机离心泵为具体工程背景,从基础理论、数值计算和应用实例等方面,构建基于全流量、全流场非定常流场信息的流体激励力及考虑流体激励力的转子动力特性分析方法,得到了非定常流体激励力作用下的转子系统动力特性,并以高速离心泵和多级离心泵为例进行计算分析。本书研究成果可为高性能离心泵的设计开发和可靠运行提供技术支撑。

本书在成书过程中,得到了浙江理工大学、浙江天德泵业有限公司和嘉利特荏原泵业有限公司等单位有关老师和科技人员的大力支持,在此一并表示衷心的感谢!

本书得到了国家自然科学基金项目(No. U1709209)和浙江省重点研发计划项目(No. 2017C01021)的资助。

对于书中存在的缺点和错误,敬请读者批评指正。

朱祖超　翟璐璐

本书字符含义
Symbol List

1. 英文字母含义

c	交叉阻尼系数（N·s/m）
C	主阻尼系数（N·s/m）
C_{l0}	半径间隙（m）
F	流体力（N）
F_r	径向流体力（N）
F_x	x 方向流体力（N）
F_y	y 方向流体力（N）
F_θ	周向流体力（N）
I_s	螺旋头数
k	交叉刚度系数（N/m）
K	主刚度系数（N/m）
L	密封长度（m）
L_g	槽宽（m）
L_l	齿宽（m）
L_p	光滑环形部分长度（m）
L_{helical}	螺旋槽部分长度（m）
m	交叉附加质量系数（kg）
M	主附加质量系数（kg）
N	齿槽的组数
p_{b1}, p_{b2}	边界面压力（Pa）
p_e	等效压力（Pa）
p_{in}	密封入口压力（Pa）
p_{out}	密封出口压力（Pa）
p_s	螺旋槽两端压力（Pa）
$Q_{\text{downspiral}}$	下游螺旋槽泄漏量（m³/s）

Q_g	槽部分泄漏量（m³/s）	
Q_l	齿顶流域泄漏量（m³/s）	
Q_p	光滑环形部分泄漏量（m³/s）	
Q_{spiral}	螺旋槽部分泄漏量（m³/s）	
$Q_{upspiral}$	上游螺旋槽部分泄漏量（m³/s）	
R	密封半径（m）	
R_{equ}	等效半径（m）	
R_θ	周向雷诺数	
T	齿深（m）	
u_{g0}	槽内零阶周向速度（m/s）	
u_{l0}	齿顶间隙内零阶周向速度（m/s）	
$v_{\eta g0}$	槽内零阶 η 方向速度（m/s）	
$v_{\zeta l0}$	齿顶间隙内零阶 ζ 方向速度（m/s）	
$v_{\eta l0}$	齿顶间隙内零阶 η 方向速度（m/s）	
w_{g0}	槽内零阶轴向速度（m/s）	
w_{l0}	齿顶间隙内零阶轴向速度（m/s）	
x	x 方向位移	
y	y 方向位移	
z	轴向位置	

2. 希腊字母含义

α	转子密封螺旋角（°）	
β	定子密封螺旋角（°）	
γ	射流角（°）	
$\Delta p_{\lambda g}$	壁面摩擦引起的槽内压力损失（Pa）	
Δp_{lin}	齿顶间隙流域入口压力损失（Pa）	
Δp_{lout}	齿顶间隙流域出口压力损失（Pa）	
$\Delta p_{\lambda l}$	壁面摩擦引起的齿顶间隙流域压力损失（Pa）	
Δp_p	作用于光滑环形部分两端的压差（Pa）	
$\Delta p_{pumping}$	泵送效应引起的压差（Pa）	
ε	摄动量	
θ	圆周方向位置	
$\lambda_{\zeta g}$	槽内 ζ 方向壁面摩擦因数	

$\lambda_{\eta g}$	槽内 η 方向壁面摩擦因数
$\lambda_{\zeta l}$	齿顶间隙内 ζ 方向壁面摩擦因数
$\lambda_{\eta l}$	齿顶间隙内 η 方向壁面摩擦因数
λ_p	光滑环形部分壁面摩擦因数
μ	动力黏度（Pa·s）
υ	运动黏度（m²/s）
$\xi_{\eta g in}$	槽内流域 η 方向入口压力损失系数
$\xi_{\eta g out}$	槽内流域 η 方向出口压力损失系数
$\xi_{\zeta l in}$	齿顶间隙流域 ζ 方向入口压力损失系数
$\xi_{\zeta l out}$	齿顶间隙流域 ζ 方向出口压力损失系数
$\xi_{\eta l in}$	齿顶间隙流域 η 方向入口压力损失系数
$\xi_{\eta l out}$	齿顶间隙流域 η 方向出口压力损失系数
ρ	介质密度（kg/m³）
Ω	涡动速度（r/min）
ω	主轴转速（r/min）

目录

前言

本书字符含义

第1章 概述 ······ 1

1.1 转动机械转子动力学的发展现状 ······ 1
1.2 离心泵间隙密封流体激励力计算研究现状 ······ 6
1.3 离心泵主流场流体激励力研究现状 ······ 14

第2章 非定常间隙激励力及其等效动力学特性 ······ 18

2.1 环形密封间隙激励力及其等效动力学特性 ······ 18
2.2 光滑环形密封间隙激励力及其等效动力学特性 ······ 20
2.2.1 小长径比环形密封间隙激励力及其等效动力学特性 ······ 20
2.2.2 大长径比环形密封间隙激励力及其等效动力学特性 ······ 24
2.3 螺旋槽动环迷宫密封间隙激励力及其等效动力学特性 ······ 28
2.3.1 螺旋槽流域的稳态求解 ······ 29
2.3.2 基于摄动法的动力学特性求解 ······ 32
2.3.3 工况参数对螺旋槽转子迷宫密封动力学特性的影响 ······ 44
2.3.4 Moody 模型与 Blasius 模型计算对比 ······ 51
2.3.5 几何参数对螺旋槽转子迷宫密封动力学特性的影响 ······ 53
2.4 人字形槽动环迷宫密封间隙激励力及其等效动力学特性 ······ 58
2.4.1 基于整体流动理论的稳态求解 ······ 59
2.4.2 基于摄动法的动力学特性求解 ······ 62
2.4.3 人字形槽迷宫密封、螺旋槽迷宫密封及光滑环形密封的对比 ······ 64
2.4.4 几何参数对人字形槽迷宫密封动力学特性的影响 ······ 68
2.4.5 基于 Moody 摩擦模型的人字形槽动环迷宫密封动力学特性 ······ 81

2.5 人字形槽静环迷宫密封间隙激励力及其等效动力学特性 …………… 86
2.5.1 基于整体流动理论的稳态求解 ………………………………… 87
2.5.2 操作工况对人字形槽静环迷宫密封动力学性能的影响 ………… 92
2.5.3 几何结构对人字形槽静环迷宫密封动力学性能的影响 ………… 96

第 3 章 非定常流体激励与转子系统运动模型构建 …………………… 106

3.1 计算流体力学基本理论 ……………………………………………… 106
3.1.1 控制方程 ……………………………………………………… 106
3.1.2 三维湍流模型 ………………………………………………… 107
3.1.3 壁面函数 ……………………………………………………… 108
3.1.4 离散方法 ……………………………………………………… 109

3.2 离心泵非定常流体激励力特性 ……………………………………… 110
3.2.1 悬臂式样泵 1 非定常流体激励力特性 ……………………… 112
3.2.2 悬臂式样泵 2 非定常流体激励力特性 ……………………… 119
3.2.3 悬臂式高速样泵 3 非定常流体激励力特性 ………………… 122
3.2.4 两端支承式样泵 4 非定常流体激励力特性 ………………… 126
3.2.5 两端支承式样泵 5 非定常流体激励力特性 ………………… 140

3.3 离心泵转子系统动力学分析 ………………………………………… 154
3.3.1 转子系统的设计与校核 ……………………………………… 154
3.3.2 不同坐标系运动的描述与转换 ……………………………… 157
3.3.3 转子系统运动方程的建立 …………………………………… 158
3.3.4 转子系统动力学特性求解 …………………………………… 164
3.3.5 外部激励载荷下转子系统的振动响应 ……………………… 165

第 4 章 离心泵机组的结构动力与转子动力分析实例 ………………… 167

4.1 悬臂式离心泵流体激励下的转子动力学特性 ……………………… 167
4.1.1 OH 1 型离心泵流体激励下的转子动力学特性 …………… 167
4.1.2 OH 2 型离心泵非定常流体激励下的结构及转子动力特性 … 170

4.2 悬臂式高速离心泵非定常流体激励下转子系统动力学特性 ……… 195
4.3 两端支承式多级离心泵非定常流体激励下的转子动力特性分析 … 202

4.3.1　BB3 型 4 级离心泵非定常流体激励下的转子动力特性分析 …………… 202

4.3.2　BB5 型 5 级离心泵非定常流体激励下的转子动力特性分析 …………… 214

4.3.3　BB5 型 10 级离心泵非定常流体激励下的转子动力特性分析…………… 220

4.3.4　BB5 型 11 级离心泵非定常流体激励下的转子动力特性分析…………… 226

参考文献 ……………………………………………………………………………… 230

Contents

Preface

Symbol List

Chapter 1 Introduction ········· 1

  1.1 Development of Rotor Dynamics of Rotating Machinery ········· 1
  1.2 Research Status of Fluid Excitation Force within Clearances in Centrifugal Pumps ········· 6
  1.3 Research Status of Fluid Excitation Force in the Mainstream Field of Centrifugal Pumps ········· 14

Chapter 2 Excitation Force within Clearances and the equivalent dynamic characteristics ········· 18

  2.1 Excitation Force within Annular Seal Clearances and the Equivalent Dynamic Characteristics ········· 18
  2.2 Excitation Force within Plain Annular Seal Clearances and the Equivalent Dynamic Characteristics ········· 20
    2.2.1 Excitation Force and the Equivalent Dynamic Characteristics for Plain Annular Seals with small L/R ratio ········· 20
    2.2.2 Excitation Force and the Equivalent Dynamic Characteristics for Plain Annular Seals with large L/R ratio ········· 24
  2.3 Excitation Force and the Equivalent Dynamic Characteristics within Annular Seal Clearances with Spiral Grooves on the Rotor ········· 28
    2.3.1 Steady Flow Solutions within Spiral-grooved Clearances ········· 29
    2.3.2 Dynamic Characteristics Solutions Based on Perturbation Method ········· 32
    2.3.3 Effects of Operating Conditions on the Dynamic Characteristics of Spiral-grooved Seals ········· 44
    2.3.4 Comparisons of Calculation Results Based on Blasius Friction Model and Moody's Friction Model ········· 51

2.3.5　Effects of Geometric Parameters on the Dynamic Characteristics of Spiral-grooved Seals ········ 53
2.4　Excitation Force and the Equivalent Dynamic Characteristics within Annular Seal Clearances with Herringbone Grooves on the Rotor ········ 58
2.4.1　Steady Flow Solutions within Spiral-grooved Clearances Based on Bluk-flow Model ········ 59
2.4.2　Dynamic Characteristics Solutions Based on Perturbation Method ······ 62
2.4.3　Comparisons of Plain Annular Seals, Spiral-grooved Seals and Herringbone-grooved Seals ········ 64
2.4.4　Effects of Geometric Parameters on the Dynamic Characteristics of Herringbone-grooved Seals ········ 68
2.4.5　Dynamic Characteristics Solutions Based on Moody's Friction Model ········ 81
2.5　Excitation Force and the Equivalent Dynamic Characteristics within Annular Seal Clearances with Herringbone Grooves on the Stator ········ 86
2.5.1　Steady Flow Solutions within Spiral-grooved Clearances Based on Bluk-flow Model ········ 87
2.5.2　Effects of Operating Conditions on the Dynamic Characteristics of Herringbone-grooved Seals ········ 92
2.5.3　Effects of Geometric Parameters on the Dynamic Characteristics of Herringbone-grooved Seals ········ 96

Chapter 3　Calculation models of Unsteady Excitation Force and the Rotor System ········ 106

3.1　Basic Theory of Computational Fluid Dynamics ········ 106
3.1.1　Governing Equations ········ 106
3.1.2　Three-dimensional Turbulence Model ········ 107
3.1.3　Wall Function ········ 108
3.1.4　Discrete method ········ 109
3.2　Unsteady Excitation Force Characteristics of Centrifugal Pump ········ 110

3.2.1　Excitation Force Characteristics of Overhung Model Pump 1 ……… 112
3.2.2　Excitation Force Characteristics of Overhung Model Pump 2 ……… 119
3.2.3　Excitation Force Characteristics of Overhung Model Pump 3 ……… 122
3.2.4　Excitation Force Characteristics of Between-Bearings Model Pump 4 … 126
3.2.5　Excitation Force Characteristics of Between-Bearings Model Pump 5 … 140
3.3　Rotordynamic Analysis of Centrifugal Pumps ………………… 154
3.3.1　Design and Check for Rotor System of Centrifugal Pumps ………… 154
3.3.2　Motion Description and Transformation in Different Coordinate Systems … 157
3.3.3　Establishment of Motion Equations for Rotor System of Centrifugal Pumps ……………………………………………………… 158
3.3.4　Dynamic Characteristics Solution of Motion Equations ……………… 164
3.3.5　Vibration Response of Rotor System under External Excitation Load ……………………………………………………… 165

Chapter 4　Example of Structural Mechanics and Rotor Dynamic Analysis of Centrifugal Pump Unit ……………………… 167

4.1　Rotor Dynamic Analysis for Overhung Centrifugal Pumps …… 167
4.1.1　Rotor Dynamic Analysis for OH1-Type Centrifugal Pumps ………… 167
4.1.2　Rotor Dynamic Analysis for OH2-Type Centrifugal Pumps ………… 170
4.2　Rotor Dynamic Analysis for Overhung High-speed Centrifugal Pumps Considering Unsteady Excitation Force ………………… 195
4.3　Rotor Dynamic Analysis for Between-bearings Multi-stage Centrifugal Pumps Considering Unsteady Excitation Force … 202
4.3.1　Rotor Dynamic Analysis for BB3-Type Four-stage Centrifugal Pumps Considering Unsteady Excitation Force ……………………… 202
4.3.2　Rotor Dynamic Analysis for BB5-Type Five-stage Centrifugal Pumps Considering Unsteady Excitation Force ……………………… 214
4.3.3　Rotor Dynamic Analysis for BB5-Type Ten-stage Centrifugal Pumps Considering Unsteady Excitation Force ……………………… 220
4.3.4　Rotor Dynamic Analysis for BB5-Type Eleven-stage Centrifugal Pumps Considering Unsteady Excitation Force ……………………… 226

References ……………………………………………………… 230

第 1 章 概述

1.1 转动机械转子动力学的发展现状

转子动力学伴随工业大型化兴起并逐渐发展至今,随着技术的不断进步,各应用领域对离心泵机组的水力性能要求越来越高,机组也逐渐向高转速、大功率密度方向发展,在机组振动性能与运行稳定性方面的问题日益突出。设计过程中,对机组水力性能及振动性能预测精度的要求不断提高,对机组的水力优化设计、转动部件结构设计、转子系统优化设计的要求也不断提高。因此,高转速离心泵机组与大跨距多级离心泵机组的转子动力学特性研究、多种载荷作用下的动力学行为研究及转子系统优化设计逐渐成为新的研究热点。

19世纪20年代,英国著名的动力学家 H. H. Jeffcott 简化了一种挠性转子模型,即 Jeffcott 转子,并首先解释了这一模型的转子动力学特性,指出在超临界运行时,该转子会产生自动定心现象。这是有关转子动力学观念的第一次变革,这一结论使得旋转机械的功率和使用范围极大地提高,工作转速高于临界转速的涡轮机、压缩机和泵机组被设计和制造出来[1-3]。1965年,Lund首次提出了将滑动轴承和转子结合在一起研究系统稳定性的方法,油膜的动态效应在线性范围内用 8 个刚度系数和阻尼系数来表征[4]。Tondle 在实验台上成功地演示了由于油膜力激励,系统失稳的全过程[5]。70 年代初,相关研究分析了略去柯氏力影响下,两端刚性铰支的无阻尼均匀轴在其初始位置受扰后的平衡条件[6],随后 Black 和 Barrett 等针对轴承对转子系统的阻尼作用进行了专门的研究[7-9]。随着工业大型化的不断发展,转子系统在超临界转速区运行时,达到某一转速时会出现强烈的自激振动并造成失稳。80 年代,A. Muszynska 等通过一系列实验提出了一个简化的轴承动力特性模型,找到了表征油膜运动整体的特征量[10-12];Smith 考察了具有各向异性刚度的弹性轴承对转子稳定性的影响[13],

"转子-轴承系统动力学"相关理论迅速发展。

在转子动力学研究中,数值计算分析占有很重要的地位。无论是讨论转子的动力学特性,分析转子的各种动力学现象,还是进行转子系统的设计,解决旋转机械的有关工程问题等,甚至一些无法用理论分析方法解决的复杂问题,也可以用数值计算的方法得到结果,或通过计算机仿真,揭示某些难以用理论分析方法或实验观察获得的新现象。目前,较完善的计算分析方法主要包括传递矩阵法、有限元法、模态综合法。传递矩阵法最早起源于 Holzer 用来解决多叶轮转子扭振问题的初参数法,之后由梅克斯泰德和蒲尔将 Holzer 方程推广用于求解转子的弯曲振动问题。主要特点是矩阵的结束不随系统自由度数的增大而增加,故程序简单,计算方便,特别适用于同轴多叶轮转子的链式结构。与机械阻尼、直接积分法等方法相结合,还可以求解复杂转子系统问题。Riaccti 传递矩阵法,保留了传递矩阵法的全部优点,而且在数值上比较稳定,计算精度较高,易于处理具有球铰和刚性支承转子、双转子、畸形转子等复杂转子系统的问题,是一种比较理想的计算方法。国内也有人提出了子结构传递矩阵法,还有一些研究者把传递矩阵法与模态综合法、直接积分法、有限元法及阻抗匹配法相结合,成功地应用于复杂转子系统的动力特性分析中。经过这些改进后无论在计算精度或数值稳定等问题上都获得了满意的效果[14,15]。采用有限元法(Finite Element Method,FEM)分析转子动力学问题始于 1970 年,起初考虑转子只有移动惯性情况下的弯曲振动问题。其建立在把一个整体连续结构离散成有限个单元的基础上,即用一个等价的计算模型去代替真实的物理模型,这个模型由表示成矩阵形式的已知弹性和惯性的离散单元所组成。依照弹性理论所给定的规则将单元组合在一起,可给出真实结构的静力和动力特性[16]。1976年,H. D. Nelson 和 J. M. Mcvangh 计入了转轴的陀螺效应和转动惯量,导出了 Rayleigh 梁-轴模型下的有限元刚度矩阵和质量矩阵。H. D. Nelson 又推导出了 Timoshenko 梁-轴模型下的有限元公式[17-20]。对转子系统用有限元模型,使得对大型复杂转子结构系统列写运动方程成为可能,而计算机的发展又使得对大型运动方程求解问题进行数值计算成为可能。随着有限元法的日益完善,出现了很多通用和专用的商业有限元计算分析软件,著名的大型通用软件有几十个,如 ANSYS®、NASTRAN®、MARC®、ABAQUS®等,功能强大,设计分析灵活,在国际上都十分流行。由于现代转子动力学分析中,转子动力学问题的复杂性和特殊性,要考虑陀螺效应与支承各向异性,致使阻尼矩阵、刚度矩阵为非对称矩阵,并与转轴的转速有关,因此这些软件都不能直接用来解决转子动力学问题，需经过二次开发后才能用于转子的振动分析计算。比利时 SAMTECH 公司的 SAMCEF POTOR® 软件，是专业转子动力学分析有限元软件。其数据库几乎包括了所有旋转机械零部件的理论模型和现有的所有转子动力学计算结果表示方法，并具有瞬态响应分析功能、随机响应分析功能、结构敏感性分析、高速旋转机械转子动力特性分析与转子系统结构修改功能、转子系统非线性特性分析功能、各向异性复合材料的转子动力特性分析功能，可计算包括曲轴、旋翼、齿轮在内的类型广泛的旋转机械。此外 CFX-Tascflow®、Numeca-FineTM 系列也在不断发展，由于计算机 CPU 技术的飞速发展和内存空间的大幅提高，加之快速收敛技术、非结构化网格技术、多重网格、隐式残差光滑方法的使用，使得转动和非转动部分联合计算成为可能。

目前模态综合技术已趋于成熟，并在许多领域得到了广泛的应用。其基本思想是把完整的结构肢解成若干子结构，首先对自由度较少的各子结构进行模态分析，分别提取各子结构若干低阶模态，根据各子结构对接面位移协调条件或力平衡条件把各子结构模态形状装配成整体运动方程，导出减缩自由度的综合特征值问题。大型复杂结构动力模型的自由度数极大缩减，同时又能使缩减后的动力模型在工程精度要求范围内替代实际结构系统。在模态综合法中，当子结构采用有限元分析时，它既能保持有限元精度高这一优点，又能十分有效地减少机时和内存占用[21,22]。目前，模态综合技术与有限元以及实验测试技术紧密结合，已成为结构动态设计、分析的重要方法。

随着计算机的计算和存储能力的增强，针对转子系统的耦合方法也在不断发展和完善中。Rao 针对负刚度系数支撑的耦合转子稳定性进行了研究，发现在 2 倍转速的一个狭窄区域系统将变得愈发不稳定[23]。随后，Rao 和 Sharan 又采用影响系数法研究了两个不同滑动轴承支承的多叶轮转子系统动态响应，并分析了轴承阻尼对转子系统动特性的影响[24]。Lie 和 Bhat 则首先用外域法（out-domain method）求解了固定瓦块推力轴承的动特性系数，再将其与滑动轴承支承的转子系统进行耦合，发现推力轴承对耦合转子系统的振动和稳定性具有重要影响[25]。Lin 联立连续性方程与 Stokes 的本构方程得到了改进后的广义雷诺方程，并利用窄轴承逼近得到了其封闭解，进而求解了转子-轴承耦合系统下油膜的耦合应力，并研究了其对油膜静特性和转子系统动特性的影响[26]。截至目前国内外学者针对转子-轴承耦合系统的动态响应和稳定性等动力学特性已经做了大量研究[27-30]。除转子-轴承耦合系统外，转子-密封耦合系统、转子-密封-轴承等其余耦合系统的研究也在开展之中。Kirk 和 Miller 以多质量

(multi-mass) 柔性转子为对象,研究了高压密封口环对其稳定性的影响,发现高速高压情况下,口环密封会产生一个不稳定的涡动区域[31]。Rajakumar 和 Sisto 通过实验测量了不同涡动偏心下迷宫密封腔内的压力分布情况,并对转子表面周向压力积分得到了密封激励力,发现该密封激励力是转子涡动偏心函数[32]。Huang 和 Li 以无阻尼的 Jeffcott 转子-迷宫气封为研究对象,采用非稳态三维 Navier-Stokes（N-S）求解程序求解了迷宫密封的气体激励力,最后利用四阶显式亚当斯格式求解了转子的动力学响应[33]。Akmetkhanov 等人研究了考虑库仑摩擦力高速不平衡转子-浮动密封环耦合振动系统的动力学响应[34]。Jiang 等人针对光滑环形密封作用下的多级转子的动力学特性进行了研究,通过矩阵变换将密封动特性系数耦合到转子运动方程中,建立了多级转子-密封系统的耦合运动方程,发现口环密封对转子的临界转速等动特性具有十分重要的作用。但是由于在计算过程中未考虑轴承动特性系数随转速的影响,因此计算结果与实验结果有一定误差[35]。黄浩钦等人分别采用单向弱耦合和双向强耦合两种耦合方法,研究了不同流-固耦合作用下船用离心泵转子应力应变及模态的变化情况[36]。

近些年,与轴承和光滑环形密封的动力学特性求解一样,将 CFD 软件运用到转子系统的流-固耦合研究中也逐渐流行起来。Li 等人将 Fluent 的动网格技术运用到转子-滑动轴承系统的耦合动力学研究中,利用自编的网格运动程序,求解得到了轴径在光滑和倾斜条件下的瞬态运动轨迹和滑动轴承内部流场特性[37,38]。Liu 等人基于 N-S 方程和流-固耦合技术,运用 CFD 软件求解了等温条件下转子-轴承系统弹流润滑油膜与转子轴颈动力学间的瞬时相互作用,并采用简化的相变边界条件对润滑油膜内部的空化现象进行了研究[39]。Ye 等人采用新的刚体流-固耦合法解决了传统 ANSYS 软件中流-固耦合网格变形大、网格重生成较困难的情况,研究了轴径在周期不平衡外载荷下涡动中心轨迹和幅值的变化规律[40]。沈海平将 Matlab 软件计算的滑动轴承动特性系数与 CFD 软件计算的口环结果和轴系模型相结合,分析了能量回收液力透平转子-轴承-口环密封的动力学特性,但由于口环动特性系数取值为常数,计算模型不能完整反映实际模型[41]。

20 世纪 80 年代起,旋转机械逐渐走向大型化、高速化,转动机械的非线性转子动力学行为逐渐凸显,相关非线性动力学特性研究也逐渐兴起。Saito 采用谐波平衡法针对带径向间隙的球轴承 Jeffcott 转子的非线性不平衡响应进行了研究,计算结果表明转子系统存在四种不同的不平衡响应形式[42]。Brancati 等人采用短轴承理论求解了非线性滑动轴承油膜力,研究了恒定垂直载荷下不对称及不平衡刚性转子-滑动轴承系统的非线性运动,并对相应稳定周期解的存在区域进行了划定[43]。Garaner等用多尺度法分析了长轴承和短轴承近似下转子系统线性失稳后的弱非线性运动,研究了平衡点失稳后的次临界和超临界分岔,研究了湍流对同频涡动稳定性的影响。Adams和Abu-Mahfouz用数值积分方法结合FFT变换、轴心轨迹分析和映射,研究了圆柱轴承和可倾瓦轴承支承的转子系统丰富的非线性动力学行为,着力于揭示进入和离开混沌的路径。Adiletta等人采用π-油膜(π-oil)和短轴承理论求解了五自由度条件假设下的刚性不平衡转子-轴承系统的非线性振动特性,并利用实验对理论计算结果进行了验证,发现在低转速情况下两者吻合较好,但是在高转速时由于未考虑油膜的黏温效应及数学模型尚不完善导致两者相差较大[44,45]。Kicinski等人考虑了油膜的黏弹性和传热的影响,采用改进的摄动法求解了滑动轴承的非线性刚度系数和阻尼系数,并提出了相应的转子-轴承非线性振动模型[46]。Harsha等人则利用Hertz弹性接触变形理论得到了考虑滚动轴承内、外滚道表面波度的滚珠与滚道的接触刚度,并采用Newmark-β法和Newton-Raphson法迭代求解了转子-滚动轴承非线性微分方程,得到了不同波瓣数下涡动频率的离散谱信息[47]。Muszynska和Bently两人在大量实验结果的基础上提出了一种可计算大扰动情况下的流体激励力模型,该模型后来也被广泛地运用于密封非线性力的求解中,大大地促进了转子-密封系统的发展[48,49]。Ding等人采用Muszynska的密封力非线性模型研究了对称转子-密封系统的霍普夫分岔行为,并证明了霍普夫分岔是导致完美平衡转子系统临界平衡位置不稳定的原因[50]。Hua等人则将精细积分法用于转子-密封系统的非线性微分运动方程的求解中,发现了转子-密封系统中存在丰富的多周期运动,并得到了转子质量、密封间隙等参数对失稳转速的影响规律[51]。Banakh和Nikiforov针对二质量(two-mass)模型的高速转子-浮环密封系统的碰撞振动响应及系统稳定性进行了研究,认为系统碰撞振动激发的超谐波振荡可能是引起系统次谐波共振和不稳定的原因[52]。Wang等人研究了超临界和亚临界转速下两组典型汽轮机组蒸汽的热力参数对Jeffcott转子系统的非线性动力学响应的影响,并采用李亚普诺夫第一方法分析了系统的稳定性[53]。Zhou等人基于有限元法和拉格朗日方程,研究了包含Muszynska非线性密封流体力和叶轮重力作用下的双叶轮转子-密封系统的非线性运动,并指出较小的不平衡质量和较大的密封长度均有利于双叶轮转子-密封系统的稳定性[54]。陈予恕和李松涛运用Muszynska模型分析了非线性转子-轴承系统的稳定性及失稳后的非线性动力学行为。袁小阳和朱均基于打靶法提出了转子系统周期振动求解及其稳定性分析的数值方法，讨论了不平衡量对圆柱轴承刚性转子系统稳定性的影响。

1.2 离心泵间隙密封流体激励力计算研究现状

高压多级离心泵机组在设计及制造过程中多应用环形密封以减小静止及转动部件间的流动损失，特别是在高压多级离心泵中，由于密封及平衡压力的需要，存在多组（如密封口环、级间密封及平衡鼓等）液体环流密封，上述环形密封间隙内流动一方面会造成泄漏，从而降低离心泵效率，另一方面会对离心泵的振动性能造成影响。1958 年，洛马金（Lomakin）首次指出，当水泵环形密封两端存在压差时，运转中产生微小扰动的密封转子会受到介质施加的较大回复力作用，相当于增加了轴的刚度，对泵轴系动力学性能及动力学行为产生较大影响，这种现象也被称为洛马金效应[55]。直至 20 世纪 70 年代初，美国国家航空航天局的航天飞机高压油泵转子事件后，研究人员再次清晰地认识到，此类环形密封的密封形式、结构尺寸结合不同的运行工况将对密封性能与动力学特性产生巨大影响，进而直接影响轴系及机组整体的水力性能、运行稳定性及机组动力学性能和振动指标。1982 年，Von Pragenau G. L. 在研究高压泵的封严装置中，根据环流密封失稳的理论研究结果提出，当转子为光滑表面时，静子密封环内孔为粗糙表面可有效降低密封腔中流体的周向速度，从而减小密封的交叉刚度系数，使得密封的动力学稳定性大幅提高，并将此类密封称为阻尼密封，且首先设计了三角形蜂窝密封，因此环形密封及各种齿型的迷宫密封逐渐在高性能转动机械，特别是极端工况下的多级离心泵中广泛应用[56]。随着具有良好密封性能及稳定动力学特性的液体环形密封应用需求的不断扩大，对不同结构形式的液体及气体介质下的环形密封的密封性能及动力学性能研究显得十分迫切和必要。新型迷宫密封，特别是具有特殊齿形的迷宫密封及阻尼密封的齿形、槽形、尺寸及密封组合形式对各动力学特性系数的影响也逐渐成为研究热点。至今每年仍有许多传统或新型迷宫密封的动力学特性研究成果发表。除了专门的密封会议（如 NASA 的 Seal/Secondary Air System Workshop）以外，一些行业会议（如 European Turbomachinery Conference, ASME Turbomachinery Symposium, ASME Turbo Expo）及动力学相关的会议（如 Conference on Modelling Fluid Flow, IFToMM, ICDVC 等）也都列有密封或转子动力学主题，涉及大量的迷宫密封的密封性能及动力学问题。

对特殊齿形环形迷宫密封相关性能进行深入的探索是流体机械内部流动研究的拓展,对相关理论研究有一定的借鉴意义,可为工程实际问题提供指导,并给离心泵、混流式水轮机、水泵水轮机等流体机械的设计、维护及维修提供参考依据。用于流体机械的环形密封动特性求解中,长径比(L/D)是求解方法选取的主要判断依据。典型环形密封如叶轮口环密封、级间密封属于长径比较小的环形密封(长径比小于 0.75),如平衡鼓、平衡盘密封则属于大长径比环形密封(长径比大于 0.75)。2008 年,Proctor 与 Delgado 对一非接触式指形密封在人形槽密封转子配合下的密封性能及动力学性能做了全面的研究,研究结果表明人形槽转子能有效降低密封泄漏量,该密封组合具有优秀的密封性能[57]。长期以来,单独针对人形槽环形迷宫密封的密封性能及动力学特性的研究较少。但人形槽已在端面密封及滑动轴承领域得到了广泛应用,关于人形槽端面密封及人形槽滑动轴承的动力学特性的研究也在 20 世纪末逐渐兴起。90 年代,Kang 与 Zirkelback 分别用有限差分法[58]与有限元法[59]对人形槽滑动轴承的动力学特性进行求解。随后,Jang G. H. 与 Winoto S. H. 分别对人形槽滑动轴承的非线性动力学分析方法[60]及几何参数[61]对动力学特性的影响做了详细研究。近期,研究人员对不同工况、槽形、几何尺寸及汽蚀的发生对人形槽滑动轴承的动力学特性的影响也做了初步研究[62-67]。此外,20 世纪初,Wang Yuming 等设计出了人形槽气体端面密封,将其用于工程设计中,并提出了用于其动力学特性计算的一维与二维求解分析方法[68]。围绕液体环形密封的密封性能及动力学性能的研究主要集中在三个方面:基于整体流动模型的编程求解、基于计算流体力学的数值模拟求解及实验研究。常规形式环形密封(如光滑密封、传统齿形的迷宫密封等)的动力学特性研究多为基于整体流动模型的编程求解,而对于具有复杂齿形、槽形的新型密封,其动力学特性的研究多采用基于小扰动模型的 CFD 模拟研究与实验研究。

早期的环形密封动力学特性编程求解研究起步阶段,主要针对转子及定子表面均光滑的离心泵口环密封展开。20 世纪 70 年代,Black H. F.、Jessen N. D. 与 Allaire P. 等采用控制体法对离心泵光滑口环间隙内流体做流动分析,提出了密封力线性计算模型,对等效动力学特性系数进行了初步的理论求解,并在后期针对入口预旋等进行了理论补充与修正[69-72]。80 年代,美国德州农工大学 Childs D. W. 及其领导的涡轮机械实验室在美国 NASA 的支持下,在 Black 理论的基础上将由 Hirs G. G 修正的布拉修斯摩擦模型应用于间隙内流动控制方程中，针对具有不同长径比的光滑口环提出了短密封理论[73]、有限长理论[74]及长密封理论[75]对液体环形密封动特性系数进行求解。其中，有限长理论求解方法考虑了惯性项及入口旋流等因素，求得结果与实验结果对比较好，在工程中得以广泛应用，Childs 提出的以上三种求解方法奠定了环形密封动力学编程求解分析的基础。1989 年，涡轮机械实验室的 Nelson C. C. 针对早期求解方法中的周向速度及其摄动项的简化问题，运用傅里叶函数对未简化的完整控制方程组进行了直接求解，求解结果与实验对比结果较好，但求解函数迭代复杂，收敛性差，并未得到进一步的推广应用[76]。21 世纪初，Yong-bok Lee 与 Chang-Ho Kim、Duan Wenbo 与 Chu Fulei 借鉴光滑环形密封的整体流动模型[77]，结合 Moody 润滑模型，对浮环密封的动力学特性进行了详细求解，计算结果与实验结果对比良好[78]。国内针对多级离心泵用液体环形密封的动力学研究起步较晚，孙启国、张新敏、蒋庆磊等均对光滑密封动力学特性求解的方法及其优化改进做过详细研究[79-83]。相比光滑密封，环形迷宫密封在叶轮机械中也有着广泛应用，对其密封性能及动力学性能的研究始于 20 世纪 60 年代。Alford 首先对液体介质工作下的迷宫密封动力学特性进行了研究[84]。随后，Vance 等发展了 Alford 理论，作了阻塞流的假设[85]。1980 年，Iwatsubo 采用单控制体模型，计入周向流，首次计算了气体迷宫密封的气膜刚度、阻尼[86]。随后，Scharrer 对 Iwatsubo 的单控制体模型进行了相应改进，并做出了详细求解，计算结果与实验结果误差控制在 25% 之内。同期[87]，Iwatsubo 在 NASA 的相关报告中基于早期的两控制体模型，分析了密封转子与定子同时开矩形槽的液体迷宫密封、转子开螺旋槽液体迷宫密封、转子开双螺旋槽液体迷宫密封的动力学特性参数求解并与同期实验结果进行了对比[88-89]。Childs 与 Scharrer 在 Iwatsubo 理论的基础上，将由偏心引起的周向面积变化加入矩形齿形迷宫密封间隙流体动力学方程组中并对其进行了进一步求解[90]。Nordmann 假设周向口环表面光滑，轴向动量方程采用最小薄膜厚度，周向动量方程采用平均薄膜厚度，对液体迷宫密封口环动力特性系数进行预测，结果与实验结果相差较大[91]。Childs 与 Kim 在有限长理论求解光滑环形密封动力学特性的基础上，通过引入 Hirs 润滑模型中的等效摩擦因子，对螺旋形迷宫密封动力学特性进行了求解[92]。R. G. Kirk 在 Iwatsubo 与 Scharrer 的研究基础上开发了 MS-DOS 系统下的迷宫密封动力学计算软件 DYNLAB[93]，并在 2008 年对 DYNLAB 进行了基于 Excel 的改进，改善了用户界面及后处理界面[94]。Wyssmam H. R. 在单控制体研究的基础上提出了初步的两控制体模型分析法，结合时均 N-S 方程描述射流区与涡流区间的切应力，研究了迷宫密封动特性。早期的一控制体模型及两控制体模型都忽略了回流速度对密封腔壁面切应力的影响[95]。Scharrer J. K. 与 Childs 将回流速度比作常数处理，计入了腔内回流速度对壁面剪切力的影响，建立了较完善的整体流动两控制体模型，并将计算结果与实验结果进行了对比，此方法仅适用于光滑迷宫密封结构，不适用于阶梯迷宫等计算复杂齿形结构的迷宫密封动特性[96]。虽然两控制体模型分析方法不能准确地描述密封中的回流，且仍存在很多不足，但它以计算简单、运算时间短、算法中涉及的经验参数数量少、适用面广等优势，成为工程上最常用的迷宫密封泄漏量及动力学特性计算方法。一般来说，两控制体模型对泄漏量的计算较为精准，交叉刚度的计算也较为准确，但主阻尼的计算偏小较多。20 世纪 90 年代，Florjancic 发展了一种"多控制体理论（Three control volume）"模型用来求解迷宫密封，这一模型更真实地描述了迷宫密封内的实际流动状态，求解结果与实验结果吻合良好，但计算中要求精确测定入口及出口损失系数并要求各沟槽等宽及等深，工程应用价值较小[97]。Childs 运用多控制体理论，对传统光滑液体迷宫密封动特性系数进行了求解，分别考虑各控制体的入口边界，采用不同的入口损失系数与摩擦因子并对周向与轴向采用不同粗糙度，最终的摄动方程组由传递矩阵法进行求解[98]。此模型与 Florjancic 实验结果进行对比表明，泄漏率的预测十分准确，理论中的任何一个参数的改变导致的动特性系数的变化都能进行合理的预测，能够较为准确地预测交叉刚度，对于主刚度和主阻尼的预测稍差。单控制体、两控制体及多控制体的划分对比如图 1-1 所示。

值得注意的是，1986 年，Muszynska A. 针对迷宫密封动力学特性系数的求解提出了集总参数模型（或称 Bently/Muszynska 模型，B/M 模型）。模型以解析式表达，引入平均环流速度比，方便用于转子系统的解析建模和分析，多用于研究气体介质下的多转子轴系的非线性动力学行为，但该模型无法直接考虑密封结构的细节，各参数和系数通常需要实验测定，工程应用难度较大。长期以来，研究人员及工程设计人员对于流体介质下的线性动力学行为仍倾向于从流体动力学方程出发的整体流动模型分析方法。美国德州农工大学涡轮机械实验室基于整体流动模型及实验结果，开发了适用于光滑密封、迷宫密封、孔型密封等传统环形密封动特性系数计算的商业软件 ISOTSEAL，并在工程领域得到广泛应用。参考国内外文献，整体流动模型与不同湍流摩擦理论模型的结合是编程求解的另一个研究重点。Von Pragenau 首次将 Moody 摩擦方程应用于离心泵口环密封的计算中[56]。Nelson C. C. 针对 Moody 与 Blasius 摩擦模型对光滑平口

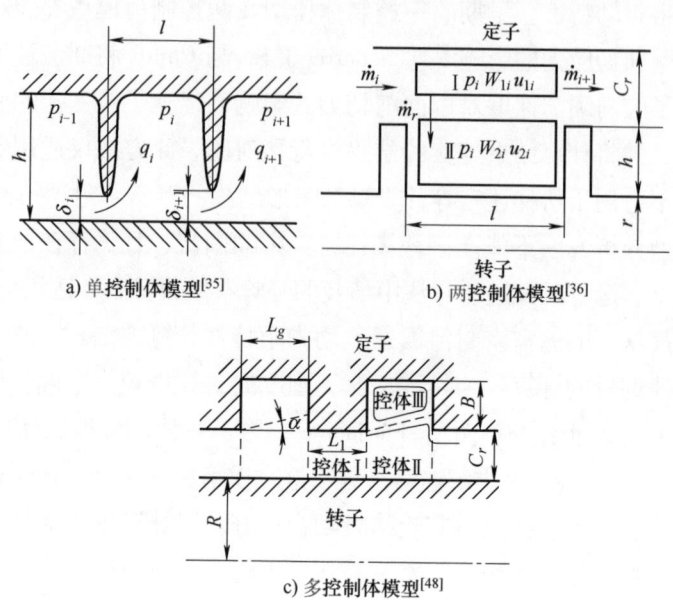

图 1-1 基于整体流动模型的控制体划分方法

环求解结果的影响做了研究[99]。随后，Tae-Woong Ha 将 Moody 摩擦模型应用于 Scharrer J. K. 的理论中用于分析阶梯形迷宫密封[100]。Dursun Ese 将 Colebrook-White 摩擦模型应用于定子齿与转子齿的阶梯形迷宫密封中，并将计算结果与 CFD 计算结果进行了对比[101]。Derel Y. 对 Colebrook-White、Moody 与 Blasius 三种摩擦模型对等间隙单侧有齿迷宫密封动特性系数计算结果的影响做了对比[102]。

以上理论编程求解方法的共同点是先求解密封腔内的定常流场，再用摄动法求得密封动力特性系数，区别只在于对密封腔内流场划分的粗细。同时，由于整体流动模型在求解过程中大多对剪切力做了不同程度的简化，无法准确描述几何形状复杂的迷宫密封的结构细节，国内外学者逐渐建立了迷宫密封的全三维流动模型，并采用计算流体力学的方法对迷宫密封进行分析。1985 年，Tam L. T. 首先建立了 3D 模型并采用 CFD 方法对液体迷宫密封的泄露性能与动力学特性进行求解[103-105]。之后，Dietzen 和 Nordmann 基于三维 $k-\varepsilon$ 湍流模型利用有限差分法对 N-S 方程进行求解，并进一步求得液体迷宫密封泄漏性能与动力学特性，计算结果与实验结果较为吻合[106,107]。Baskharone 与 Ghalit 在此模型基础上采用有限元法对三维模型进行了求解[108]。之后，陆续包括 Rhode、Athevale（发明了 SCISEAL 计算软件）[109,110]、Moore 等均采用了该模型对液体迷宫密封进行分析[111,112]。进入21世纪，Kwanka将此模型用于气体密封，但仅针对100kPa以下的低压密封[113]。2003年，Moore成功利用商业程序SCISEAL计算了静子齿的8齿迷宫密封动特性系数及泄漏量[114]。Huang D. 与Li X. 用自编程序求解迷宫密封三维非定常流场，进而对气体迷宫密封动特性进行了求解[115]。早期的全三维模型的计算时长比整体流动模型大得多，鉴于计算机对计算承载能力的限制，Dietzen与Arghir将3D模型转化为2D模型，利用有限差分法进行求解[116,117]，或称为准3D模型（quasi-three-dimensional CFD perturbationmodel）[118]。该方法在不同涡动比下计算方程的零阶和一阶解，通常未考虑湍流影响，并且仅对等直径密封有效。Kim和Rhode发展了2D方法，抛开了变换并推广到可变直径密封，但该方法仅对液体密封有效[119]。由于流动求解技术本身的复杂性，包括建模、方程离散和求解以及结果的可视化技术等，商业软件如Fluent、CFX等以其友好的界面、初学者容易上手以及方便的前后处理模块等特点，逐渐在流场求解分析领域得到广泛应用。近年来，基于小扰动模型的环形密封内流场分析、动力学特性计算、噪声分析等也逐渐成为国内外学者关注的重点。目前应用最为广泛的模型是借鉴于滑动轴承运动模型的传统环形密封小扰动模型（见图1-2）。此模型中密封转子的运动是以定子中心为中心，以微小摄动量ε为半径的公转与自身自转同时存在的复合运动。由于动网格对于模型及网格的质量要求较高，瞬态计算对计算资源占用较大。目前，环形密封内流场分析、噪声分析等问题多采用非定常计算，而对于轴对称的环形密封的密封性能及动力学特性CFD模拟计算多采用相对坐标系法将非定常问题转化为定常流动计算问题，主要涉及标准$k\text{-}\varepsilon$、RNG $k\text{-}\varepsilon$、SST $k\text{-}\omega$等湍流模型的应用。Kirk与Toshio、Schramm等人基于以上传统小扰动模型应用商用软件TASCFLOW对气体直通式、锥形阶梯式迷宫密封的密封性能及动力学特性进行了三维定常计算，将计算结果与SCISEAL等前期分析方法的计算结构进行了比较[120,121]，Schramm还利用TASCFLOW对锥形阶梯式迷宫密封几何参数对动力学性能的影响做了详细分析。近年来，Kirk与Gao等人利用CFX对直通形、阶梯形及交错形迷宫密封内流场进行了定常计算，并详细分析了三种不同类型迷宫密封几何参数对动力学性能的影响[122,123]。Untaroiu利用CFX对大长径比的矩形齿形迷宫密封[124,125]及孔型环形密封[126]的密封性能及动力学性能进行了定常计算，并对其动力学特性对轴系动力学行为的影响进行了模拟计算。Yan等对孔型密封的动力学特性进行了非定常求解，并将求解结果与稳态计算结果、ISOTSEAL计算结果、实验结果进行了对比[127]。Zhang等[128]以直通式液体迷宫密封为模型对比分析了 $k\text{-}\varepsilon$、RNG $k\text{-}\varepsilon$、SST $k\text{-}\omega$ 及 relizable $k\text{-}\varepsilon$ 四种湍流模型对求解结果的影响。国内，刘晓锋、王正伟、王洪杰、王维民、郝木明、刘占生、Ma 等利用 fluent 或 CFX 对直通形及阶梯形迷宫密封内部流场进行了定常计算，对刚度、阻尼等动力学特性参数进行了计算，并研究了不同几何尺寸、操作工况等对迷宫密封动特性的影响[129-137]。近几年，Chochua 与 Nielsen 等人在 Athavale 用于光滑环形密封动力学特性计算的非定常小扰动模型研究的基础上，将此模型应用于孔型密封的动力学特性非稳态计算中[138-140]。如图 1-3 所示，此模型假设密封转子仅受 x 或 y 单方向的力，在 x 或 y 单方向以某一偏心量做简谐运动。在非定常计算时，此模型与传统小扰动模型相比，对网格量及网格质量的要求较低，计算简便，计算时间短，但可惜的是，其计算精度与 ISOT-SEAL 编码计算结果相比，优势并不明显。此外，Xin Yan 等也指出，其计算模型仅对转子在 x 或 y 一个方向施加了运动，既不能描述密封转子的真实运动状态，也与美国德州农工大学涡轮机械实验室提供的实验条件不符，计算结果与实验结果不具有可比性。因此，此模型的应用仍需进一步探讨。

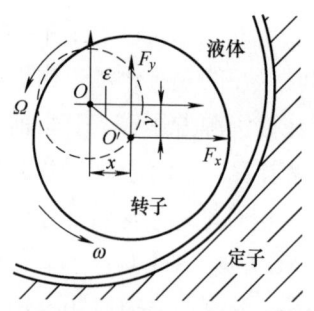
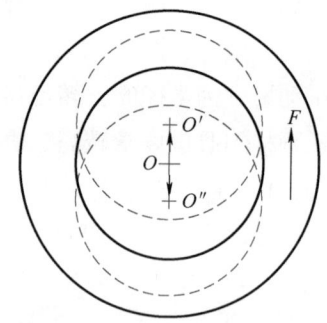

图 1-2　环形密封小扰动模型　　图 1-3　Chochua 的非定常小扰动模型[145]

自 20 世纪 80 年代至今，美国德州农工大学涡轮机械实验室的环形密封密封性能及动力学性能测定实验台为密封动力学的实验研究做出了巨大贡献，该实验台主要包括激振器、压力传感器、弹性绳、压电式加速度传感器、密封定子固定装置、测温元件、流体循环管路及动力传递装置等[141,142]。动力学特性系数的测定采用激励法，由激振器对特定工况下待测密封施加两个垂直方向的激励力，采集待测密封定子在特定方向的运动状态，并通过进一步计算得到待测密封在特定工况下的动力学特性参数。此装置具有普遍适用性，可实现不同介质、转速、压差、不同形式及尺寸的环形密封的动力学特性的测定，测定结果准确、信号清晰稳定，以 Childs 为代表的涡轮实验室研究人员在 NASA 的支持下利用以上实验台,针对液体及气体介质下的光滑、不同齿形迷宫密封、阻尼密封的环形密封密封性能及动力学性能进行了详细研究,并对不同花纹、不同尺寸、介质及操作工况对泄漏量、摩擦因数及动力学性能的影响做了详细的实验分析。Benchert 与 Wachter 针对迷宫密封的动力学性能做了详细的实验,大量实验数据表明偏心迷宫密封中的切向力与偏心量呈线性关系[143]。Childs 针对一具有四个沟槽的密封口环的实验表明沟槽的存在会分别使刚度降低 40%,阻尼系数降低 33%,随着沟槽的加深,这一作用可达到 80% 和 50%[144]。Childs 与 Scharrer 对定子齿与转子齿的气体迷宫密封动力学性能进行了实验比较[145, 146]。Kwanka 对小角度迷宫密封的动力学性能进行了实验研究[147],随后,Childs 等对液体迷宫密封及螺旋角为 10°到 70°的螺旋形迷宫密封的泄漏量[148]及动力学性能[149, 150]进行了实验研究,Diewald 的实验结果显示[151],沟槽密封相对于光滑密封主刚度降低了 43%,阻尼降低了 28%,交叉刚度降低了 60%。Rajakumar 与 Sisto 通过实验研究表明预旋对迷宫密封的动力学影响较大,且径向力随着偏心的增大而增大[32]。Kilgore 和 Childs 等针对一个具有光滑表面及 12 个等深等距沟槽的口环进行了实验研究,结果表明与具有沟槽的密封口环相比光滑密封的刚度及阻尼系数要分别高出 2.7 倍和 2.2 倍[152]。随后,Kwanka 针对气体介质下的阶梯形迷宫密封的动力学特性[153],Soto 与 Childs 针对预旋对迷宫密封与蜂窝密封的动力学特性的影响进行了实验研究[154]。近年来,该实验台多用于新齿形迷宫密封、阻尼密封及气液混合介质下密封的密封性能及动力学特性的实验研究。

20 世纪 90 年代,Iwatsubo 模拟环形密封的真实运动状态,搭建了密封动力学性能实验台,并对大长径比光滑密封[155]、不同角度及间隙大小的螺旋迷宫密封[156]及阻尼密封[157]的密封性能和动力学性能进行了实验研究。此实验台通过特殊设计的涡动调节装置及两套独立的动力传递装置实现密封转子小偏心涡动与自转运动的单独控制。实验中,采集系统将对特定工况下的密封定子在两个垂直方向上的受力及任意时刻转子的位置进行记录,数据处理系统通过定子受力与涡动转速、自转转速及转子偏心位置间的相关运算,对环形密封的动力学特性参数进行求解。此外,加州理工学院 Guinzburg 等设计了具有可调偏心的实验装置(Rotor Force Test Facility,RFTF),主要用于分析泄漏流量、流道间隙及叶轮偏心率对流体力的影响,该装置与 Childs 和 Iwatsubo 实验装置的主要区别在于将力传感器直接设于转子部分,直接采集转子的受力并进行进一步分析[158]。这样的设计使得装置的结构更加精简,但对信号的处理要求更高。后期，Robert V. U. 等在 RFTF 实验装置的基础上进行改进，测试了不同泄漏流道对流体力的影响[159]，Brennen C. E. 等也通过该套实验装置研究了不同涡动率对流体力的影响[160]。国内，浙江大学王乐勤、蒋庆磊、翟璐璐等借鉴 Brennen 与 Iwatsubo 实验台的原理，搭建了多级"湿转子"临界转速测试实验台及单级"湿转子"测试实验台，对单级离心泵光滑叶轮口环及叶轮与盖板间隙的等效动力学性能及其对多级泵轴系的影响做了详细研究[82, 160]。

1.3　离心泵主流场流体激励力研究现状

在离心泵内部主流道流体激励力的研究主要关注离心泵内部三维非定常流动的不稳定现象以及不稳定流动与离心泵结构间的相互作用规律和两者之间能量的传递机理。流体激励对离心泵的振动具有显著的影响，而由于离心泵叶轮与蜗壳几何形状的复杂性与流动的工作介质，对其机理的研究相对于固体结构的振动而言更加困难。而叶轮内部流场流固耦合所造成的叶轮流体激励力主要是指在相对运动的叶轮与蜗壳的间隙中，由于流体动量以及流体与叶片、蜗壳等的流固耦合作用而产生的流体力。要研究离心泵叶轮转子系统的振动特性，首先必须分析叶轮周围的非定常流场，并求出叶轮在流场中的受力情况，为离心泵的振动分析以及动力学特性做好理论基础。

早在 20 世纪 70 年代初，就已开展对叶轮所受径向流体力的研究[161]。研究主要集中于离心泵内压力脉动特性、叶轮-转子-支撑系统流体激励力作用下的振动分析、汽蚀对离心泵振动的影响、流体激励作用下离心泵振动的稳定性分析、基于减小流体激励的离心泵结构设计、对离心泵流体激励的振动监测[162]、人体内离心血泵的减振研究[163-166]、不同工作介质对离心泵振动的影响[167]等。随着实验手段的提高，研究人员对于径向流体力进行了大量的实验研究[168-172]。Yoshida 等人[173]通过改变叶片角度、叶片间距以及叶轮偏心对不平衡流体力进行了实验研究，研究发现，流体动力的幅值随着叶轮偏差程度的增加而变大，不平衡流体力与流体流量密切相关，而质量偏心所引起的不平衡力与流体流量无关。Colding-Jorgensen 数值计算了二维叶轮，在计算中对流体做出无黏、不可压缩假设，同时采用奇异势流理论计算得到了刚度系数和阻尼系数，在此基础上建立叶轮流固耦合力学模型，研究发现，流体附加作用力会造成叶轮转子稳定性的下降[174]。Tsujimoto 等在研究二维离心叶轮涡动现象时考虑了蜗壳和脱流旋涡对叶轮周围流体的影响，研究得到了非定常流体的动力附加作用力[175]。Adkins 对离心叶轮进行动力学特性研究，得到了刚度系数、阻尼系数、惯性系数，在此基础上提出了叶轮流固耦合作用力模型[176]。Brennen 对叶轮受到的流体附加作用力进行理论和实验研究，研究发现，叶轮前盖板所受到的流固耦合力对叶轮的影响在总流体附加作用力中占比最大[177]。Childs 提出了叶轮前盖板流固耦合作用力模型，同时，利用 Bulk-Flow 理论推导了叶轮前盖板泄漏流的流体控制方程，并对流体控制方程进行扰动分析，研究得到了刚度系数、阻尼系数以及惯性系数[178]。Guinzburg 等研究了三种不同泄漏流通道间隙、不同泄漏流量和不同叶轮偏心率对流体激励力的影响[158]。Yun Hsu 以及 Brennen 在此基础上研究了不同泄漏流通道、不同入口涡动率对叶轮前盖板流体附加作用力的影响[179,180]。Childs 建立了叶轮转子系统中叶轮前盖板、叶轮后盖板等的间隙流流体控制方程，得到了动态特性系数和流体附加作用力模型，并将理论分析与实验数据进行了对比[181]。

20 世纪末期，随着计算机技术的发展以及技术水平的进一步提高，研究人员通过数值计算与实验定量分析了叶轮蜗壳间隙变化所引起的叶轮径向流体力的变化[182,183]。Moore 在求解叶轮前侧盖板流固耦合作用力时首次采用了计算流体动力学方法[184]。Benra 等结合 CFD 软件和有限元计算软件，对某台单叶片无堵塞离心泵的内部流动和泵转子系统之间采用单向耦合和双向耦合计算方法，研究了泵转子振动位移和所受的水力激励，对比分析两种耦合方法对计算结果的影响[185]；同时，利用电涡量位移传感器测量了转子系统的水力激振位移；对比分析实验数据与数值计算结果，发现计算得到的流体激励力以及转子振动位移均大于实验测得值，并且双向耦合结果更接近实验值。Campbell 等建立了适用于泵叶片流体激振变形的流固耦合求解方法，并对一个典型涡轮叶片进行了定常流固耦合计算和水洞实验分析，两者结果吻合较好[186]。Muench 等对一个由非定常湍流诱导振动的 NACA 翼型进行了流固耦合计算，结果与理论分析和实验值吻合较好，并提出该流固耦合算法可以扩展到涡轮机械叶片的流固耦合分析方面[187]。Jiang 等采用大涡模拟计算了泵的内部流场，利用有限元程序计算泵部件的瞬态动力学特性，以叶轮内表面压力脉动作为边界条件，计算并分析了泵壳的流体诱导振动特性[188]。国内，裴吉应用在单叶片离心泵上所建立的流固耦合计算方法对某台普通离心泵的转子-流场耦合系统进行了瞬态流固耦合计算[189]。何希杰等研究了离心泵水力设计对振动的影响。吴仁荣和黄国富等分析了基于离心泵低振动噪声的水力设计方法,同时提出了几种水力设计原则以减小离心泵的流体激振问题[190-192]。倪永燕利用商业 CFD 计算软件对某台离心泵进行了全流道非定常数值计算,分析了离心泵内叶轮与蜗壳之间的动静干涉作用对泵内压力脉动以及流体激振的影响[193]。叶建平研究了离心泵蜗壳所受的径向力变化规律,在仅考虑蜗壳径向力的作用下,计算得到了离心泵的振动响应,并分析了该振动的辐射声场[194]。Xu 等对某导叶式离心泵进行了双向流固耦合方法,分析了离心泵的外特性和内流场,研究了流固耦合作用对离心泵外特性的作用规律[195]。王洋等在分析离心泵冲压焊接叶轮的强度时采用了单向流固耦合计算,研究表明,小流量工况下,离心泵叶轮的可靠性较其他运行工况更差,应尽量避免泵在小流量运行[196]。窦唯等利用三维非定常流动计算,分析了高速泵内的压力分布,得到了作用于高速泵叶轮上的稳态径向力以及脉动径向力,研究了流体激励力对叶轮转子系统振动及转子轴心轨迹的影响[197, 198]。蒋爱华对离心泵叶轮转动过程中的瞬态内流场进行了数值计算,得到了作用在蜗壳内表面三个方向上的流体激励合力,同时利用九次多项式拟合、傅里叶级数以及分段多项式拟合,得到了叶轮单周转动各向流体合力数学模型[199-201]。结果表明:蜗壳所受出口方向、进口方向与垂直于进出口方向的流体激励力以叶频为基频波动,且波动幅值依次减小,波谷均出现于叶片扫掠蜗舌时;采用三段多项式拟合所建的数学模型与原始波形有最小的偏差,并且具有较低阶次。袁振伟等利用流固耦合计算得到的薄叶轮和圆柱体单独在流体中分别做平移和转角振动时受到的流体阻力公式,建立了转子叶轮和轴段在流体中的单元运动方程,同时将转子所受的流体力加载到转子系统运动方程中,获得了考虑流体作用的转子动力学有限元模型[202]。胡朋志根据非定常不可压缩势流理论求解得到了叶轮所受的流体激励力,同时以非线性油膜力为激励源研究了转子系统动力学特性和分岔特性[203],结果表明,叶轮转子系统的稳定性会受到质量偏心和轴承间隙的影响。为了研究横向流体激励力以及转子故障对叶轮转子系统非线性动力学特性的影响,李同杰建立了故障叶轮转子系统非线性动力学模型,并采用了处理非线性动力学问题的数值方法[204]。唐云冰等针对叶轮偏心引起的气流激励力对转子系统稳定性的影响进行了深入研究,在此基础上发展了系统失稳门槛值的计算方法,同时还研究了叶轮偏心所引起的转子失稳的机理和特点[205]。在研究离心泵叶轮前盖板泄漏流通道时,蒋庆磊等将其简化成锥形结构,并利用 CFD 软件对内部流场进行研究,得到了流体激励力,将该激励力代入转子系统方程,通过耦合法计算得到转子的不平衡响应[160]。张妍深入研究了叶轮前盖板流固耦合动力学特性，分析了叶轮前盖板的轴向长度、倾斜角度、转子偏心率以及泄漏流通道平均间隙等几何参数对压力、速度分布的影响，计算得到了叶轮前盖板的惯性、阻尼以及刚度系数[206]。

় # 第 2 章 非定常间隙激励力及其等效动力学特性

离心泵机组设计中,常采用多种结构、多种尺寸的环形密封件减小静止及转动部件间的流动损失,特别是在高压多级离心泵中,由于密封及平衡压力的需要,存在多组(如密封口环、级间密封及平衡鼓等)液体环形密封件。上述环形密封间隙内的间隙流动一方面会造成泄漏、降低离心泵效率,另一方面在"洛马金"效应作用下环形密封的密封形式、结构尺寸结合不同的运行工况将对转子系统动力学特性产生较大影响,进而直接影响轴系及机组整体的水力性能、运行稳定性及机组动力学性能及振动指标。随着离心泵单级扬程、效率设计需求不断提高,具有良好密封性能及稳定动力学特性的光滑或特殊齿形液体环形密封应用不断拓展。本章着重介绍结合离心泵全流场非定常数值计算的光滑环形密封及螺旋形、人字槽形等特殊齿形环形密封内间隙流体激励力及其等效动力学特性的数值计算方法,并阐述了不同工况及几何参数对等效动力学特性参数的影响。

2.1 环形密封间隙激励力及其等效动力学特性

环形密封广泛应用于流体机械叶轮耐磨环、级间密封、中间衬套等位置,如图 2-1 所示。其中,叶轮口环密封与级间密封属于长径比较小的环形密封(长径比小于 0.75),平衡鼓、平衡盘密封则属于大长径比环形密封(长径比大于 0.75)。环形密封间隙内流体流动产生的作用力可明显提高轴系刚度及稳定性,为准确计算此流体力对整个转子系统动力学特性及动力学行为的影响,

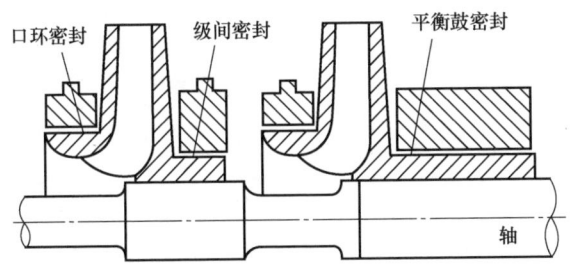

图 2-1 高压多级离心泵典型环形密封结构

Black 与 Childs 等人参考滑动轴承的动特性系数定义[207]，提出了环形密封动特性系数：主刚度系数 K、交叉刚度系数 k、主阻尼系数 C、交叉阻尼系数 c、主附加质量系数 M、交叉附加质量系数 m。此外，他们还借鉴滑动轴承动力学特性与油膜力的关系，利用小扰动模型下的间隙流体力 F 与转子运动状态，对 6 个动特性系数进行了定义：

$$-\begin{pmatrix} F_x \\ F_y \end{pmatrix} = \begin{pmatrix} K & k \\ -k & K \end{pmatrix}\begin{pmatrix} X \\ Y \end{pmatrix} + \begin{pmatrix} C & c \\ -c & C \end{pmatrix}\begin{pmatrix} \dot{X} \\ \dot{Y} \end{pmatrix} + \begin{pmatrix} M & m \\ -m & M \end{pmatrix}\begin{pmatrix} \ddot{X} \\ \ddot{Y} \end{pmatrix} \quad (2\text{-}1)$$

由于交叉附加质量系数量级较小，在轴系动力学特性及动力学行为运算中，多可省略，所以本书所述计算中，均设交叉附加质量系数 $m=0$。图 2-2 给出了 x、y 方向的流体力 F_x、F_y 与密封转子在 x、y 方向的位移 X、Y 的定义。如图 2-2 所示，环形密封转子几何中心 O' 与定子几何中心 O 在静止状态下重合，但工作状态下密封转子除以角速度 ω 自转外，还随轴系振动产生小位移扰动。小扰动模型假定此时密封转子几何中心 O' 的运动轨迹为一个以 O 为中心，以 OO' 为半径的正圆，OO' 又称为偏心量。密封转子以密封定子几何中心 O 为中心的圆周运动又称为转子的涡动，涡动转速为 Ω。

从环形密封外形及扰动模型的应用观察，环形密封与滑动轴承类似，但实际二者内部流体的流动状态及几何结构完全不同。最突出的有两点区别：首先，二者径向间隙与转子径向尺寸的比例完全不同，滑动轴承的半径间隙与转子半径之比量级通常为 0.001，而环形密封的系数量级为 0.01。其次，由于密封间隙的增大，加上密封两端的高压差、内部流体黏度较小等因素的共同作用，使得密封间隙内流体处于高度湍流状态，与滑动轴承内部流体处于层流状态完全不同，因此无法效仿滑动轴承利用雷诺方程求解。

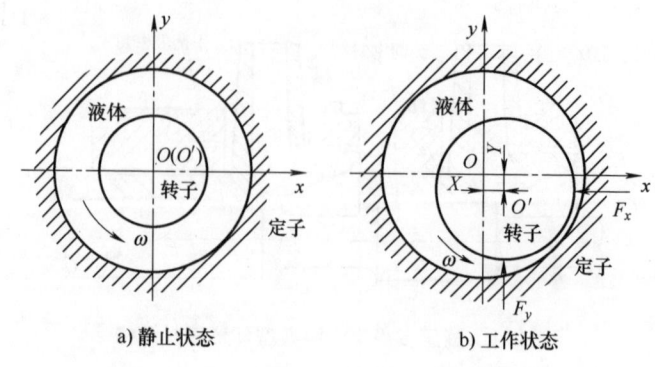

a) 静止状态   b) 工作状态

图 2-2 小扰动模型 x、y 方向流体力与位移

2.2 光滑环形密封间隙激励力及其等效动力学特性

2.2.1 小长径比环形密封间隙激励力及其等效动力学特性

目前，长径比小于 0.75 的光滑型环形密封被广泛应用于叶轮前口环、后口环及级间密封中。此类间隙内流体激励力及其等效动力学特性基于间隙环流线性小扰动模型及 Childs 发展的有限长求解理论进行求解，即假设该位置动环除自转外，其中心还围绕轴心连线存在一较小涡动。选取间隙内液体环为控制体，根据 Bulk-flow 模型建立包括轴向动量方程 [式（2-2）]、周向动量方程 [式（2-3）] 及连续性方程 [式（2-4）] 的无量纲微元控制方程组[74]。

$$-\frac{H^2}{\mu R^2 \omega} \times \frac{\partial p}{\partial \theta} = \frac{1}{2} n_0 \left(\frac{\rho R \omega H}{\mu}\right)^{1+m_0} [u_\theta (u_\theta^2 + u_z^2)^{\frac{1+m_0}{2}} + (u_\theta - 1)((u_\theta - 1)^2 + u_z^2)^{\frac{1+m_0}{2}}]$$

$$+ \left(\frac{\rho R \omega H}{\mu}\right)\left(\frac{H}{R\omega} \times \frac{\partial u_\theta}{\partial t} + H \frac{u_\theta}{R} \times \frac{\partial u_\theta}{\partial \theta} + H u_z \frac{\partial u_\theta}{\partial y}\right)$$

(2-2)

$$-\frac{H^2}{\mu R \omega} \times \frac{\partial p}{\partial z} = \frac{1}{2} n_0 \left(\frac{\rho R \omega H}{\mu}\right)^{1+m_0} \{u_z (u_\theta^2 + u_z^2)^{\frac{1+m_0}{2}} + u_z [(u_\theta - 1)^2 + u_z^2]^{\frac{1+m_0}{2}}\}$$

$$+ \left(\frac{\rho R \omega H}{\mu}\right)\left(\frac{H}{R\omega} \times \frac{\partial u_z}{\partial t} + H \frac{u_\theta}{R} \times \frac{\partial u_z}{\partial x} + H u_z \frac{\partial u_z}{\partial z}\right)$$

(2-3)

$$H \frac{\partial u_z}{\partial z} + \frac{1}{R} \frac{\partial}{\partial \theta}(H u_\theta) + \frac{1}{R\omega} \frac{\partial H}{\partial t} = 0 \qquad (2-4)$$

对该方程组的求解采用摄动法,选取一个无量纲偏心小量 ε,将轴向速度、周向速度、压力分布及环形间隙径向厚度用偏心小量 ε 表示,将各参数的扰动表达式代入原控制方程组,分别得到其一阶及零阶扰动形式。根据环向连续性方程边界条件,将原圆柱坐标系下的运动方程用复数变量进行描述,并分别对轴向、周向方程及连续性方程零阶与一阶方程进行求差运算,可得:

轴向动量方程

$$\frac{\partial u_{z1}}{\partial z} + u_{z0}\frac{\partial p_1}{\partial z} + \left[\frac{\lambda L}{C_{l0}} \times \frac{1 + 4u_{z0}^2(m_0 + 2)}{1 + 4u_{z0}^2} - j\omega T\left(\frac{1}{2} + v\right)\right]u_{z1} + \frac{\partial u_{z1}}{\partial \tau}$$

$$+ u_{z0}\frac{\lambda L}{C_{l0}}\left[\frac{4(m_0 + 1)(4u_{z0}^2 + m_0)}{(1 + 4u_{z0}^2)^2}\right]vu_{\theta 1} = -(1 - m_0)u_{z0}\frac{\lambda L}{C_{l0}} \times \frac{h_1}{\varepsilon} \quad (2\text{-}5)$$

周向动量方程

$$\frac{\partial u_{\theta 1}}{\partial z} + \left[\frac{\lambda L}{C_{l0}} \times \frac{4u_{z0}^2 + m_0 + 2}{1 + 4u_{z0}^2} - j\omega T\left(\frac{1}{2} + v\right)\right]u_{\theta 1} + \frac{\partial u_{\theta 1}}{\partial \tau} - u_{z0}\frac{\lambda L}{C_{l0}}B_1 v u_{z1}$$

$$- ju_{z0}\left(\frac{L}{R}\right)p_1 = -v\frac{\lambda L}{C_{l0}}\left(\frac{h_1}{\varepsilon}\right)\left[(1 - m_0)\frac{4u_{z0}^2 + m_0 + 2}{1 + 4u_{z0}^2}\right] \quad (2\text{-}6)$$

连续性方程

$$\frac{\partial u_{z1}}{\partial z} - j\left(\frac{L}{R}\right)u_{\theta 1} = -j\left(\frac{L}{R}\right)\left(\frac{1}{2} + v\right)\left(\frac{h_1}{\varepsilon}\right) + u_{z0}\frac{\partial}{\partial \tau}\left(\frac{h_1}{\varepsilon}\right) \quad (2\text{-}7)$$

在小扰动模型下,对周向及径向位移、速度以周期性涡动运动方程进行描述,以上控制方程组可整合为一阶微分方程组:

$$\frac{d}{dz}\begin{pmatrix}u_{z1}\\u_{\theta 1}\\p_1\end{pmatrix} + \begin{pmatrix}0 & -j\frac{L}{R} & 0\\-u_{z0}\frac{\lambda L}{C_{l0}}B_1 v & \frac{\lambda L}{C_{l0}}B_2 + j\Gamma T & -ju_{z0}\frac{L}{R}\\\left(\frac{\lambda L}{C_{l0}}B_3 + j\Gamma T\right)/u_{z0} & v\frac{\lambda L}{C_{l0}}B_4 + j\omega T & 0\end{pmatrix}\begin{pmatrix}u_{z1}\\u_{\theta 1}\\p_1\end{pmatrix}$$

$$= \frac{r_0}{\varepsilon}\begin{pmatrix}ju_{z0}\left[\Omega T - \omega T\left(\frac{1}{2} + v\right)\right]\\-\frac{\lambda L}{C_{l0}}[(1 - m_0)B_2]v\\-(1 - m_0)\frac{\lambda L}{C_{l0}} - j\left[\Omega T - \omega T\left(\frac{1}{2} + v\right)\right]\end{pmatrix} \quad (2\text{-}8)$$

其中,$B_1 = \frac{1}{u_{z0}^2} + \frac{4(1 - m_0^2)}{(1 + 4u_{z0}^2)^2} + \frac{1}{u_{z0}^2} \times \frac{(1 - 4u_{z0}^2)(1 + m_0)}{1 + 4u_{z0}^2}$,$B_2 = \frac{4u_{z0}^2 + m_0 + 2}{1 + 4u_{z0}^2}$,

$B_3 = \dfrac{1 + 4u_{z0}^2(m_0 + 2)}{1 + 4u_{z0}^2}$，$B_4 = \dfrac{4(m_0 + 1)(4u_{z0}^2 + m_0)}{(1 + 4u_{z0}^2)^2}$。$\lambda$、$m_0$、$n_0$ 为 Blasius-Hirs 摩擦模型中的相关摩擦因数、摩擦因子，具体取值参考文献 [74]。

考虑环形间隙进口处由于存在压力损失，其压力关系可定义为

$$F_{\text{p-in}}(Q,n) - P(0,\theta,\tau) = \dfrac{\rho}{2} U_Z^2(0,\theta,\tau)(1 + \xi_{\text{in}}) \tag{2-9}$$

考虑环形间隙出口处存在压力的恢复效应，其压力关系可定义为

$$P(1,\theta,t) + \dfrac{\rho(1 - \xi_{\text{out}})}{2} U_Z^2(1,\theta,t) = F_{\text{p-out}}(Q,n) \tag{2-10}$$

对其进行无量纲化处理，$p = P/\rho U_{Z0}^2$，$u_z = U_Z/U_{Z0}$ 可得

$$f_{\text{p-in}}(Q,n) - p_0(0) = \dfrac{1}{2}(1 + \xi_{\text{in}}) u_{z0}^2(0) \tag{2-11}$$

$$p_0(1) - f_{\text{p-out}}(Q,n) = -\dfrac{(1 - \xi_{\text{out}})}{2} u_{z0}^2(1) \tag{2-12}$$

因此，u_{z0} 由式（2-13）结合全流场数值计算结果中环形间隙进口、出口压力边界条件［见式（2-11）及式（2-14）］迭代求解；v 由式（2-14）结合全流场数值结果中计算环形间隙进口、出口周向速度边界条件［式（2-15）］迭代求解；

$$-\dfrac{\rho \lambda L R^2 \omega^2}{C_{l0}} u_{z0}^2 = \dfrac{\mathrm{d}p}{\mathrm{d}z} \tag{2-13}$$

$$\dfrac{\mathrm{d}v}{\mathrm{d}z} + \dfrac{\lambda L}{C_{l0}}\left(1 + \dfrac{1 + m_0}{1 + 4u_{z0}^2}\right) z = 0 \tag{2-14}$$

$$v_{z=0} = f_{u_\theta\text{-in}}(Q,n);\ v_{z=L} = f_{u_\theta\text{-out}}(Q,n) \tag{2-15}$$

采用打靶法对以上控制方程进行求解，介于收敛条件中进口与出口位置压力分布均与轴向速度有关，故在求解中假设轴向速度为基础变量，将进口与出口位置压力值用基础变量表示，并采用压力出口大小为收敛边界条件，设定收敛准则为相邻两时间步内三组未知数求解残差小于 10^{-8}。介于收敛进口与出口位置压力分布均与轴向速度有关，故取 $u_{z10} = \gamma_k$，$u_{\theta10} = u_\theta(Q,n)$，$p_{10} = k \cdot \gamma_k$，$k = -\dfrac{1 + \xi_{\text{in}}}{u_{z0}}$。

设 $\dfrac{\mathrm{d}}{\mathrm{d}\gamma_k}\begin{pmatrix} u_{z1} \\ u_{\theta 1} \\ p_1 \end{pmatrix} = \begin{pmatrix} M_1 \\ M_2 \\ M_3 \end{pmatrix}$，则 $\dfrac{\partial}{\partial \gamma_k}\left[\dfrac{\mathrm{d}}{\mathrm{d}z}\begin{pmatrix} u_{z1} \\ u_{\theta 1} \\ p_1 \end{pmatrix}\right] = \dfrac{\mathrm{d}}{\mathrm{d}z}\begin{pmatrix} M_1 \\ M_2 \\ M_3 \end{pmatrix}$

原方程组各式，对 γ_k 求偏导数，可得：

$$\frac{d}{dz}\begin{pmatrix} M_1 \\ M_2 \\ M_3 \end{pmatrix} + \begin{pmatrix} 0 & -j\dfrac{L}{R} & 0 \\ -u_{z0}\dfrac{\lambda L}{C_{l0}}B_1 v & \dfrac{\lambda L}{C_{l0}}B_2 + j\Gamma T & -ju_{z0}\dfrac{L}{R} \\ \left(\dfrac{\lambda L}{C_{l0}}B_3 + j\Gamma T\right)/u_{z0} & v\dfrac{\lambda L}{C_{l0}}B_4 + j\omega T & 0 \end{pmatrix} \begin{pmatrix} M_1 \\ M_2 \\ M_3 \end{pmatrix} = 0 \quad (2\text{-}16)$$

根据文献［74］，将压力分布及轴向速度一阶摄动量代入，将上式代入式（2-11）与式（2-12）中，可得环形间隙进口、出口无量纲压力边界条件：

$$p_1(0) = -(1 + \xi_{in})u_{z1}(0)u_{z0}(0) \quad (2\text{-}17)$$

$$p_1(1) = -(1 - \xi_{out})u_{z1}(1)u_{z0}(1) \quad (2\text{-}18)$$

忽略环形间隙进口处周向速度扰动，即 $u_{\theta 1}(0) = 0$。

换算后控制方程式（2-16）的边界条件可化为：$M_1(0) = 1$，$M_2(0) = 0$，$M_3(0) = k$。

设定 $p_1(L) + (1 - \xi_{out})u_{z1}(1)u_{z0}(1) = F$，采用牛顿法对 γ_k 的初值进行修正以加速收敛，修正方法：$\gamma_{k+1} = \gamma_k + \dfrac{F(\gamma_k)}{F'(\gamma_k)}$。由此，原方程组的求解可化为对初值 γ_k 的不断改进过程，并验证原边界条件是否满足迭代求解过程。最终迭代结束，将得到环形间隙内流体压力沿 Z 轴所在位置的分布情况 $p_1(z) = \left(\dfrac{r_0}{\varepsilon}\right)(f_{re}(z) + jf_{im}(z))$。根据液体环内压力分布情况，对反作用力进行径向与周向的分解分析，并进行无量纲化处理，如下：

$$\begin{cases} \dfrac{\lambda F_r(\Omega T)}{\pi R \Delta p C_{l0} r_0} = -\dfrac{2\sigma}{(1 + \xi_{in} + 2\sigma)} \int_0^1 f_{re}(z)\,dz \\ \dfrac{\lambda F_\theta(\Omega T)}{\pi R \Delta p C_{l0} r_0} = -\dfrac{2\sigma}{(1 + \xi_{in} + 2\sigma)} \int_0^1 f_{im}(z)\,dz \end{cases} \quad (2\text{-}19)$$

因此，在任意涡动频率下，均可通过所求得的轴向与周向无量纲压力分布函数 $f_{re}(z)$、$f_{im}(z)$ 沿 Z 轴的积分求得。在求解过程中，六个动力特性系数组成唯一的一组由两个方程组成的六元一次方程组。对于某一固定工作转速 N，可取涡动频率为 0、0.5、1.0、1.5、2.0 倍的工作转速，组成 5 组六元一次方程组，每三组方程可求解出一组动特性系数，5 组方程排列组合共求解 10 组动特性系数，求其平均值并输出其计算结果，其求解流程如图 2-3 所示。该求解方法可实现叶轮口环、级间密封等长径比小于 0.75 的环形间隙在不同几何尺寸、操作工况下的非定常流体激励力及其动力学特性系数（主刚度系数、附加刚度系数、主阻尼系数、附加阻尼系数及主附加质量系数）的求解，进而完成考虑非定常流体间隙流体激励力的转子系统动力学特性与动力学行为计算。

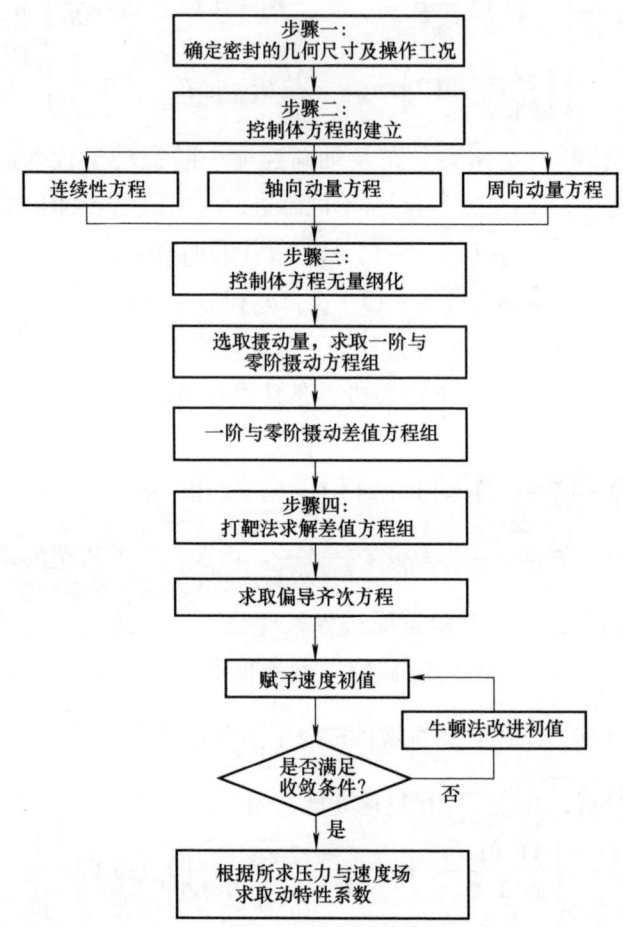

图 2-3　光滑环形间隙（长径比小于 0.75）动力学特性求解流程图

2.2.2　大长径比环形密封间隙激励力及其等效动力学特性

高压多级离心泵设计中，除"背靠背"排布叶轮外，常设有中间衬套、平衡鼓、平衡盘等用于平衡轴向力，此类液体环形密封环长径比大于 0.75，与口环密封等长径比较小的环形密封相比，此类密封环流在压差及高转速的作用下，不仅要考虑动环（一般为轴或热套在轴上的轴套）的平动，同时需要考虑由于动环轴向两端面不同步运动造成的转动。因此，在小扰动模型下结合 Childs 提出的考虑转矩因素的有限长解法进行此类间隙流体激励力及其等效动力学特性参数的求解。该模型选取间隙内液体微元为控制体，将两端面的不同步运动简化为以动环中心轴面为转动中心的转动，Oxy 平面内的简化物理模型对比如图 2-4 所示。由图 2-4a 所示，长径比较小的动环涡动以平动为主，即两端面同步运行，端面内对应相同相位点的连线（图中 aa'、bb'）与 z 轴始终保持平行；如图 2-4b 所示，长径比较大的动环涡动以平动与转动共同组成的复合运动为主，即两端面异步运行，端面内相位相同点的连线（图中 dd''）绕 y 轴产生一较小锐角 α_y 的摆动，绕 x 轴产生一较小锐角 α_x 的摆动；考虑转矩的线性小扰动模型下，对间隙流体力、转子运动状态及动特性系数进行了补充定义，如下[75]：

$$-\begin{pmatrix} F_x \\ F_y \\ M_y \\ M_x \end{pmatrix} = \begin{pmatrix} K & k & K_{\varepsilon\alpha} & k_{\varepsilon\alpha} \\ -k & K & -k_{\varepsilon\alpha} & -K_{\varepsilon\alpha} \\ K_{\alpha\varepsilon} & k_{\alpha\varepsilon} & K_\alpha & -k_\alpha \\ k_{\alpha\varepsilon} & -K_{\alpha\varepsilon} & k_\alpha & K_\alpha \end{pmatrix} \begin{pmatrix} X \\ Y \\ \alpha_x \\ \alpha_y \end{pmatrix} + \begin{pmatrix} C & c & C_{\varepsilon\alpha} & c_{\varepsilon\alpha} \\ -c & C & -c_{\varepsilon\alpha} & -C_{\varepsilon\alpha} \\ C_{\alpha\varepsilon} & c_{\alpha\varepsilon} & C_\alpha & -c_\alpha \\ c_{\alpha\varepsilon} & -C_{\alpha\varepsilon} & c_\alpha & C_\alpha \end{pmatrix} \begin{pmatrix} \dot{X} \\ \dot{Y} \\ \dot{\alpha}_x \\ \dot{\alpha}_y \end{pmatrix}$$

$$+ \begin{pmatrix} M & 0 & M_{\varepsilon\alpha} & 0 \\ 0 & M & 0 & -M_{\varepsilon\alpha} \\ M_{\alpha\varepsilon} & 0 & M_\alpha & 0 \\ 0 & -M_{\alpha\varepsilon} & 0 & M_\alpha \end{pmatrix} \begin{pmatrix} \ddot{X} \\ \ddot{Y} \\ \ddot{\alpha}_x \\ \ddot{\alpha}_y \end{pmatrix} \quad (2\text{-}20)$$

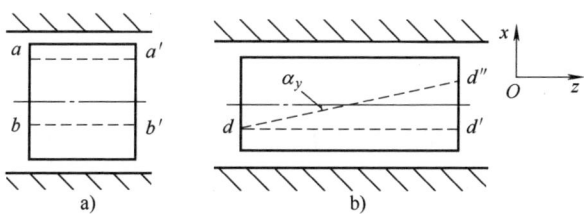

图 2-4 大长径比环形密封运动简化模型

考虑到动环转动是围绕 x 及 y 轴转动的复合运动，考虑轴绕 x、y 轴转动的转角分 α_x、α_y 的作用，则该环形密封的半径间隙可表示为

$$h = h_0 - \left[x + \alpha_y\left(\frac{L}{C_{l0}}\right)\left(z - \frac{L}{2}\right)\right]\cos\theta - \left[y - \alpha_x\left(\frac{L}{C_{l0}}\right)\left(z - \frac{L}{2}\right)\right]\sin\theta \quad (2\text{-}21)$$

其一阶摄动形式为

$$\varepsilon h_1 = -\left[x + \alpha_y\left(\frac{L}{C_{l0}}\right)\left(z - \frac{L}{2}\right)\right]\cos\theta - \left[y - \alpha_x\left(\frac{L}{C_{l0}}\right)\left(z - \frac{L}{2}\right)\right]\sin\theta \quad (2\text{-}22)$$

即 $-\varepsilon h_1 = r + \alpha$，其中，$r = x + jy$，$\alpha = \alpha_y - j\alpha_x$，引入运动的复数形式可得[79]：

$$r = r_0 e^{jf\tau}, \alpha = \alpha_0 e^{jf\tau}, h_1 = h_{10} e^{jf\tau} \quad (2\text{-}23)$$

将以上各式代入式（2-2）、式（2-3）、式（2-4）组成的运动方程组中，可得式（2-24），如下[79]：

$$\frac{d}{dz}\begin{pmatrix} u_{z1} \\ u_{\theta 1} \\ p_1 \end{pmatrix} + \begin{pmatrix} 0 & -j\frac{L}{R} & 0 \\ -u_{z0}\frac{\lambda L}{C_{l0}}B_1 v & \frac{\lambda L}{C_{l0}} \times B_2 + j\Gamma T & -ju_{z0}\frac{L}{R} \\ \left(\frac{\lambda L}{C_{l0}} \times B_3 + j\Gamma T\right)\Big/u_{z0} & v\frac{\lambda L}{C_{l0}}B_4 + j\omega T & 0 \end{pmatrix} \begin{pmatrix} u_{z1} \\ u_{\theta 1} \\ p_1 \end{pmatrix}$$

$$= \frac{r_0}{\varepsilon}\begin{Bmatrix} ju_{z0}\left[\Omega T - \omega T\left(\frac{1}{2} + v\right)\right] \\ -\frac{\lambda L}{C_{l0}}[(1-m_0)B_2]v \\ -(1-m_0)\frac{\lambda L}{C_{l0}} - j\left[\Omega T - \omega T\left(\frac{1}{2} + v\right)\right] \end{Bmatrix} + \quad (2\text{-}24)$$

$$\frac{\alpha_0}{\varepsilon}\left(\frac{L}{C}\right)\begin{Bmatrix} u_{z0} + ju_{z0}T\left(z - \frac{1}{2}\right)\left[\Omega - \omega\left(\frac{1}{2} - v\right)\right] \\ -\frac{\lambda L}{C_{l0}}[(1-m_0) \times B_2]v\left(z - \frac{1}{2}\right) \\ -(1-m_0)\frac{\lambda L}{C_{l0}}\left(z - \frac{1}{2}\right) - 1 - j\left[\Omega - \omega\left(\frac{1}{2} - v\right)\right]T\left(z - \frac{1}{2}\right) \end{Bmatrix}$$

由式（2-24）可知，平动与转动对环形密封间隙内流场的变化呈线性叠加作用，故可以将以上微分方程分解为两部分分别求解，并将计算结果进行线性叠加。对比小长径比环形间隙内流体微元一阶微分方程组可知，式（2-24）中平动引起的一阶微分方程与小长径比微分方程形式与参数均一致，可直接利用2.2.1部分所示求解方法进行求解。由转动引起的一阶微分方程，其形式与平动方程组形式一致，且方程间隙进口、出口压力与速度边界条件一致[式（2-17）及式（2-18）]，可沿用打靶法对方程组进行求解，并利用牛顿法对所设初值进行不断改进至达到收敛条件为止。由平动及转动引起的微分方程组［式（2-24）］的解可分别简化表示为

平动：
$$\begin{pmatrix} u_{z1} \\ u_{\theta 1} \\ p_1 \end{pmatrix} = \left(\frac{r_0}{\varepsilon}\right) \begin{Bmatrix} f_{1\mathrm{re}}(z) + \mathrm{j}f_{1\mathrm{im}}(z) \\ f_{2\mathrm{re}}(z) + \mathrm{j}f_{2\mathrm{im}}(z) \\ f_{3\mathrm{re}}(z) + \mathrm{j}f_{3\mathrm{im}}(z) \end{Bmatrix} \tag{2-25}$$

转动：
$$\begin{pmatrix} u_{z1} \\ u_{\theta 1} \\ p_1 \end{pmatrix} = \left(\frac{\alpha_0}{\varepsilon}\right) \begin{Bmatrix} f_{4\mathrm{re}}(z) + \mathrm{j}f_{4\mathrm{im}}(z) \\ f_{5\mathrm{re}}(z) + \mathrm{j}f_{5\mathrm{im}}(z) \\ f_{6\mathrm{re}}(z) + \mathrm{j}f_{6\mathrm{im}}(z) \end{Bmatrix} \tag{2-26}$$

对原作用于转子上的反作用力进行无量纲化处理，得到其无量纲定义表达式，如下[79]：

$$-\frac{\lambda}{\pi R \Delta p} \begin{pmatrix} F_x \\ F_y \\ M_y \\ M_x \end{pmatrix} = [\tilde{K}] \begin{pmatrix} X \\ Y \\ \alpha_x \\ \alpha_y \end{pmatrix} + T[\tilde{C}] \begin{pmatrix} \dot{X} \\ \dot{Y} \\ \dot{\alpha}_x \\ \dot{\alpha}_y \end{pmatrix} + T^2[\tilde{M}] \begin{pmatrix} \ddot{X} \\ \ddot{Y} \\ \ddot{\alpha}_x \\ \ddot{\alpha}_y \end{pmatrix} \tag{2-27}$$

将周向与轴向压力分量表达式进行面积分可得环形间隙内非定常流体激励力与力矩，结合动力学特性参数的线性定义，可得[75]：

$$-\frac{\lambda F_x(\Omega T)}{\pi R \Delta p R_0} = \frac{2\sigma}{(1+\xi_{\mathrm{in}}+2\sigma)} \int_0^1 f_{3\mathrm{re}}(z)\mathrm{d}z = \overline{K} + \overline{c}(\Omega T) - \overline{M}(\Omega T)^2$$

$$-\frac{\lambda F_y(\Omega T)}{\pi R \Delta p R_0} = \frac{2\sigma}{(1+\xi_{\mathrm{in}}+2\sigma)} \int_0^1 f_{3\mathrm{im}}(z)\mathrm{d}z = \overline{k} - \overline{C}(\Omega T)$$

$$-\frac{\lambda M_x(\Omega T)}{\pi R \Delta p R_0} = \frac{2\sigma L}{(1+\xi_{\mathrm{in}}+2\sigma)} \int_0^1 (z-1/2)f_{3\mathrm{re}}(z)\mathrm{d}z = \overline{K}_{\alpha\varepsilon} + \overline{c}_{\alpha\varepsilon}(\Omega T) - \overline{M}_{\alpha\varepsilon}(\Omega T)^2$$

$$\frac{\lambda M_y(\Omega T)}{\pi R \Delta p R_0} = \frac{2\sigma L}{(1+\xi_{\mathrm{in}}+2\sigma)} \int_0^1 (z-1/2)f_{3\mathrm{im}}(z)\mathrm{d}z = -\overline{k}_{\alpha\varepsilon} + \overline{C}_{\alpha\varepsilon}(\Omega T)$$

$$-\frac{\lambda F_x(\Omega T)}{\pi R \Delta p \alpha_0} = \frac{2\sigma L}{(1+\xi_{\mathrm{in}}+2\sigma)} \int_0^1 f_{6\mathrm{re}}(z)\mathrm{d}z = \overline{K}_{\varepsilon\alpha} + \overline{c}_{\varepsilon\alpha}(\Omega T) - \overline{M}_{\varepsilon\alpha}(\Omega T)^2$$

$$-\frac{\lambda F_y(\Omega T)}{\pi R \Delta p \alpha_0} = \frac{2\sigma}{(1+\xi_{\mathrm{in}}+2\sigma)} \int_0^1 f_{6\mathrm{im}}(z)\mathrm{d}z = -\overline{k}_{\varepsilon\alpha} + \overline{C}_{\varepsilon\alpha}(\Omega T)$$

$$\tag{2-28}$$

$$-\frac{\lambda M_y(\Omega T)}{\pi R \Delta p \alpha_0} = \frac{2\sigma L^2}{(1+\xi_{in}+2\sigma)} \int_0^1 (z-1/2) f_{6c}(z) \mathrm{d}z = \overline{K}_\alpha + \overline{c}_\alpha(\Omega T) - \overline{M}_\alpha(\Omega T)^2$$

$$\frac{\lambda M_x(\Omega T)}{\pi R \Delta p \alpha_0} = \frac{2\sigma L^2}{(1+\xi_{in}+2\sigma)} \int_0^1 (z-1/2) f_{6s}(z) \mathrm{d}z = -\overline{k}_\alpha + \overline{C}_\alpha(\Omega T)$$

(2-29)

由以上周向与轴向力的分析可知，在任意涡动频率下，均可通过所求得的轴向与周向无量纲压力分布函数 $f_{3re}(z)$、$f_{3im}(z)$、$f_{6re}(z)$、$f_{6im}(z)$ 沿 Z 轴的积分求得。在求解过程中，六个动力特性系数组成唯一的一组由两个方程组成的六元一次方程组。对于某一固定工作转速 N，可取涡动频率为 0、0.5、1.0、1.5、2.0 倍的工作转速，组成 5 组六元一次方程组，每三组方程可求解出一组动特性系数，5 组方程排列组合共求解 10 组动特性系数并求其平均值。该求解方法可实现叶轮口环、级间密封等长径比小于 0.75 的环形间隙在不同几何尺寸、操作工况下的非定常流体激励力及其动力学特性系数（主刚度系数、附加刚度系数、主阻尼系数、附加阻尼系数及主附加质量系数）的求解，进而完成考虑非定常流体间隙流体激励力的转子系统动力学特性与动力学行为计算。

2.3 螺旋槽动环迷宫密封间隙激励力及其等效动力学特性

进入 21 世纪以来，用户对离心泵的水力性能及运行稳定性提出了更高的要求，这也使得设计及研究人员在离心泵口环密封、级间密封及平衡鼓密封的密封形式选择上，不再局限于光滑环形密封、传统迷宫密封，而是逐渐探索并应用特殊齿形的新型密封。螺旋槽迷宫密封由于其反泵送效应，在泄漏量的控制方面取得了显著成效，被广泛应用于单级扬程较高、特殊介质的特种泵型中。工程中，针对此类特殊齿形的新型密封间隙非定常流体激励力及其等效动力学特性的求解仍然以修正摩擦因子下的整体流动理论（Bulk Flow Theory）结合摄动法进行求解，这一方法在泄漏流研究及传统迷宫密封、阻尼密封的动力学研究中也有较多应用。但是，这一分析方法应用布拉修斯（Blasius）模型描述切应力与局部运动状态的关系，避开了密封的结构细节，尤其是内壁面与外壁面设有的槽、孔等结构，仅用等效的摩擦因数计算流体与定子内壁面与转子外壁面间的切应力，分析需要大量基于实验的经验系数，并未得到广泛的工程应用。与之相比，Iwatsubo 于同期提出的针对矩形槽、螺旋槽及双螺旋槽转子迷宫密封动力学计算的两控制体分析方法，充分考虑了密封几何结构细节，间隙流域得到合理划分，每部分进行单独分析，分析方法科学。值得注意的是，这一分析方法对每个单独控制体分析时，均忽略了周向速度沿轴向的变化，流体微元控制方程仅包括轴向动量方程及连续性方程，缺少了周向动量方程，降低了此方法的计算精度，尤其是针对螺旋槽、双螺旋槽等结构的转子迷宫密封。因此本节在螺旋槽迷宫密封的静特性与动特性求解中，建立考虑周向动量方程、周向速度摄动量及其随 z 坐标变化的齿顶间隙流域与槽内流域的控制方程组并提出了对应的求解方法。

2.3.1 螺旋槽流域的稳态求解

图 2-5 所示为一个螺旋槽转子-光滑定子迷宫密封的结构示意图，将螺旋槽的凹陷与凸起部分分别定义为槽与齿，将螺旋槽螺旋线与轴向中心线的夹角称为螺旋槽螺旋角，螺旋密封轴向长度定义为密封长度 L，转子半径定义为密封半径 R，螺旋槽齿顶与定子间的间隙定义为密封的半径间隙 C_{l0}。图 2-6a 给出了螺旋槽部分结构示意图，基于 Iwatsubo 提出的螺旋槽流域稳态流场分析方法，在 $Oxyz$ 坐标系基础上，建立 $O\eta\gamma\zeta$ 坐标系，其中 η 方向垂直于齿槽走向，η 方向与齿槽走向一致。螺旋槽沿 ζ 方向（即齿槽的法向方向）截面如图 2-6b 所示，将此法向方向的槽与齿宽定义为螺旋槽槽宽 L_g 及齿宽

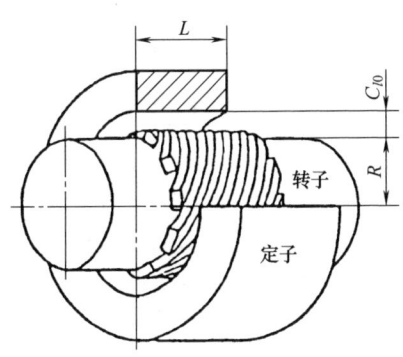

图 2-5 螺旋槽转子-光滑定子迷宫密封结构

L_1，如无特殊说明，下文所述槽宽及齿宽均为此法向的宽度。在 ζ 方向，流体由齿顶间隙向槽内流动，在齿与槽边界处，由于流道的突然扩大，流体产生局部射流，射流角为 $\gamma^{[26,35,36]}$。螺旋槽流域稳态流动分析将针对流体在 ζ 及 η 两个方向单独进行，每个方向又将针对槽内与齿顶内的流动情况进行独立分析。

由螺旋槽迷宫密封的泵送效应产生的有效压力[88]为

$$\Delta p_{\text{pumping}} = 0.0159 R_\theta^{0.778} \frac{6\mu R\omega L}{C_{l0}^2} \times \frac{L_{\text{lg}}(1-L_{\text{lg}})(K^3-1)(K-1)\tan\alpha}{K^3(1+\tan^2\alpha)+L_{\text{lg}}(1-L_{\text{lg}})(K^3-1)^2\tan^2\alpha}$$

(2-30)

其中，$L_{\text{lg}} = L_1/(L_1+L_g)$，$K = T/(T+C_{l0})$。

因此，考虑作用于螺旋槽密封两端的基于全流场数值计算的压力边界

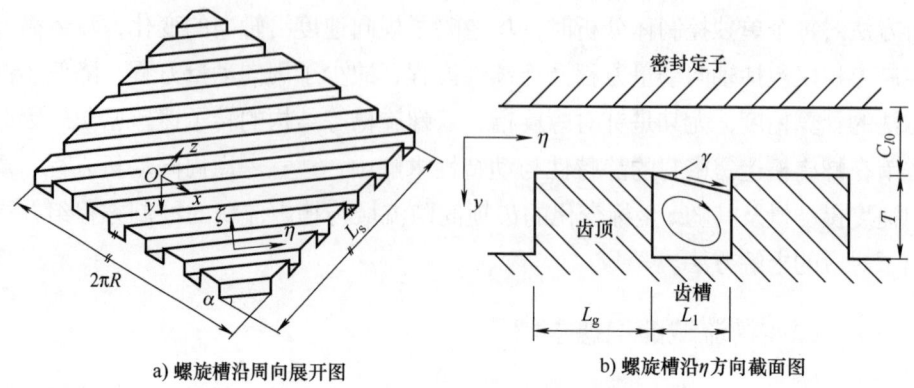

a) 螺旋槽沿周向展开图　　　　b) 螺旋槽沿η方向截面图

图2-6　螺旋槽迷宫密封水力模型

$F_{\text{p-in}}(Q,n)$、$F_{\text{p-out}}(Q,n)$ 与螺旋槽泵送效应引起的泵送压力 $\Delta p_{\text{pumping}}$ 的共同作用。稳态流动状态下，作用于螺旋槽迷宫密封两端的有效压力 p_{out} 可由式（2-31）求得。η 及 ζ 两个方向内的流动压力损失与此有效压力相等，如式（2-3）、式（2-4）所示。

$$p_{\text{out}} = F_{\text{p-in}}(Q,n) - F_{\text{p-out}}(Q,n) + \Delta p_{\text{pumping}} \tag{2-31}$$

η 方向齿顶流体流动中压力损失与有效压力的关系：

$$p - \Delta p_{\text{pumping}} = \frac{1}{2}\rho(1+\xi_{\eta l\text{in}})u_{\eta l0}^2 + \frac{1}{2}\rho(1-\xi_{\eta l\text{out}})u_{\eta l0}^2 + \frac{1}{2}\rho\lambda_{\eta l}u_{\eta l0}^2\frac{2L_s}{C_{l0}\sin\alpha} \tag{2-32}$$

ζ 方向槽内流体流动中压力损失与有效压力的关系：

$$p - \Delta p_{\text{pumping}} = \frac{1}{2}\rho(1+\xi_{\eta g\text{in}})u_{\eta g0}^2 + \frac{1}{2}\rho(1-\xi_{\eta g\text{out}})u_{\eta g0}^2 + \frac{1}{2}\rho\lambda_{\eta g}u_{\eta g0}^2\frac{L_g}{R_{\text{equ}}\sin\alpha} \tag{2-33}$$

式（2-32）与式（2-33）中，等号右边第一项为流体进入指定流域的进口压力损失项，进口压力损失系数 $\xi_{\eta l\text{in}} = \xi_{\eta g\text{in}} = 0.5$；第二项为流体流出指定流域时的出口压力损失项，出口压力损失系数 $\xi_{\eta l\text{out}} = \xi_{\eta g\text{out}} = [1 - C_{l0}/(C_{l0}+T)]^2$；第三项为流体在流动中由于壁面摩擦所引起的压力损失项。

参考矩形槽迷宫密封稳态流场求解方法[88]，对 Iwatsubo 提出的螺旋槽迷宫密封稳态流场 ζ 方向压力关系进行修正，则 ζ 方向齿顶、槽内流体流动中压力损失与有效压力的关系：

$$p - \Delta p_{\text{pumping}} = (N-1)(\Delta p_{\zeta l\lambda} + \Delta p'_{\zeta l\text{out}} + \Delta p_{\zeta g\lambda} + \Delta p_{\zeta l\text{in}}') + \Delta p_{\zeta l\lambda} + \Delta p_{\zeta l\text{in}} + \Delta p_{\zeta l\text{out}}$$

$$= (N-1)\left[\frac{1}{2}\rho\lambda_{\zeta l}u_{\zeta l0}^2\frac{2L_l}{C_{l0}} + \frac{1}{2}\rho(1-\xi'_{\zeta l\text{out}})u_{\zeta l0}^2 + \frac{1}{2}\rho\lambda_{\zeta g}u_{\zeta l0}^2\frac{L_g}{2C_{l0}} + \frac{1}{2}\rho(1+\xi'_{\zeta l\text{in}})u_{\zeta l0}^2\right]$$

$$+ \frac{1}{2}\rho\lambda_{\zeta l}u_{\zeta l0}^2\frac{2L_l}{C_{l0}} + \frac{1}{2}\rho(1+\xi_{\zeta l\text{in}})u_{\zeta l0}^2 + \frac{1}{2}\rho(1-\xi_{\zeta l\text{out}})u_{\zeta l0}^2$$

(2-34)

其中，等式右边第一项为 ζ 方向上中间 $N-1$ 组齿顶与槽内组合的齿顶进口压力损失项、齿顶出口压力损失项、齿顶与槽内壁面摩擦压力损失项的和，后三项为流体流入及流出整个齿顶间隙时的压力损失项，由于分析忽略了槽内流体在 ζ 方向上的速度，所以上式中螺旋部分的进口与出口边界压力损失项均为齿顶进口压力损失与齿顶出口压力损失项。

以上分析中，将齿顶间隙内的流体流动简化为两圆盘间的流体流动，将槽内的流动简化为圆管内的流体流动，分别采用 Hirs-Blasius 修正摩擦模型及 Moody 摩擦模型对式（2-32）、式（2-33）及式（2-34）中的壁面切向力进行描述，式中所列摩擦因数分别如式（2-35）、式（2-36）所示。

Hirs-Blasius 模型摩擦因数[77]：

$$\begin{aligned}\lambda_{\eta lB} &= 0.066\left(\frac{u_{\eta lm}C_{l0}}{\nu}\right)^{-0.25}, \lambda_{\eta gB} = 0.0791\left(\frac{4u_{\eta gm}R_{\text{qu}}}{\nu}\right)^{-0.25}\\ \lambda_{\zeta lB} &= 0.066\left(\frac{u_{\zeta lm}C_{l0}}{\nu}\right)^{-0.25}, \lambda_{\zeta gB} = 0.0791\left(\frac{4u_{\eta gm}R_{\text{qu}}}{\nu}\right)^{-0.25}\end{aligned}$$

(2-35)

Moody 模型摩擦因数[99]：

$$\lambda_{\eta lM} = 1.375\times 10^{-3}\left[1 + \left(2\times 10^4\frac{e_{rs}}{2C_{l0}} + \frac{10^6}{Re_{\eta l}}\right)^{\frac{1}{3}}\right]$$

$$\lambda_{\eta gM} = 1.375\times 10^{-3}\left[1 + \left(2\times 10^4\frac{e_{rs}}{2C_{g0}} + \frac{10^6}{Re_{\eta g}}\right)^{\frac{1}{3}}\right]$$

$$\lambda_{\zeta lM} = 1.375\times 10^{-3}\left[1 + \left(2\times 10^4\frac{e_{rs}}{2C_{l0}} + \frac{10^6}{Re_{\zeta l}}\right)^{\frac{1}{3}}\right]$$

$$\lambda_{\zeta gM} = 1.375\times 10^{-3}\left[1 + \left(2\times 10^4\frac{e_{rs}}{2C_{g0}} + \frac{10^6}{Re_{\zeta g}}\right)^{\frac{1}{3}}\right]$$

(2-36)

其中，槽的等效半径 $R_{\text{qu}} = \dfrac{L_g(C_{l0}+T)}{2(L_g+C_{l0}+T)}$，$e_{rs}$ 为壁面绝对粗糙度，齿顶间隙内流体在 η 与 ζ 方向的雷诺数分别为 $Re_{\eta l} = 2C_{l0}v_{\eta l}/\nu$，$Re_{\zeta l} = 2C_{l0}v_{\zeta l}/\nu$；槽内流体在 η 与 ζ 方向的雷诺数分别为 $Re_{\eta g} = 2C_{l0}v_{\eta g}/\nu$，$Re_{\zeta g} = 2C_{l0}v_{\zeta g}/\nu$。

结合式（2-35）及式（2-36）中摩擦因数的定义，对式（2-30）、式（2-31）及式（2-32）进行求解，可分别求得齿顶间隙流域与槽内流域流体在 η 及 ζ 两个方向上的稳态平均流动速度 $v_{\eta lm}$、$v_{\eta gm}$ 及 $v_{\zeta gm}$，将此三项速度进行坐标转换[88]：

$$\begin{pmatrix} R\omega - u_{\theta lm} \\ u_{zlm} \end{pmatrix} = \begin{pmatrix} \cos\alpha & -\sin\alpha \\ \sin\alpha & \cos\alpha \end{pmatrix} \begin{pmatrix} v_{\eta lm} \\ v_{\zeta lm} \end{pmatrix} \tag{2-37}$$

$$\begin{pmatrix} R\omega - u_{\theta gm} \\ u_{zgm} \end{pmatrix} = \begin{pmatrix} \cos\alpha & -\sin\alpha \\ \sin\alpha & \cos\alpha \end{pmatrix} \begin{pmatrix} v_{\eta gm} \\ v_{\zeta gm} \end{pmatrix} \tag{2-38}$$

齿顶流域与槽内流域稳态轴向及周向平均速度可求得：

$$u_{\theta lm} = R\omega - \cos\alpha v_{\eta lm} + \sin\alpha v_{\zeta lm}, u_{zlm} = \sin\alpha v_{\eta lm} + \cos\alpha v_{\zeta lm} \\ u_{\theta gm} = R\omega - \cos\alpha v_{\eta gm} + \sin\alpha v_{\zeta gm}, u_{zgm} = \sin\alpha v_{\eta gm} + \cos\alpha v_{\zeta gm} \tag{2-39}$$

由于齿顶与槽内流体流动状态不同，所以对齿顶流域、槽内射流流域与槽内旋流流域泄漏量分别进行计算，三部分泄漏量相加即为整个螺旋槽密封部分泄漏量。其中，稳态流动状态下齿顶间隙流域泄漏流量：

$$Q_l = I_s \times \frac{L_{lg}}{I_s} \int_{R+T}^{R+T+C_{l0}} u_{zlm} \times 2\pi r dr = \pi C_{l0} L_{lg} u_{zlm} [2(R+T) + C_{l0}] \tag{2-40}$$

稳态流动状态下槽内射流流域泄漏流量：

$$Q_{gsh} = I_s \int_0^{L_g/\sin\alpha} u_{zgm} T dx = I_s \left[\frac{1}{2} L_g (2C_{lm} + L_g \tan\gamma) u_{zgm} \sin\alpha + \frac{C_{l0} L_g}{\tan\theta} u_{zgm} \right] \tag{2-41}$$

稳态流动状态下槽内旋流流域泄漏流量：

$$Q_{gx} = I_s \times \frac{1 - L_{lg}}{I_s} \int_0^{R+T} u_{zgm} \times 2\pi r dr = \pi (T + C_{l0})(2R + T + C_{l0})(1 - L_{lg}) u_{zlm} \tag{2-42}$$

综上，稳态流动状态下螺旋槽部分整体泄漏流量：

$$Q_s = Q_l + Q_{gsh} + Q_{gx} = \pi C_{l0} L_{lg} u_{zlm} [2(R+T) + C_{l0}] \\ + I_s \left[\frac{1}{2} L_g (2C_{l0} + L_g \tan\gamma) u_{zgm} \sin\alpha + \frac{C_{l0} L_g}{\tan\theta} u_{zgm} \right] \\ + \pi (T + C_{l0})(2R + T + C_{l0})(1 - L_{lg}) u_{zlm} \tag{2-43}$$

2.3.2 基于摄动法的动力学特性求解

2.3.2.1 控制方程组的建立

如图 2-7 所示，对螺旋槽间隙内流体微元进行流动及受力分析，得间隙内

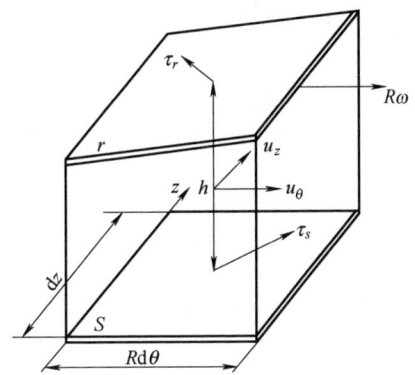

图 2-7　间隙流域流体微元受力及运动分析

流体的流动控制方程组如下[88]：

连续性方程：

$$\frac{\partial H}{\partial t}+\frac{\partial(Hu_\theta)}{R\partial\theta}+\frac{\partial(Hu_z)}{\partial z}=0 \qquad (2\text{-}44)$$

周向动量方程：

$$\rho H\left(\frac{\partial u_\theta}{\partial t}+u_\theta\frac{\partial u_\theta}{R\partial\theta}+u_z\frac{\partial u_\theta}{\partial z}\right)=-H\frac{\partial p}{R\partial\theta}+\tau_\theta\bigg|_0^H \qquad (2\text{-}45)$$

轴向动量方程：

$$\rho H\left(\frac{\partial u_z}{\partial t}+u_\theta\frac{\partial u_z}{R\partial\theta}+u_z\frac{\partial u_z}{\partial z}\right)=-H\frac{\partial p}{\partial z}+\tau_z\bigg|_0^H \qquad (2\text{-}46)$$

以上控制方程组为摄动法求解各部分流体力及动力学特性系数的基本方程组，对于光滑环形流域、矩形槽流域及螺旋槽流域等，式（2-46）中的切向力可表示为流动速度与摩擦因数的函数：

$$\tau=\frac{1}{2}\rho u^2\lambda \qquad (2\text{-}47)$$

其中摩擦因数 λ 由 Blasius 或 Moody 摩擦理论模型求得，由于齿顶间隙内流体流动的形态与两平行圆盘之间的流体流动类似[88]，故在 Blasius 模型应用时，取经验系数 $m=0.066$，$n=-0.25$，即 Blasius 模型下摩擦因数：

$$\lambda_{zlB}=-0.066\left(\frac{u_{zlm}C_{l0}}{\nu}\right)^{-0.25} \qquad (2\text{-}48)$$

Moody 模型下摩擦因数：

$$\lambda_{zlM}=1.375\times10^{-3}\left[1+\left(2\times10^4\frac{e_{rs}}{2C_{l0}}+\frac{10^6}{Re_{zl}}\right)^{\frac{1}{3}}\right] \qquad (2\text{-}49)$$

其中，e_{rs}为壁面绝对粗糙度，齿顶间隙内流体在z方向的雷诺数为$Re_{zl} = 2C_{l0}u_{zl}/v$；式（2-46）中齿顶间隙内流体微元所受切向力的轴向分量为

$$\tau_{zl}\bigg|_0^H = \tau_{zlj} - \tau_{zls} = -\frac{1}{2}\rho\lambda_{zl}u_{zl}^2 - \frac{1}{2}\rho\lambda_{zl}u_{zl}^2 = -\rho\lambda_{zl}u_{zl}^2 \qquad (2\text{-}50)$$

将齿槽射流流域简化为两平行圆盘之间的流动，则与齿顶间隙流域相似，式（2-46）中齿槽内流域流体微元所受切向力的轴向分量为：

$$\tau_{zg}\bigg|_0^{H'} = \tau_{zgj} - \tau_{zgs} = -\frac{1}{2}\rho 0.25\lambda_f u_{zg}^2 - \frac{1}{2}\rho\lambda_{zg}u_{zg}^2 = -\frac{1}{2}\rho u_{zg}^2(0.25\lambda_f + \lambda_{zg}) \qquad (2\text{-}51)$$

其中，摩擦因数$\lambda_f = 0.1$，Blasius摩擦模型下$\lambda_{zgB} = -0.066\left(\dfrac{u_{zgm}C_{g0}}{v}\right)^{-0.25}$，Moody摩擦模型下$\lambda_{zgM} = 1.375 \times 10^{-3}\left[1 + \left(2\times 10^4 \dfrac{e_{rs}}{2C_{g0}} + \dfrac{10^6}{Re_{zg}}\right)^{\frac{1}{3}}\right]$，$Re_{zg} = 2C_{g0}u_{zgm}/v$。

将槽内旋流流域简化为管内流动，流域等效水力直径MG如式（2-52）所示。设旋流流域轴向速度为射流流域轴向速度的$1/2$，且假设流体在齿槽部分的流动能量损失全部来源于槽内射流流域与旋流流域间的摩擦项，则槽内流域流体微元满足式（2-52）[88]，结合式（2-39）可进一步求得稳态流动状态下，槽内旋流流域稳态周向速度。

$$MG = \frac{L_g(2T - L_g\tan\theta)}{2(2T + L_g - L_g\tan\gamma + L_g/\cos\theta)} \qquad (2\text{-}52)$$

$$\lambda_d\left[(R - T + 2MG)\omega - u_{\theta d}\right]^2\left[2T - L_g\tan\gamma + L_g\right] = \lambda_f L_g(u_{\theta d} - u_{\theta g})^2/\cos\gamma \qquad (2\text{-}53)$$

其中，Blasius摩擦模型下$\lambda_d = 0.0791 \times (4u_{\theta d}MG/v)^{-0.25}$，Moody摩擦模型下$\lambda_{dM} = 1.375 \times 10^{-3}\left[1 + \left(2\times 10^4 \dfrac{e_{rs}}{2C_{g0}} + \dfrac{10^6}{Re_{\theta d}}\right)^{\frac{1}{3}}\right]$，$Re_{\theta d} = 2C_{g0}u_{\theta d}/v$。

由于螺旋槽间隙内流体微元的轴向速度远大于周向速度，即$Re_z \gg Re_r$，则流体微元所受切向力的周向分量可简化为与轴向分量相关的函数[88]，则式（2-45）中齿顶间隙内流体微元所受切向力周向分量为：

$$\tau_{\theta l}\bigg|_0^H = \tau_{\theta lj} - \tau_{\theta ls} = -\frac{u_{\theta l} - R\omega}{u_{zl}}\tau_{zlj} - \frac{u_{\theta l}}{u_{zl}}\tau_{zls} = -\rho\lambda_{zl}u_{zl}\left(u_{\theta l} - \frac{1}{2}R\omega\right) \qquad (2\text{-}54)$$

同理，式（2-45）中槽内流体微元所受切向力的周向分量为：

$$\tau_{\theta g}\Big|_0^H = -\frac{u_{\theta d}-u_{\theta g}}{u_{zg}}\tau_{zgj} - \frac{u_{\theta g}}{u_{zg}}\tau_{zgs} \tag{2-55}$$

$$= \frac{1}{2}\rho 0.25\lambda_f u_{zg}(u_{\theta d}-u_{\theta g}) - \frac{1}{2}\rho\lambda_{gz}u_{\theta g}u_{zg}$$

综上所述，由连续性方程、周向动量方程及轴向动量方程组成的原控制方程组可简化为齿顶间隙流域控制方程组及齿槽流域控制方程组，分别如式（2-56）与式（2-57）所示。

齿顶间隙流域控制方程组：

$$\frac{\partial H}{\partial t} + \frac{\partial(Hu_{\theta l})}{R\partial\theta} + \frac{\partial(Hu_{zl})}{\partial z} = 0 \tag{2-56}$$

$$\rho H\left(\frac{\partial u_{\theta l}}{\partial t} + u_{\theta l}\frac{\partial u_{\theta l}}{R\partial\theta} + u_{zl}\frac{\partial u_{\theta l}}{\partial z}\right) = -H\frac{\partial p_l}{R\partial\theta} - \rho\lambda_{zl}u_{zl}\left(u_{\theta l} - \frac{1}{2}R\omega\right) \tag{2-57}$$

$$\rho H\left(\frac{\partial u_{zl}}{\partial t} + u_{\theta l}\frac{\partial u_{zl}}{R\partial\theta} + u_{zl}\frac{\partial u_{zl}}{\partial z}\right) = -H\frac{\partial p_l}{\partial z} - \lambda_{zl}u_{zl}^2 \tag{2-58}$$

齿槽流域控制方程组：

$$\frac{\partial H}{\partial t} + \frac{\partial(Hu_{\theta g})}{R\partial\theta} + \frac{\partial(Hu_{zg})}{\partial z} = 0 \tag{2-59}$$

$$\rho H\left(\frac{\partial u_{\theta g}}{\partial t} + u_{\theta g}\frac{\partial u_{\theta g}}{R\partial\theta} + u_{zg}\frac{\partial u_{\theta g}}{\partial z}\right) = -H\frac{\partial p_g}{R\partial\theta} - \frac{1}{2}\rho\lambda_{zg}u_{\theta g}u_{zg} + \frac{1}{2}\rho 0.25\lambda_f u_{zg}(u_{\theta d}-u_{\theta g}) \tag{2-60}$$

$$\rho H\left(\frac{\partial u_{zg}}{\partial t} + u_{\theta g}\frac{\partial u_{zg}}{R\partial\theta} + u_z\frac{\partial u_{zg}}{\partial z}\right) = -H\frac{\partial p_g}{\partial z} - \frac{1}{2}\rho u_{zg}^2\times 0.25\lambda_f - \frac{1}{2}\rho\lambda_{zg}u_{zg}^2 \tag{2-61}$$

2.3.2.2 齿顶流域流体微元控制方程的摄动法求解

参考 Childs 提出的有限长理论分析方法[74]，分别对齿顶间隙流域、齿槽流域的轴向、周向动量方程及连续性方程组成的控制方程组进行摄动法求解，求取流域内介质压力沿轴向坐标 z 的分布函数的数值解，并对此数值解进行拟合求取流体力 F_x 与 F_y，结合式（2-2）中小扰动模型下各动力学特性系数的定义，对应求得包括主刚度、交叉刚度、主阻尼、交叉阻尼及主附加质量等5个动力学特性系数。

假设存在某一偏心小量 ε，将轴向速度、周向速度、压力分布及环形间隙径向厚度用偏心量 ε 表示：

$$H = C_{l0} + \varepsilon\varphi, p = p_0 + \varepsilon p_1, u_z = u_{z_0} + \varepsilon u_{z_1}, u_\theta = u_{\theta 0} + \varepsilon u_{\theta 1} \quad (2\text{-}62)$$

将式（2-62）中各参数的零阶摄动表达式代入式（2-56）~式（2-58）组成的控制方程组中，求得齿顶间隙流域控制方程的零阶周向动量方程及轴向动量方程：

$$\frac{\partial u_{\theta l0}}{\partial z} = -\frac{\lambda}{C_{l0}} R\omega + \frac{\lambda_{zl}}{C_{l0}} u_{\theta l0} \quad (2\text{-}63)$$

$$C_{l0}\frac{\partial P_{l0}}{\partial z} = -\rho\lambda_{zl} u_{zl0}^2 \quad (2\text{-}64)$$

忽略零阶轴向速度 u_{zl0} 在轴向的变化，即取 $u_{zl0} = u_{zlm}$。由螺旋槽齿顶间隙流域的流动状态可知，周向速度零阶摄动值 $u_{\theta l0}$ 在 $z=0$ 处等于进口周向速度 $u_{\theta in}$，且对式（2-63）进行求解，可得齿顶间隙流域周向速度沿轴向的分布函数：

$$u_{\theta l0} = (u_{\theta in} - aR\omega)e^{-az} + aR\omega \quad (2\text{-}65)$$

其中，$a = -\lambda_{zl}/C_{l0}$。

将式（2-65）中各参数的一阶摄动表达式代入式（2-56）至式（2-58）组成的控制方程组中，并忽略摄动量的高阶小量，求得齿顶间隙流域控制方程的一阶连续性方程、周向动量方程及轴向动量方程：

$$\frac{C_{l0}}{R}\frac{\partial u_{\theta l1}}{\partial \theta} + \left(\frac{\partial \varphi}{\partial t} + \frac{1}{R} u_{\theta l0}\frac{L'\partial \overline{\varphi}}{\partial \theta}\right) + C_{l0}\frac{\partial u_{zl1}}{\partial z} = 0 \quad (2\text{-}66)$$

$$-\frac{C_{l0}}{\rho R}\frac{\partial p_{l1}}{\partial \theta} - \lambda_{zl}[u_{zl1}(R\omega - u_{\theta l0}) - u_{zl0} u_{\theta l1}] = C_{l0}\frac{\partial u_{\theta l1}}{\partial t} + \\ \frac{1}{R}C_{l0}u_{\theta l0}\frac{\partial u_{\theta l1}}{\partial \theta} + C_{l0}u_{\theta l0}\frac{\partial u_{\theta l1}}{\partial z} + C_{l0}u_{zl1}\frac{\partial u_{\theta l0}}{\partial z} + L'\overline{\varphi}u_{zl0}\frac{\partial u_{\theta l0}}{\partial z} \quad (2\text{-}67)$$

$$\frac{\partial u_{zl1}}{\partial t} + u_{\theta l0}\frac{\partial u_{zl1}}{R\partial \theta} + u_{zl0}\frac{\partial u_{zl1}}{\partial z} = -\frac{\partial p_{l1}}{\partial z} + \frac{\overline{\varphi}L'}{C_{l0}}\frac{\partial p_{l0}}{\partial z} - \frac{2\rho\lambda_{zl}}{C_{l0}} u_{zl1} u_{zl0} \quad (2\text{-}68)$$

其中，$L' = L_l/\cos\alpha$。以上方程定义了齿顶间隙流域内流体微元的一阶压力摄动量 p_{l1}、周向速度摄动量 $u_{\theta l1}$ 及轴向速度摄动量 u_{zl1} 均为轴向坐标 z、周向坐标 θ 及时间 t 的函数，即以上三个参数变量可表示为 $p_{l1}(z, t, \theta)$、$u_{\theta l1}(z, t, \theta)$ 及 $u_{zl1}(z, t, \theta)$。值得注意的是，式（2-66）、式（2-67）及式（2-68）组成的控制方程组均满足周向连续性条件：

$$p_{l1}(z,t,\phi) = p_{l1}(z,t,\phi+2\pi)$$
$$u_{\theta l1}(z,t,\phi) = u_{\theta l1}(z,t,\phi+2\pi) \quad (2\text{-}69)$$
$$u_{zl1}(z,t,\phi) = u_{zl1}(z,t,\phi+2\pi)$$

结合以上周向连续性方程的要求，一阶压力摄动量 p_{l1}、周向速度摄动量

$u_{\theta l1}$ 及轴向速度摄动量 u_{zl1} 可表示为以下形式：

$$p_{l1}(z,t,\phi) = p_{l1\mathrm{re}}(z,t)\cos\phi + p_{l1\mathrm{im}}(z,t)\sin\phi$$
$$u_{\theta l1}(z,t,\phi) = u_{\theta l1\mathrm{re}}(z,t)\cos\phi + u_{\theta l1\mathrm{im}}(z,t)\sin\phi \quad (2\text{-}70)$$
$$u_{zl1}(z,t,\phi) = u_{zl1\mathrm{re}}(z,t)\cos\phi + u_{zl1\mathrm{im}}(z,t)\sin\phi$$

引入式（2-71）所示复数变量表示以上三组未知数及密封转子的位移一阶摄动量，对控制方程组一阶摄动方程进行换算，即可得由轴向、周向速度及压力一阶摄动量及其对轴向坐标 z 的偏导组成的运算方程，如式（2-71）、式（2-72）及式（2-73）。

$$\begin{aligned}
u_{z1} &= u_{z1c}(z,t) + \mathrm{i}u_{z1s}(z,t) = u_{z11}(z)\mathrm{e}^{\mathrm{i}\Omega t} \\
u_{\theta 1} &= u_{\theta 1c}(z,t) + \mathrm{i}u_{\theta 1s}(z,t) = u_{\theta 11}(z)\mathrm{e}^{\mathrm{i}\Omega t} \\
p_1 &= p_{1c}(z,t) + \mathrm{i}p_{1s}(z,t) = p_{l1}(z)\mathrm{e}^{\mathrm{i}\Omega t} \\
\varphi &= -\frac{1}{\varepsilon}(x+\mathrm{i}y) = \frac{R_0}{C_{l0}}\mathrm{e}^{\mathrm{i}\Omega t}
\end{aligned} \quad (2\text{-}71)$$

轴向动量方程一阶摄动形式：

$$\frac{\partial p_{l11}}{\partial z} + u_{zl0}\left[\mathrm{i}\frac{u_{\theta l11}}{R} + \mathrm{i}\frac{R_0}{C_{l0}\varepsilon}\left(\Omega - \frac{u_{\theta l0}}{R}\right)\right] + \\
u_{zl11}\left[\mathrm{i}\left(\Omega - \frac{u_{\theta l0}}{R}\right) + \frac{2\rho\lambda_{zl}}{C_{l0}}u_{zl0}\right] = -\frac{R_0}{C_{l0}\varepsilon}\times\frac{\partial p_{l0}}{\partial z} \quad (2\text{-}72)$$

周向动量方程一阶摄动形式：

$$\frac{\partial u_{\theta l11}}{\partial z} + u_{zl11}\left[\frac{1}{u_{zl0}}\frac{\partial u_{\theta l0}}{\partial z} + \frac{1}{C_{l0}u_{zl0}}\lambda_{zl}(R\omega - u_{\theta l0})\right] + \\
u_{\theta l11}\left(-\frac{\lambda_{zl}}{C_{l0}} - \mathrm{i}\frac{1}{R}\frac{u_{\theta l0}}{u_{zl0}} + \mathrm{i}\frac{\Omega}{u_{zl0}}\right) - \mathrm{i}\frac{1}{\rho R u_{zl0}}\times p_{l11} = \frac{R_0}{C_{l0}\varepsilon}\frac{\partial u_{\theta l0}}{\partial z} \quad (2\text{-}73)$$

连续性方程一阶摄动形式：

$$\frac{\partial u_{zl11}}{\partial z} - \mathrm{i}\frac{1}{R}u_{\theta l11} = \mathrm{i}\frac{R_0}{C_{l0}\varepsilon}\left(\frac{\Omega}{C_{l0}} - \frac{u_{\theta l0}}{C_{l0}R}\right) \quad (2\text{-}74)$$

将式（2-75）代入式（2-72）~式（2-74）中，对各式中的周向速度、轴向速度、压力及位移等变量函数进行无量纲化处理，则式（2-72）、式（2-73）及式（2-74）可整合为齿顶间隙流域流体微元的一阶微分方程组，如式（2-76）所示。

$$u_{\theta l1} = \bar{u}_{\theta l1}R\omega, \quad u_{zl1} = \bar{u}_{zl1}R\omega, \quad p_{l1} = \rho u_{zl0}^2\bar{p}_{l1} \quad (2\text{-}75)$$

$$\begin{cases} \dfrac{\partial \overline{u}_{zl11}}{\partial \overline{z}} - \mathrm{i}\dfrac{1}{R}L'\overline{u}_{\theta l11} = \mathrm{i}\dfrac{R_0}{C_{l0}\varepsilon}\dfrac{L'}{R\omega}\left(\dfrac{\Omega}{C_{l0}} - \dfrac{u_{\theta l0}}{C_{l0}R}\right) \\[4pt] \dfrac{\partial \overline{u}_{\theta l11}}{\partial \overline{z}} + L'\overline{u}_{zl11}\left[\dfrac{1}{u_{zl0}}\dfrac{\partial u_{\theta l0}}{\partial \overline{z}} + \dfrac{1}{C_{l0}u_{zl0}}\lambda_{zl}(R\omega - u_{\theta l0})\right] + \\[4pt] \overline{u}_{\theta l11}L'\left(-\dfrac{\lambda_{zl}}{C_{l0}} - \mathrm{i}\dfrac{1}{R}\dfrac{u_{\theta l0}}{u_{zl0}} + \mathrm{i}\dfrac{\Omega}{u_{zl0}}\right) - \mathrm{i}\dfrac{L'}{R\omega}\times\dfrac{u_{zl0}^2}{Ru_{zl0}}\times\overline{p}_{l11} = \dfrac{L'}{R\omega}\times\dfrac{R_0}{C_{l0}\varepsilon}\times\dfrac{\partial u_{\theta l0}}{\partial z} \\[4pt] \dfrac{\partial \overline{p}_{l11}}{\partial \overline{z}} + \dfrac{1}{\rho u_{zl0}^2}R\omega\left[\mathrm{i}\left(\Omega - \dfrac{u_{\theta l0}}{R}\right) + \dfrac{2\rho\lambda_{zl}}{C_{l0}}u_{zl0}\right]\overline{u}_{zl11} + \mathrm{i}\dfrac{1}{\rho u_{zl0}}\overline{u}_{\theta l1}\omega \\[4pt] = -\dfrac{R_0}{C_{l0}\varepsilon}\times\dfrac{\partial p_{l0}}{\partial z} - \mathrm{i}\dfrac{1}{\rho u_{zl0}^2}\times\dfrac{R_0}{C_{l0}\varepsilon}\left(\Omega - \dfrac{u_{\theta l0}}{R}\right) \end{cases} \quad (2\text{-}76)$$

式（2-76）可化为轴向速度、周向速度及压力一阶摄动量 u_{zl1}，$u_{\theta l1}$ 及 p_{l1} 关于轴向坐标 z 的一阶微分方程组：

$$\dfrac{\mathrm{d}}{\mathrm{d}z}\begin{pmatrix}\overline{u}_{zl11}\\ \overline{u}_{\theta l11}\\ \overline{p}_{l11}\end{pmatrix} + [E]\begin{pmatrix}\overline{u}_{zl11}\\ \overline{u}_{\theta l11}\\ \overline{p}_{l11}\end{pmatrix} = \begin{pmatrix} \mathrm{i}\dfrac{R_0}{C_{l0}\varepsilon}\dfrac{L'}{R\omega}\left(\dfrac{\Omega}{C_{l0}} - \dfrac{u_{\theta l0}}{C_{l0}R}\right) \\[6pt] \dfrac{L'}{R\omega}\times\dfrac{R_0}{C_{l0}\varepsilon}\times\dfrac{\partial u_{\theta l0}}{\partial z} \\[6pt] -\dfrac{R_0}{C_{l0}\varepsilon}\times\dfrac{\partial p_{l0}}{\partial z} - \mathrm{i}\dfrac{1}{\rho u_{zl0}^2}\times\dfrac{R_0}{C_{l0}\varepsilon}\left(\Omega - \dfrac{u_{\theta l0}}{R}\right) \end{pmatrix} \quad (2\text{-}77)$$

其中，$E_{11}=E_{13}=E_{33}=0$，$E_{12}=-\mathrm{i}\dfrac{1}{R}L'$，$E_{21}=L'\left[\dfrac{1}{u_{zl0}}\dfrac{\partial u_{\theta l0}}{\partial \overline{z}} + \dfrac{1}{C_{l0}u_{zl0}}\lambda_{zl}(R\omega - u_{\theta l0})\right]$，$E_{31}=\dfrac{1}{\rho u_{zl0}^2}R\omega\left[\mathrm{i}\left(\Omega-\dfrac{u_{\theta l0}}{R}\right)+\dfrac{2\rho\lambda_{zl}}{C_{l0}}u_{zl0}\right]$，$E_{22}=L'\left(-\dfrac{\lambda_{zl}}{C_{l0}}-\mathrm{i}\dfrac{1}{R}\dfrac{u_{\theta l0}}{u_{zl0}}+\mathrm{i}\dfrac{\Omega}{u_{zl0}}\right)$，$E_{32}=\dfrac{\omega}{\rho u_{zl0}}$，$E_{23}=-\mathrm{i}\dfrac{L'}{R\omega}\times\dfrac{u_{zl0}^2}{Ru_{zl0}}$。

以上方程组需满足以下边界条件：

1）齿顶间隙流域流体出口端面一阶压力摄动量为0，即 $\overline{p}_{l1}(1)=0$；

2）齿顶间隙流域流体进口端面一阶周向速度摄动量为0，即 $\overline{u}_{\theta l1}(0)=0$；

3）由进口压力损失的定义，齿顶间隙流域流体进口端面一阶压力摄动量与一阶轴向速度摄动量间满足关系：$\overline{p}_{l1}(0)=-R\omega(1+\xi_{zin})\overline{u}_{zl1}(0)/u_{zl0}$。

结合边界条件采用打靶法对式（2-77）所示微分方程组进行求解，介于进口与出口位置一阶压力摄动量沿轴向的分布均与轴向速度有关，故在求解中假设轴向速度为基础变量 γ_k，将进口与出口位置压力值用基础变量表示，即：

$$\overline{u}_{zl11} = \gamma_k, \overline{u}_{\theta l11} = u_{\theta in}, \overline{p}_{l11} = k\gamma_k, k = -R\omega(1 + \xi_{zin})/u_{zl0} \tag{2-78}$$

且设 $\dfrac{\mathrm{d}}{\mathrm{d}\gamma_k}\begin{pmatrix}\overline{u}_{zl11}\\ \overline{u}_{\theta l11}\\ \overline{p}_{l11}\end{pmatrix} = \begin{pmatrix}M_1\\ M_2\\ M_3\end{pmatrix}$,则 $\dfrac{\partial}{\partial \gamma_k}\left[\dfrac{\mathrm{d}}{\mathrm{d}z}\begin{pmatrix}\overline{u}_{zl11}\\ \overline{u}_{\theta l11}\\ \overline{p}_{l11}\end{pmatrix}\right] = \dfrac{\mathrm{d}}{\mathrm{d}z}\begin{pmatrix}M_1\\ M_2\\ M_3\end{pmatrix}$。

式（2-77）中对 γ_k 求偏导数，可得：

$$\frac{\mathrm{d}}{\mathrm{d}z}\begin{pmatrix}M_1\\ M_2\\ M_3\end{pmatrix} + [E]\begin{pmatrix}M_1\\ M_2\\ M_3\end{pmatrix} = 0 \tag{2-79}$$

结合原控制方程组的边界条件及式（2-78）可知，式（2-79）的数值求解边界条件为 $M_1(0) = 1$，$M_2(0) = 0$，$M_3(0) = k$。设存在一函数 F，且 $F(\gamma_k) = \overline{p}_{l11}(1, \gamma_k)$。求解中，首先给定 γ_k 一固定初值，即可求得 u_{zl1}，$u_{\theta l1}$ 及 p_{l1} 随 z 分布函数的数值解，判断此时 $p_{l1}(1)$ 的大小，若 $p_{l1}(1)$ 小于设定的残差，如 10^{-6}，则表示函数收敛，停止计算。若 $p_{l1}(1)$ 大于设定的残差，则利用函数 F，采用牛顿法对 γ_k 的初值进行修正以加速收敛，修正方法：

$$\gamma_{k+1} = \gamma_k + \frac{F(\gamma_k)}{F'(\gamma_k)} \tag{2-80}$$

综上，原控制方程组式（2-66）的求解可化为对初值 γ_k 的不断改进过程，并验证原边界条件是否满足的迭代求解过程。最终残差满足计算精度要求，迭代结束，将得到环形间隙内流体压力沿轴向坐标 z 分布函数的数值解，将此数值解沿 z 坐标进行拟合，可得压力沿轴向坐标 z 的分布函数的解析解，其形式如下：

$$\overline{p}_{l11}(z) = \left(\frac{r_0}{\varepsilon}\right)[f_{1\mathrm{re}}(z) + \mathrm{i}f_{1\mathrm{im}}(z)] \tag{2-81}$$

对于该研究对象，某一具有 I_s 头，长度为 L 的螺旋槽转子迷宫密封，齿顶流域流体作用于转子上面的反作用力可表示为

$$F_{xl}(t) = -\varepsilon RL'\rho u_{zl0}^2 \sum_{n=1}^{I_s}\left[(I_sL_s - 1)\int_{\phi_n}^{\phi_{n+1/2}}\int_0^1 f_{1\mathrm{re}}\cos\phi\mathrm{d}z\mathrm{d}\phi + I_sL_s\int_{\phi_{n+1/2}}^{\phi_{n+1}}\int_0^1 f_{1\mathrm{re}}\cos\phi\mathrm{d}z\mathrm{d}\phi\right] \tag{2-82}$$

$$F_{yl}(t) = -\varepsilon RL'\rho u_{zl0}^2 \sum_{n=1}^{I_s}\left[(I_sL_s - 1)\int_{\phi_n}^{\phi_{n+1/2}}\int_0^1 f_{1\mathrm{im}}\sin\phi\mathrm{d}z\mathrm{d}\phi + I_sL_s\int_{\phi_{n+1/2}}^{\phi_{n+1}}\int_0^1 f_{1\mathrm{im}}\sin\phi\mathrm{d}z\mathrm{d}\phi\right] \tag{2-83}$$

基于式（2-2）中对光滑环形间隙内流体等效动特性系数的定义，当 $t = 0$

时，密封转子外壁面及定子内壁面所受径向与周向流体力可表示为 5 个动特性系数与涡动转速的多项式，如下：

$$-F_{xl} = \varepsilon(K_l + c_l\Omega - M_l\Omega^2) \tag{2-84}$$

$$-F_{yl} = \varepsilon(k_l + C_l\Omega) \tag{2-85}$$

令式（2-82）、式（2-83）与式（2-84）、式（2-85）分别相等，则可求得动力学特性系数组成的两个多项式，值得注意的是，以上周向与轴向力的求解仅针对某一固定涡动频率 Ω，为求得五个动力学特性系数，可针对某一固定工作转速 n，取涡动频率为 0、0.5、1.0、1.5、2.0 倍的工作转速，组成 5 组五元一次方程组，每三组方程求解出一组动特性系数，5 组方程共求解 10 组动特性系数，将求得每 5 个动特性系数取平均值，即为所求螺旋槽转子迷宫密封齿顶流域的等效动力学特性系数。

2.3.2.3 槽内流域流体微元的控制方程组摄动法求解

槽内流域流体微元控制方程组摄动法求解中，忽略槽内流体周向速度随 z 坐标的变化，即取周向速度的零阶摄动量 $u_{\theta g 0} = u_{\theta g m}$。则，将式（2-70）中各参数的一阶摄动形式代入式（2-56）、式（2-57）及式（2-58）中，槽内流域流体微元一阶连续性方程、周向动量方程及轴向动量方程的一阶摄动形式可简化为

$$\frac{C_{g0}}{R}\frac{\partial u_{\theta g 1}}{\partial \theta} + \left(\frac{\partial \overline{\varphi}}{\partial t} + \frac{1}{R}u_{\theta g 0}\frac{L''\partial\overline{\varphi}}{\partial \theta}\right) + C_{g0}\frac{\partial u_{z g 1}}{\partial z} = 0 \tag{2-86}$$

$$-\frac{C_{g0}}{\rho R}\frac{\partial p_{g1}}{\partial \theta} - \frac{1}{2}\lambda_{ga}[u_{zg1}u_{\theta g0} + u_{zg0}u_{\theta g1}] + \frac{1}{2}0.25\lambda_f[u_{zg0}u_{\theta g1} +$$

$$u_{zg1}(u_{d0} - u_{\theta g0})] = C_{g0}\frac{\partial u_{\theta g1}}{\partial t} + \frac{1}{R}C_{g0}u_{\theta g0}\frac{\partial u_{\theta g1}}{\partial \theta} + C_{g0}u_{zg0}\frac{\partial u_{\theta g1}}{\partial z} \tag{2-87}$$

$$\frac{\partial u_{zg1}}{\partial t} + u_{\theta g0}\frac{\partial u_{zg1}}{R\partial \theta} + u_{zg0}\frac{\partial u_{zg1}}{\partial z} = -\frac{\partial p_{l1}}{\partial z} - \frac{\overline{\varphi}L''}{C_{g0}}\frac{\partial p_{l0}}{\partial z} -$$

$$\frac{\rho}{2C_{g0}}u_{zg1}u_{zg0}(0.25\lambda_f + \lambda_{zg}) \tag{2-88}$$

其中，$L'' = L_g/\cos\alpha$。结合式（2-69）、式（2-70）及式（2-71）的参数处理方法，将以上三式化为关于槽内流域压力、周向速度及轴向速度一阶摄动量关于轴向坐标 z 的微分方程组。如下：

$$\frac{\mathrm{d}}{\mathrm{d}z}\begin{pmatrix}\overline{u}_{zg11}\\ \overline{u}_{\theta g11}\\ \overline{p}_{g11}\end{pmatrix} + E\begin{pmatrix}\overline{u}_{zg11}\\ \overline{u}_{\theta g11}\\ \overline{p}_{g11}\end{pmatrix} = \begin{pmatrix} \mathrm{i}\dfrac{R_0}{C_{g0}\varepsilon}\dfrac{L''}{R\omega}\left(\dfrac{\Omega}{C_{g0}} - \dfrac{u_{\theta l0}}{C_{l0}R}\right) \\ 0 \\ -\dfrac{R_0}{C_{g0}\varepsilon} \times \dfrac{\partial p_{l0}}{\partial z} - \mathrm{i}\dfrac{1}{\rho u_{zg0}^2} \times \dfrac{R_0}{C_{g0}\varepsilon}\left(\Omega - \dfrac{u_{\theta g0}}{R}\right)\end{pmatrix} \tag{2-89}$$

其中：
$$E_{11} = E_{13} = E_{33} = 0$$

$$E_{12} = -\mathrm{i}\frac{1}{R}L''$$

$$E_{22} = L''\left[-\frac{u_{zg0}}{2C_{g0}}(\lambda_{zg} - 0.25\lambda_f) - \mathrm{i}\left(\frac{1}{R}\frac{u_{\theta g0}}{u_{zg0}} - \frac{\Omega}{u_{zg0}}\right)\right]$$

$$E_{21} = \frac{L''}{R\omega} \times \frac{1}{2C_{g0}u_{zg0}}[\lambda_{zg} - 0.25\lambda_f(u_{dm} - u_{\theta g0})] + \mathrm{i}\left(\frac{\Omega L''}{u_{\theta g0}R\omega} - \frac{L''}{R^2\omega}\right)$$

$$E_{23} = -\mathrm{i}\frac{L''}{R\omega} \times \frac{u_{zg0}^2}{Ru_{\theta g0}},$$

$$E_{31} = \frac{1}{\rho u_{zg0}^2}R\omega\left[\mathrm{i}\left(\Omega - \frac{u_{\theta g0}}{R}\right) + \frac{\rho(\lambda_{zg} + 0.25\lambda_f)}{2C_{g0}}u_{zg0}\right]$$

$$E_{32} = \frac{\omega}{\rho u_{gl0}}$$

参考齿顶间隙流域流体微元一阶摄动方程的求解方法，对式（2-89）进行求解，即可求得齿槽内流体压力沿轴向坐标 z 分布函数的数值解，将此数值解沿 z 坐标进行拟合，可得压力沿轴向坐标 z 的分布函数的解析解，其形式如下：

$$\bar{p}_{g11}(z) = \left(\frac{r_0}{\varepsilon}\right)[f_{2\mathrm{re}}(z) + \mathrm{i}f_{2\mathrm{im}}(z)] \tag{2-90}$$

对于具有 I_s 头，长度为 L 的螺旋槽转子迷宫密封，槽内流域作用于转子上的反作用力可表示为

$$F_{xg}(t) = -\varepsilon RL''\rho u_{zg0}^2 \sum_{n=1}^{I_s}\left[(I_sL_s - 1)\int_{\phi_n}^{\phi_{n+1/2}}\int_0^1 f_{2c}\cos\phi \mathrm{d}z\mathrm{d}\phi + I_sL_s\int_{\phi_{n+1/2}}^{\phi_{n+1}}\int_0^1 f_{2c}\cos\phi \mathrm{d}z\mathrm{d}\phi\right] \tag{2-91}$$

$$F_{yg}(t) = -\varepsilon RL''\rho u_{zg0}^2 \sum_{n=1}^{I_s}\left[(I_sL_s - 1)\int_{\phi_n}^{\phi_{n+1/2}}\int_0^1 f_{2s}\sin\phi \mathrm{d}z\mathrm{d}\phi + I_sL_s\int_{\phi_{n+1/2}}^{\phi_{n+1}}\int_0^1 f_{2s}\sin\phi \mathrm{d}z\mathrm{d}\phi\right] \tag{2-92}$$

以上两式结合齿顶间隙流域等效动力学计算方法，可进一步求得齿槽流域等效动力学特性系数，包括主刚度系数 K_g、交叉刚度系数 k_g、主阻尼系数 C_g、交叉阻尼系数 c_g 及主附加质量系数 M_g。

则，整个螺旋槽转子迷宫密封的动力学特性系数如下：

$$K_{helical} = K_l + K_g, k_{helical} = k_l + k_g, C_{helical} = C_l + C_g$$
$$c_{helical} = c_l + c_g, M_{helical} = M_l + M_g \tag{2-93}$$

以文献[157]中的试件几何尺寸、实验工况为计算模型,将泄漏量与动力学参数计算结果与 Iwatsubo 的分析方法[88]及实验结果[157]做对比。计算模型的具体几何参数及操作工况见表 2-1。

表 2-1 计算模型几何参数及操作工况

直径/mm	70.5	长度/mm	35.25
槽宽/mm	1.6	头数/个	4
齿深/mm	1.2	螺旋角/(°)	3.32
半径间隙/mm	0.175	转速/(r/min)	500~3500
齿宽/mm	1.6	压力/MPa	0.588

图 2-8 及图 2-9 给出了 Iwatsubo 实验模型为计算模型的泄漏量计算实验与计算对比情况。由图中可以看出,在对螺旋形转子迷宫密封稳态流场及泄漏量的求解中,本书所述分析方法及 Iwatsubo 所述分析方法计算结果均略有偏大,但与实验结果基本一致,泄漏量均随转速的增加而减小。本书及 Iwatsubo 的求解结果均随转速的增加呈线性减小,实验结果随转速的变化呈抛物线函数形态,减小趋势随转速的增加急剧减小。本书修正的稳态流场分析方法的计算误差小于 Iwatsubo 的方法,在转速低于 3500r/min 的实验工况下,误差小于 6%,在转速 4500r/min 的实验工况下,计算误差为 8.9%,远小于 Iwatsubo 的计算误差。图 2-9 分别给出了采用两种分析方法计算出的螺旋槽转子迷宫密封的主刚度系数、交叉刚度系数、主阻尼系数及交叉阻尼系数四个动力学特性系数及实验结果。由图中可以看出,本书提出的分析方法在主刚度系数、交叉刚度系数及交叉阻尼系数的计算中,误差远小于 Iwatsubo 的求解方法。特别是针对主刚度系数的计算,在 6 组实验工况下计算误差均小于 10%。两种方法对主刚度系数的计算均偏大,交叉刚度系数及主阻尼系数的计算均偏小,且 4 个动特性系数的实验结果对转速变化的敏感程度均高于两种计算方法的计算结果。对环形间隙内非定常流体激励力径向分量的计算精度的提高较大,以 0.588MPa 下的 500r/min 及 600r/min 为例,计算精度提高约 30%。由此现象分析,计算中,对于周向速度的处理方法将直接影响动特性系数的计算结果及其随转速的变化趋势,本书提出的分析方法在原流体微元控制方程组中加入周向动量方程,对流场的描述更加准确,一定程度上提高了计算精度,但方法中涉及的周向速度的简化方式仍有优化的空间。

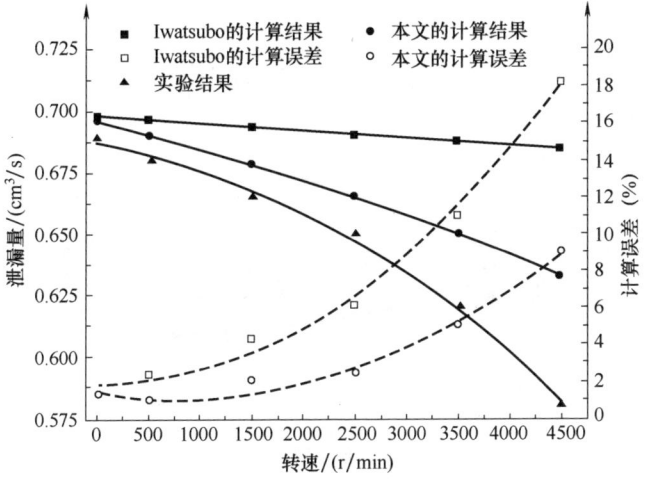

图 2-8 泄漏量实验与计算结果对比

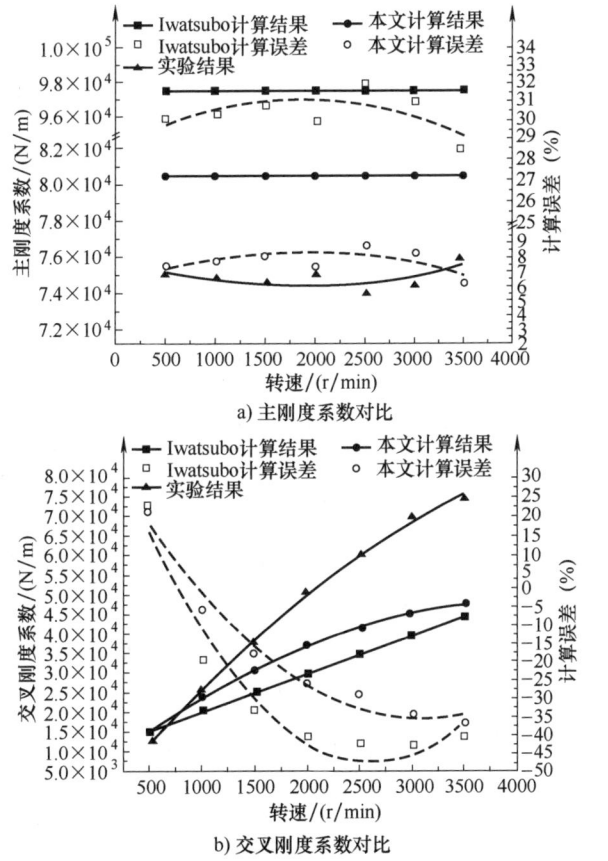

a) 主刚度系数对比

b) 交叉刚度系数对比

图 2-9 动特性系数计算结果与实验结果对比

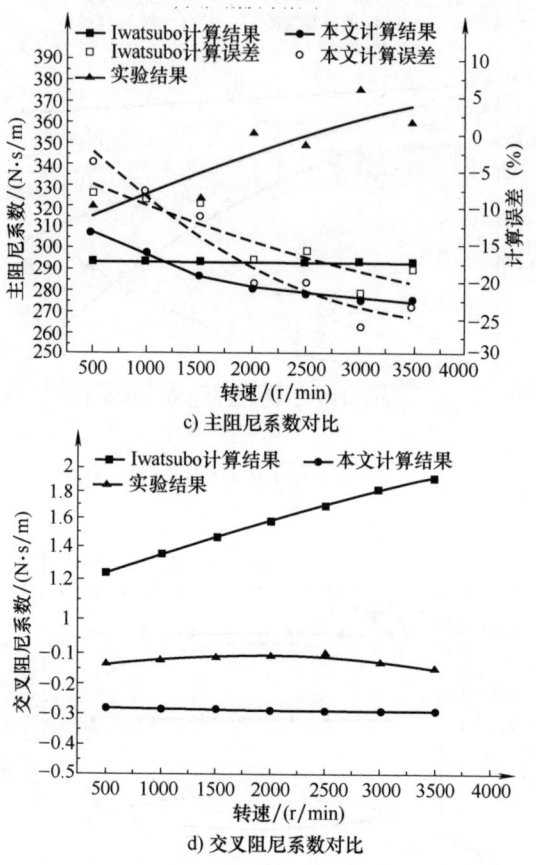

图 2-9 动特性系数计算结果与实验结果对比（续）

2.3.3 工况参数对螺旋槽转子迷宫密封动力学特性的影响

深入研究螺旋迷宫密封动力学特性优化设计方法，改进螺旋槽转子迷宫密封泄漏量及动力学特性求解方法，本节将着重研究不同工况参数及几何参数，如压差、转速、半径间隙、螺旋角等对动力学特性的影响。选用某模型泵中常用系列螺旋槽迷宫密封为计算模型，工作介质为 20℃ 的水，其余工况及几何参数均采用表 2-2 中所列基本参数。其中，预旋系数 a 定义为密封进口处周向速度与转子自转角速度的比值，见式（2-94）。则当无强制预旋时，预旋系数 $a=1$。

$$a = u_{\theta in} / \left(\frac{1}{2}R\omega\right) \tag{2-94}$$

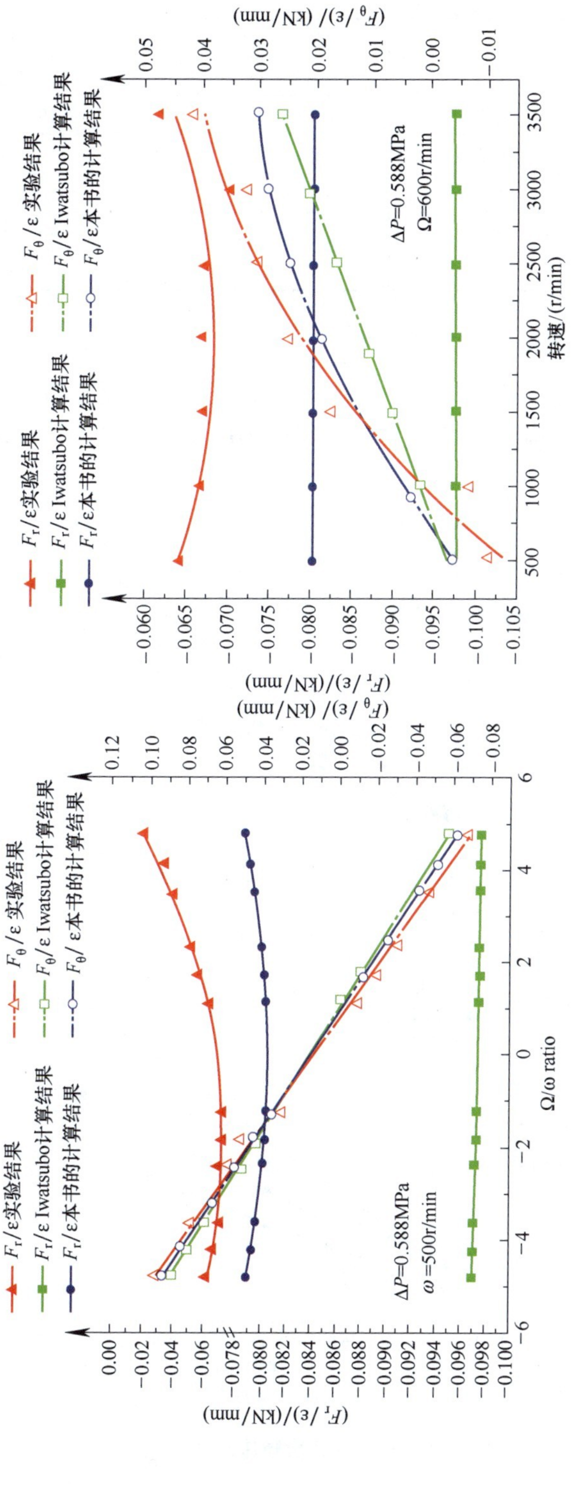

图 2-10 间隙流体激励力计算结果与实验结果对比

表 2-2 计算模型几何参数及操作工况

直径/mm	67	长度/mm	20			
槽宽/mm	1.5	头数/个	5	10	15	20
齿深/mm	0.5	螺旋角/(°)	4.08	8.19	12.35	16.58
半径间隙/mm	0.5	转速/(r/min)	2000			
齿宽/mm	1.5	压力/MPa	1			
介质密度/(kg/m³)	998	动力黏度/mPa·s	1.006			
预旋系数	1	—	—			

图 2-11 动特性系数随压差的变化 给出了作用于密封两端压差对螺旋槽转子迷宫密封动力学特性系数（包括主刚度系数、交叉刚度系数、主阻尼系数、交叉阻尼系数）的影响。算例中，压差由 0.2MPa 线性增大至 1.4MPa。由图中

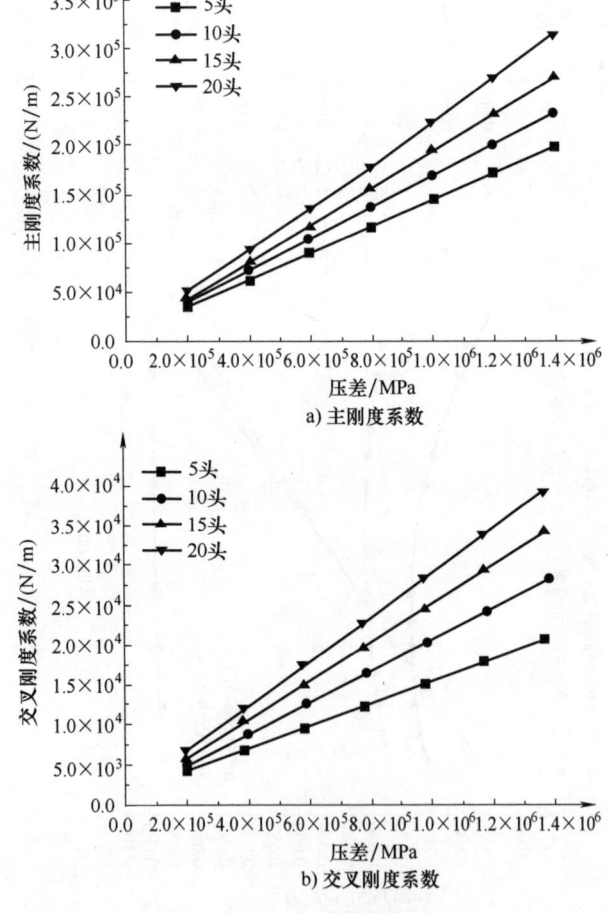

a) 主刚度系数

b) 交叉刚度系数

图 2-11 动特性系数随压差的变化

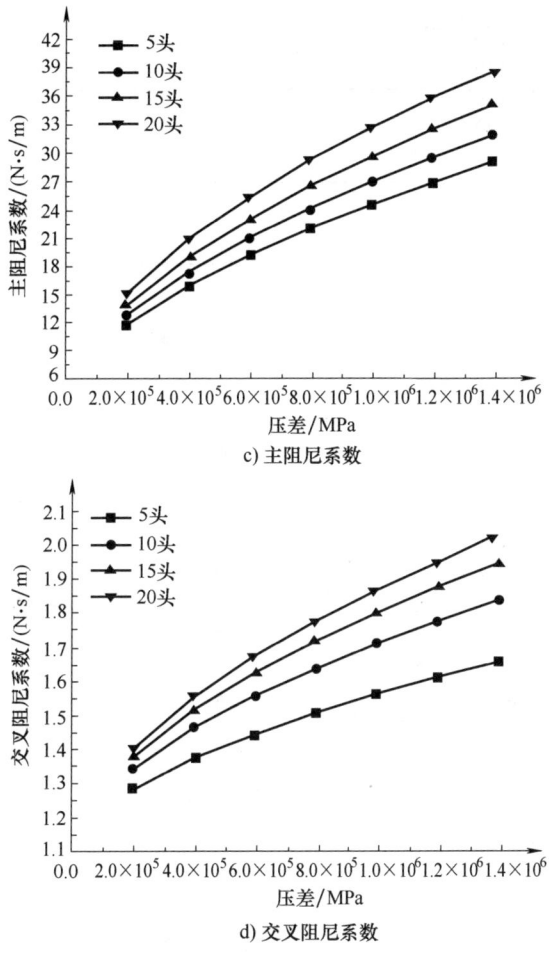

图 2-11 动特性系数随压差的变化（续）

可以看出，主刚度系数及交叉刚度系数随压差的增大呈线性增大趋势，主阻尼系数与交叉阻尼系数随压差的增大呈抛物线形状。螺旋角对四个动特性系数均有明显影响，同一工况下，动力学特性系数均随螺旋角的增大而增大，且螺旋角较大的密封随压差的变化更加敏感。

图 2-12a ~ 图 2-12d 分别给出了转速在 500r/min 到 3500r/min 范围内，螺旋槽转子迷宫密封主刚度系数、交叉刚度系数、主阻尼系数、交叉阻尼系数的值。由图中可以看出，转速对密封主刚度的影响最小，对交叉阻尼系数的影响最大。主刚度随转速的变化较小，交叉刚度随转速的增大呈线性增大趋势，且变化率几乎不随螺旋角而变化。主阻尼系数与交叉阻尼系数随转速的增大而减小，且交叉阻尼系数的变化更加明显。

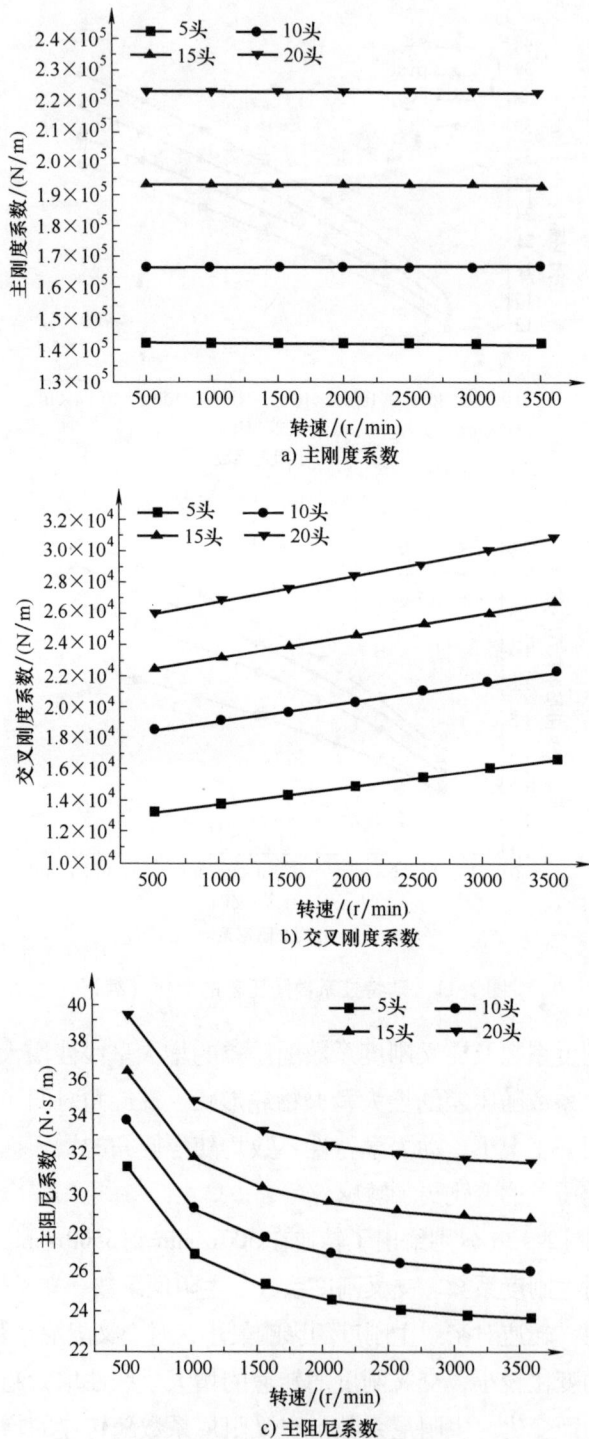

图2-12 动特性系数随转速的变化

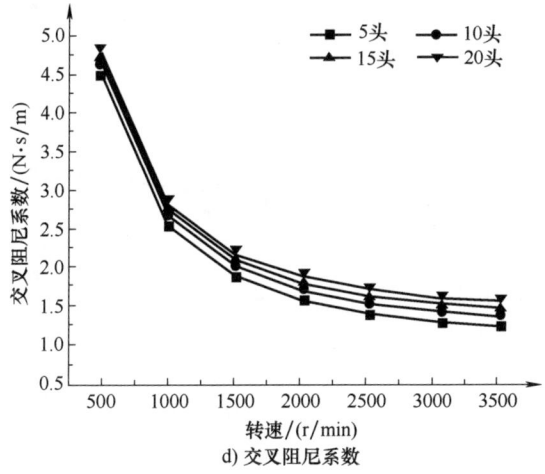

d) 交叉阻尼系数

图 2-12 动特性系数随转速的变化（续）

图 2-13a ~ 图 2-13d 分别给出了螺旋槽转子迷宫密封动特性系数从进口处无预旋到 1 倍预旋（即，进口预旋系数从 1 到 2）工况下的变化趋势。总之，预旋系数对密封各动特性系数的影响较小，尤其是主刚度及主阻尼系数。交叉刚度及交叉阻尼系数随预旋系数的增大呈线性增大趋势，且变化率几乎不随螺旋角而变化，此变化趋势与光滑密封的变化趋势一致[160]，但预旋强度对光滑密封主刚度系数的影响更加明显。

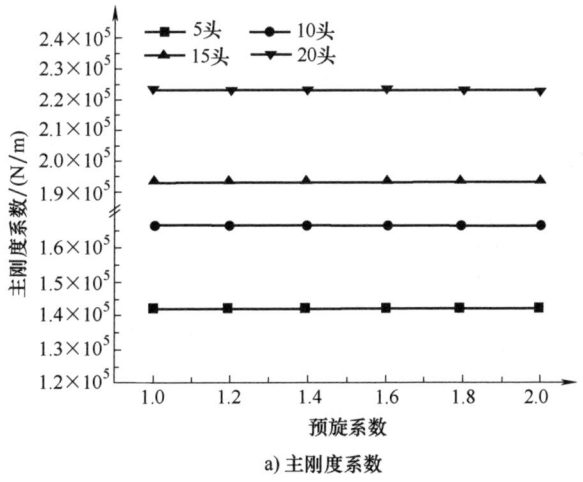

a) 主刚度系数

图 2-13 动特性系数随预旋系数的变化

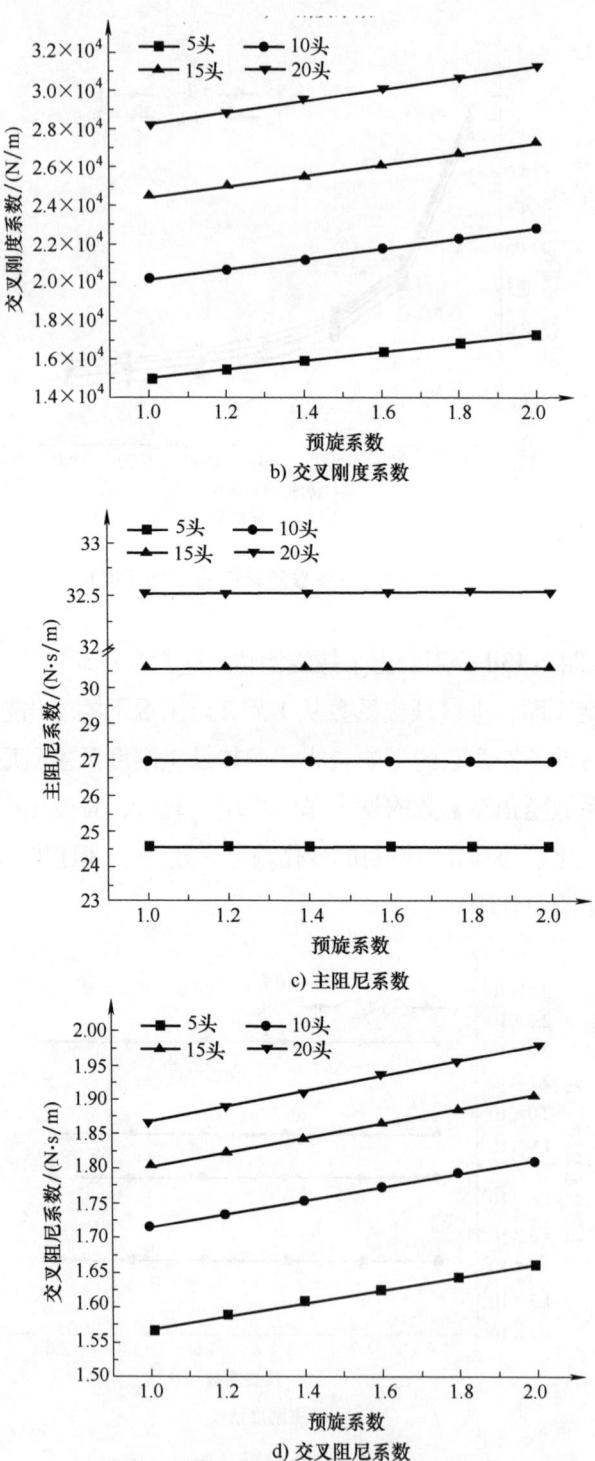

图 2-13 动特性系数随预旋系数的变化（续）

2.3.4　Moody 模型与 Blasius 模型计算对比

由式（2-48）、式（2-49）可知，在 Blasius 模型及 Moody 模型下，用于控制方程组中的摩擦因数均为流域内雷诺数的函数，其大小仅由雷诺数决定。同时，Moody 模型在应用时，流域内雷诺数需在 4000 至 1×10^7 范围内，因此首先对应用算例下的雷诺数进行对比计算，计算结果如图 2-14 所示。由图中可以看出，槽内流域及齿顶间隙流域内的雷诺数均随压差的增大呈近似二次曲线增大。算例中，压差从 0.2MPa 增大至 1.4MPa，齿顶间隙流域雷诺数由 1×10^4 增大至 5×10^4，槽内流域雷诺数远大于齿顶间隙流域，由 3×10^4 增大到 1.1×10^5，且两流域内雷诺数均随螺旋角的增大而增大。由流域内雷诺数可知，螺旋槽间隙内流体处于湍流流动状态，且雷诺数大于 4000 小于 1×10^7，符合 Moody 模型的应用要求。

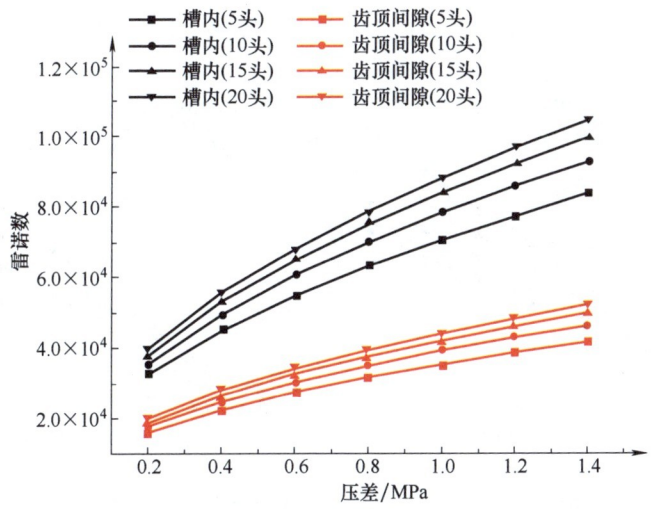

图 2-14　雷诺数随压差的变化

图 2-15 给出了算例所在雷诺数范围内，Blasius 模型的摩擦因数及不同表面粗糙度下 Moody 模型的摩擦因数随雷诺数的变化情况。其中，Blasius 模型的经验摩擦系数 m_0、n_0 取值见式（2-48），即 $m_0=-0.25$，$n_0=0.066$。总之，在本次算例所在雷诺数范围内，各组摩擦因数变化较小，仅随雷诺数有小幅减小，变化最大的是表面粗糙度为 0.1 的 Moody 模型计算结果，其摩擦因数变化幅度也仅为 35%。同等雷诺数下，Blasius 模型的摩擦因数大小处于绝对表面粗糙度为 0.1 与 0.2 的 Moody 模型摩擦因数取值之间，而对于 $Ra0.8\mu m$、$Ra1.6\mu m$ 及 $Ra3.2\mu m$ 等工程中常用表面粗糙度下的摩擦因数，其取值远大于 Blasius 模型的计算结果。

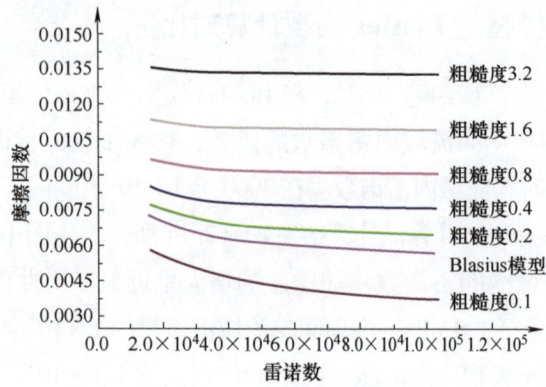

图 2-15 摩擦因数随雷诺数的变化

图 2-16 给出了绝对粗糙度为 1.6 及 0.8 时，Moody 模型与 Blasius 模型的动力学特性计算结果。由图中可以看出，三种计算模型下，虽然摩擦因数差别较

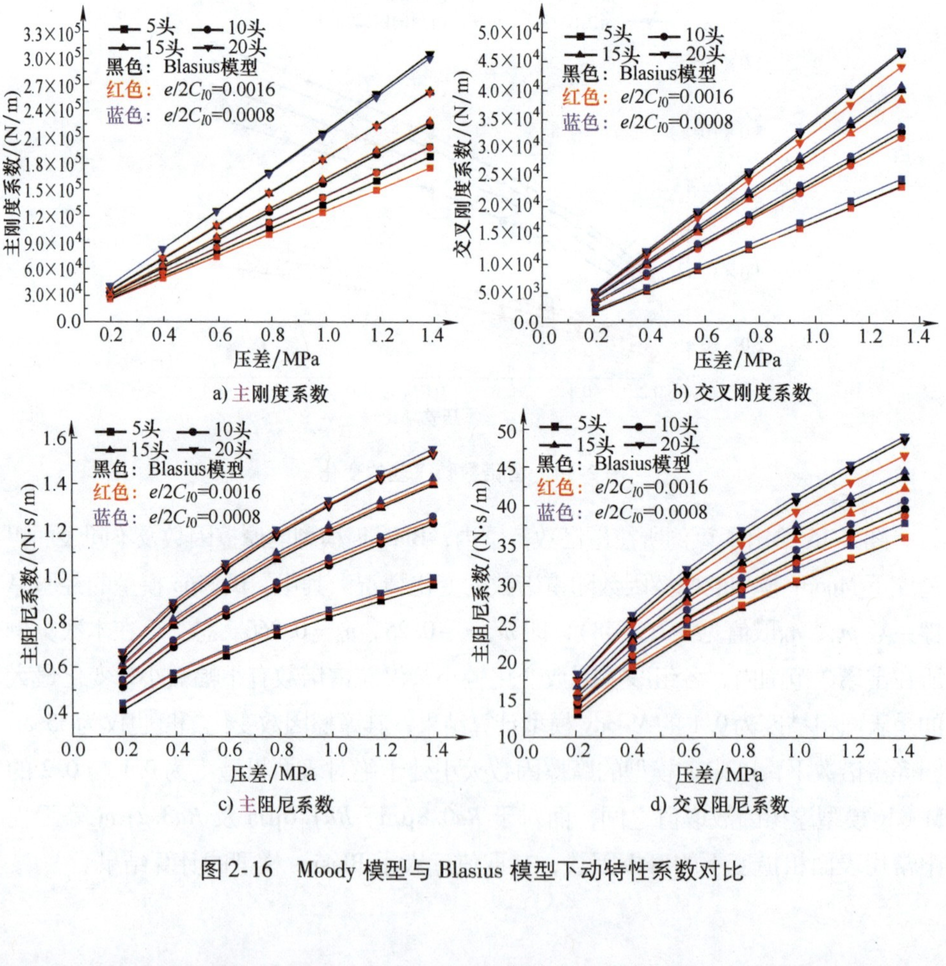

a) 主刚度系数

b) 交叉刚度系数

c) 主阻尼系数

d) 交叉阻尼系数

图 2-16 Moody 模型与 Blasius 模型下动特性系数对比

大，但对动力学特性的影响较小，计算动特性系数随压差的变化趋势一致。在所示算例中，基于 Blasius 模型的主刚度系数及交叉刚度系数与粗糙度为 0.0008 的 Moody 模型计算结果更为接近，对 15 头密封，两组模型计算主刚度近似相等。多数工况下，Blasius 模型下的主阻尼系数及交叉阻尼系数在两组 Moody 模型计算结果之间，但随着压差的增大，Blasius 模型下的主刚度系数及主阻尼系数逐渐大于两组 Moody 模型的计算结果。

2.3.5 几何参数对螺旋槽转子迷宫密封动力学特性的影响

图 2-17a~图 2-17d 分别给出了螺旋槽转子迷宫密封主刚度系数、交叉刚度系数、主阻尼系数、交叉阻尼系数随密封槽宽与齿宽比例系数的变化趋势。由

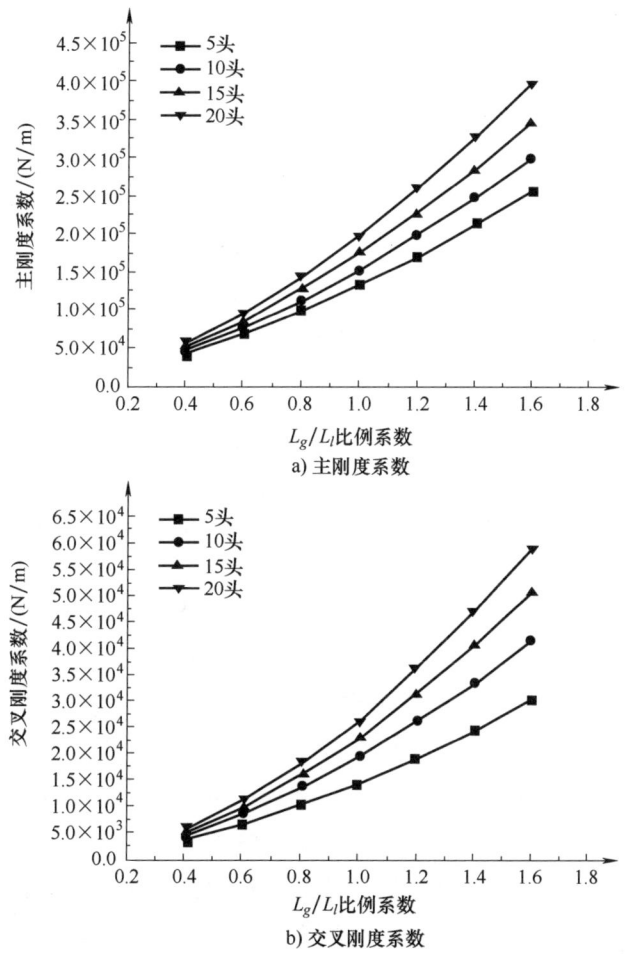

图 2-17 动特性系数随 L_g/L_l 系数的变化

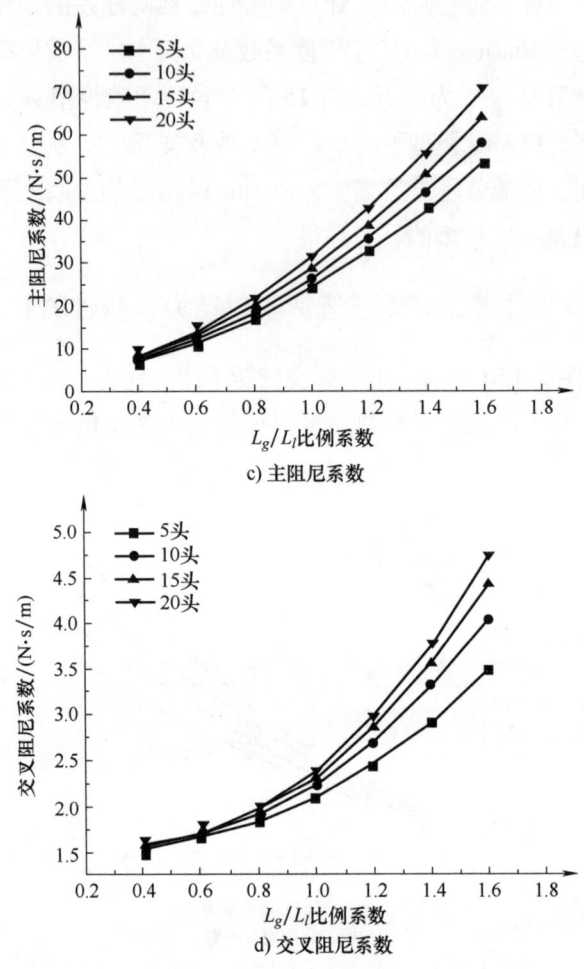

图 2-17 动特性系数随 L_g/L_l 系数的变化（续）

图中可以看出，四个动力学特性系数均随比例系数的增大呈指数增大趋势，且螺旋角越大增大越明显。值得主意的是，当比例系数小于等于 0.8 时，螺旋角对各参数的影响较小，螺旋角从 4.08°变化至 16.58°，主刚度系数、交叉刚度系数、主阻尼系数及交叉阻尼系数增大幅度均小于 13%。

图 2-18a ~ 图 2-18d 分别给出了螺旋槽转子迷宫密封主刚度系数、交叉刚度系数、主阻尼系数、交叉阻尼系数随半径间隙的变化趋势。由图中可以看出，四个动力学特性系数均随半径间隙的增大呈近似二次曲线减小趋势，与光滑密封动力学特性系数变化趋势一致。螺旋角对变化率的影响较小，且随着半径间隙的增大，具有不同螺旋角的迷宫密封主刚度系数、交叉阻尼系数趋于某一定

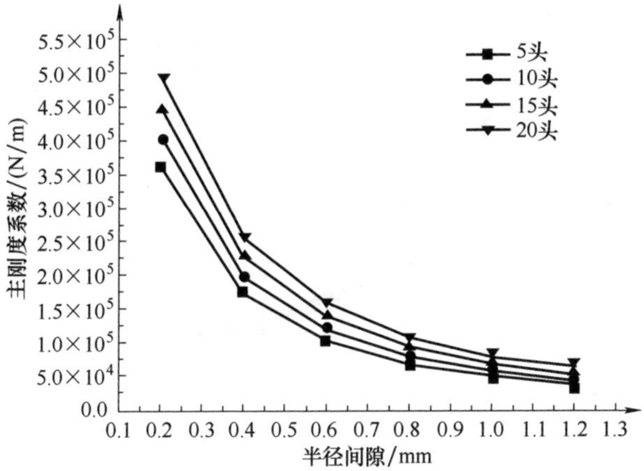

图 2-18 动特性系数随半径间隙的变化

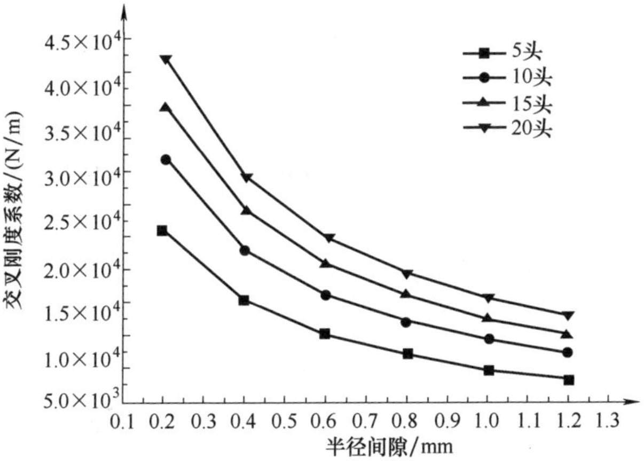

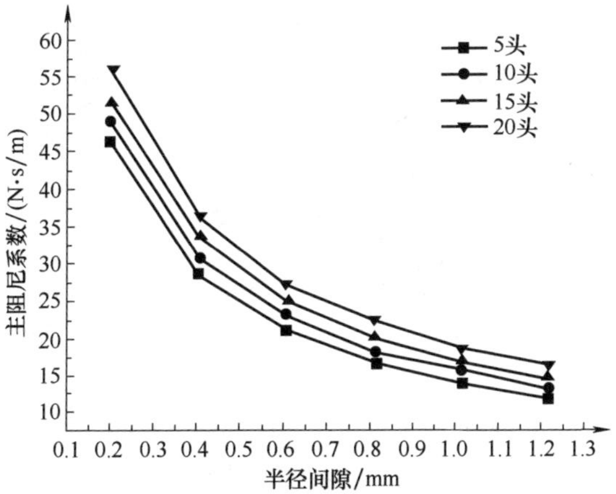

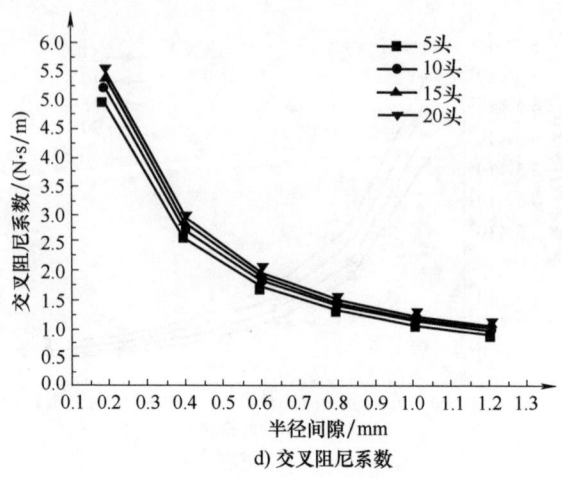

d) 交叉阻尼系数

图2-18 动特性系数随半径间隙的变化（续）

值。基于以上现象，可知此时间隙内流动产生的洛马金效应正逐渐减弱，环形密封对轴系的支承作用降低，相应地，轴系的动力学特性及动力学行为也将产生较大变化，尤其是湿临界转速。

图2-19a～图2-19d分别给出了螺旋槽转子迷宫密封主刚度系数、交叉刚度系数、主阻尼系数、交叉阻尼系数及主附加质量系数随密封表面相对粗糙度（$e/2C_{l0}$）的变化趋势。由于当流体接触壁面相对粗糙度大于0.01时，Moody模型下的摩擦因数将大幅偏离实际工况，因此本节仅对工程中常用环形密封壁面粗糙度下的动力学特性系数进行研究，结合计算模型的间隙大小，取相对粗糙

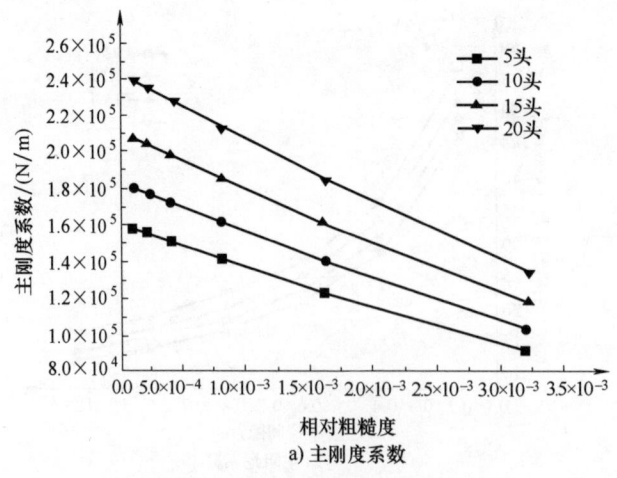

a) 主刚度系数

图2-19 动特性系数随粗糙度的变化

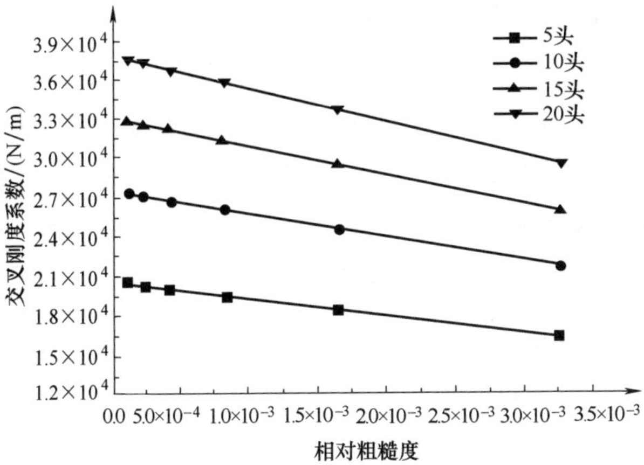

b) 交叉刚度系数

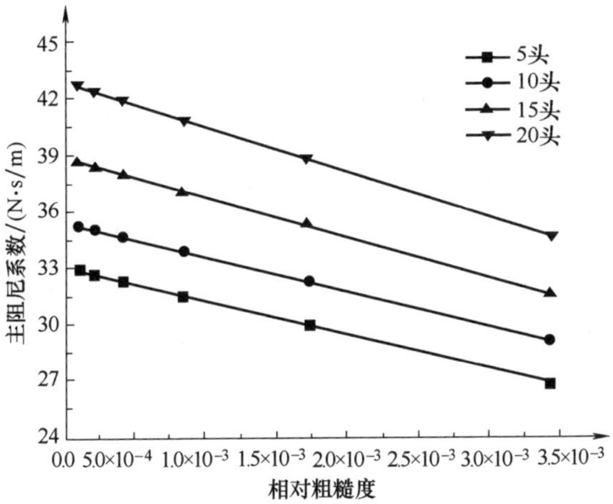

c) 主阻尼系数

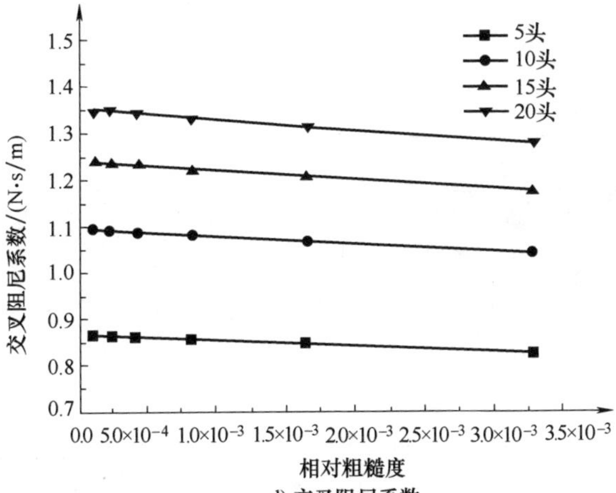

d) 交叉阻尼系数

图 2-19 动特性系数随粗糙度的变化（续）

度为 0.0001 至 0.0032。对由图中可以看出，算例中 4 个动力学特性系数均随粗糙度的增大呈线性减小，其中螺旋角大小除对主刚度系数的变化率有明显影响外，对交叉刚度、主阻尼及交叉阻尼的影响微小。其中，主刚度系数的变化幅度随着螺旋角的增大缓慢增大。动特性系数中，壁面粗糙度对主刚度的影响最大，如本算例中，20 头螺旋槽转子迷宫密封主刚度系数随粗糙度的增大而减小，降幅近 40%。

2.4 人字形槽动环迷宫密封间隙激励力及其等效动力学特性

人字形槽迷宫密封因具有螺旋槽迷宫密封的反泵送效应，近年来逐渐在机械密封、滑动轴承及环形密封中获得了一些探索性应用。典型人字形槽迷宫密封的槽型主要分为三部分，如图 2-20a 所示：上游螺旋槽、中间光滑环形缓冲带及下游螺旋槽。为方便下文论述，图 2-20b 给出了密封转子外壁面沿圆周方向的展开图，与螺旋槽转子迷宫密封几何参数定义相同，图中将上游与下游螺旋槽的凹陷与凸起部分分别定义为槽与齿，将螺旋槽螺旋线与轴向中心线的夹角称为螺旋槽螺旋角。根据图 2-20a 的典型人字形槽迷宫密封结构，建立人字形槽内流体流动模型如图 2-21 所示，与槽型对应，流动模型分为上游及下游的螺旋流域及中间的环形流域，上游螺旋槽进口边界为整个环形密封的进口边界，下游中间光滑环形缓冲带的出口边界为整个环形密封的出口边界，进口与出口端面，上游螺旋槽的出口边界及下游螺旋槽的进口边界又与中间光滑环形缓冲带的进口及出口边界重合。

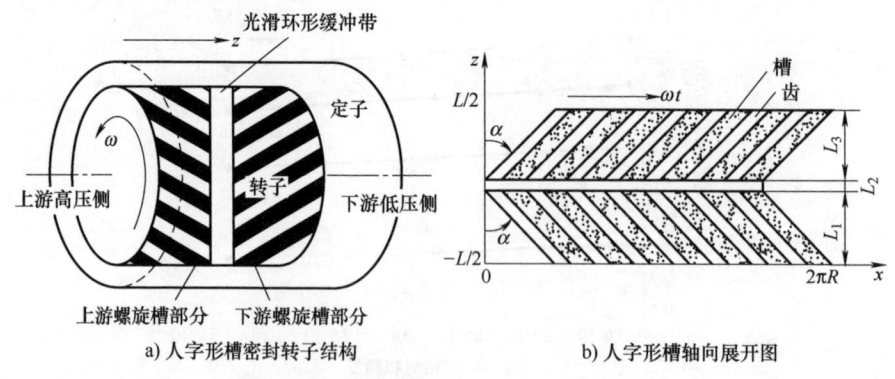

图 2-20 人字形槽密封转子结构参数定义

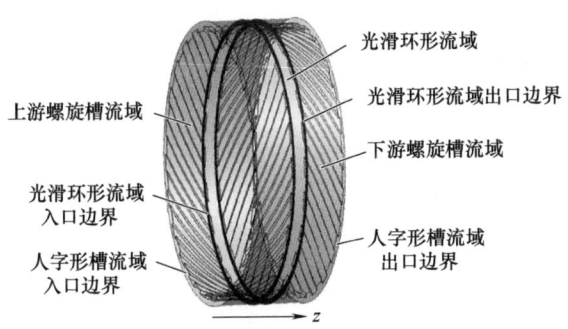

图 2-21 人字形槽内流体流动模型

2.4.1 基于整体流动理论的稳态求解

参考矩形槽迷宫密封、螺旋槽迷宫密封及双螺旋槽迷宫密封等具有复杂齿形的转子迷宫密封泄漏量及动力学特性的求解方法[88,89],将人字形槽迷宫密封稳态流动模型分为螺旋槽环形密封与光滑环形密封两部分进行独立分析,通过流体连续性方程及共有边界条件的设定,求得整个人字形槽迷宫密封内稳态速度、压力分布及泄漏量。在稳态求解结果的基础上选用微小偏心量 ε 为摄动量,采用摄动法对三部分动特性系数进行独立求解并相加,即可求得整个人字形槽迷宫密封动力学特性参数。为简化分析求解过程,现对本书基于整体流动对人字形槽迷宫密封稳态流场的求解及基于摄动法对密封动力学特性的求解做三点基本假设:

1) 密封的工作介质为常温的不可压缩流体。
2) 上游螺旋槽流域、中间光滑环形缓冲带流域及下游螺旋槽流域的出口界面压力及周向速度分布均匀。
3) 每个槽内的压力变化与槽与其他齿顶及槽内的压差相比可忽略。

由 2.3 节螺旋槽部分整体泄漏流量的分析,可知螺旋槽部分泄漏量为:

$$Q_s = \pi C_{l0} L_{lg} u_{zlm} [2(R+T)+C_{l0}] + \pi (T+C_{l0})(2R+T+C_{l0})(1-L_{lg}) u_{zlm}$$
$$+ I_s \left[\frac{1}{2} L_g (2C_{l0}+L_g \tan\gamma) u_{zgm} \sin\alpha + \frac{C_{l0} L_g}{\tan\theta} u_{zgm} \right] \tag{2-95}$$

2.4.1.1 光滑环形密封的稳态流场求解

将光滑环形密封转子位移、周向速度、轴向速度及压差分别进行无量纲化处理,由式 (2-2)、式 (2-3) 及式 (2-4) 可求得,人字形槽迷宫密封光滑流域流体微元无量纲控制方程组见式 (2-96)、式 (2-97) 及式 (2-98)。

周向动量方程：

$$-\frac{h}{b}\left(\frac{L}{R}\right)\frac{\partial p}{\partial \theta} = \left(\frac{L}{C_{l0}}\right)\frac{u_\theta}{2}\lambda_p(u_z^2+b^2u_\theta^2)^{\frac{1}{2}} + \left(\frac{L}{C_{l0}}\right)\frac{(u_\theta-1)}{2}\lambda_p[u_z^2+b^2(u_\theta-1)^2]^{\frac{1}{2}}$$
$$+h\left[\frac{\partial u_\theta}{\partial t}+b\left(\frac{L}{R}\right)u_\theta\frac{\partial u_\theta}{\partial \theta}+u_z\frac{\partial u_\theta}{\partial z}\right] \quad (2\text{-}96)$$

轴向动量方程：

$$-h\frac{\partial p}{\partial z} = \frac{1}{2}\left(\frac{L}{C_{l0}}\right)u_z\lambda_p(u_z^2+b^2u_\theta^2)^{\frac{1}{2}} + \left(\frac{L}{C_{l0}}\right)\frac{u_z}{2}\lambda_p[u_z^2+b^2(u_\theta-1)^2]^{\frac{1}{2}}$$
$$+h\left[\frac{\partial u_z}{\partial t}+b\left(\frac{L}{R}\right)u_\theta\frac{\partial u_z}{\partial \theta}+u_z\frac{\partial u_z}{\partial z}\right] \quad (2\text{-}97)$$

整体流动连续性方程：

$$\frac{\partial(hu_z)}{\partial z}+b\left(\frac{L}{R}\right)\frac{\partial(hu_\theta)}{\partial \theta}+\frac{\partial h}{\partial t}=0 \quad (2\text{-}98)$$

其中，$b=R\omega/u_{zm}$；u_z、u_θ 为轴向及周向速度经轴向平均速度及转子旋转角速度进行无量纲化后的参数变量。

与 2.2 节中参数处理方法类似，采用摄动法对以上控制方程组进行分析求解，假设存在某一偏心小量 ε，将轴向速度、周向速度、压力分布及环形间隙径向厚度用偏心量 ε 表示并将各未知量的扰动表达式代入式（2-99）~ 式（2-101）组成的控制方程组中，分别得到周向动量方程、轴向动量方程的零阶及一阶摄动形式与连续性方程的一阶摄动形式。

周向动量方程零阶摄动形式：

$$\frac{du_{\theta 0}}{dz} = -\frac{1}{2}\left(\frac{L}{C_{l0}}\right)\lambda_p\{u_{\theta 0}(u_{z0}^2+b^2u_{\theta 0}^2)^{\frac{1}{2}}+(u_{\theta 0}-1)[u_{z0}^2+b^2(u_{\theta 0}-1)^2]^{\frac{1}{2}}\}$$
$$(2\text{-}99)$$

轴向动量方程零阶摄动形式：

$$\frac{\partial p_0}{\partial z} = -\frac{1}{2}\left(\frac{L}{C_{l0}}\right)\lambda_p\{(u_{z0}^2+b^2u_{\theta 0}^2)^{\frac{1}{2}}+[u_{z0}^2+b^2(u_{\theta 0}-1)^2]^{\frac{1}{2}}\} \quad (2\text{-}100)$$

压力边界关系经过摄动法及无量纲处理后，可得人字形槽中间光滑环形位置零阶轴向动量方程的数值求解初值及收敛条件，如下：

$$p_{in} = p_0(0) + \frac{(1+\xi)}{2} \quad (2\text{-}101)$$

$$p_0(1) - p_{out} = -\frac{(1-\xi_{out})}{2} \quad (2\text{-}102)$$

稳态流动状态下，周向速度的零阶摄动量初始值为进口处的周向速度，进行无量纲化处理后，即：

$$u_{\theta 0}(0) = \frac{u_{\theta in}}{R\omega} \quad (2\text{-}103)$$

采用打靶法对由零阶周向动量方程及轴向动量方程组成的零阶流体微元控制方程组进行求解，设定轴向平均速度为某一初值 γ_p，且假设稳态流动状态下，间隙内流体的轴向速度不随 z 坐标而变化，即 $u_{z0} = \gamma_p$。此时，可进一步求得摩擦因数 f_p，结合式（2-101）与式（2-103）的初值，可求得函数 $p_0(z)$ 及 $u_{\theta 0}(z)$ 的一组数值解。判断此组数值解中 $p_0(1)$ 是否满足式（2-102）所列收敛条件。若不满足，则设存在某一函数为

$$F(\gamma_p) = p_0(1) - p_{out} + \frac{(1-\xi_{out})}{2} \quad (2\text{-}104)$$

采用牛顿法（即，$\gamma_{p_{n+1}} = \gamma_{p_n} + \frac{F'}{F}$）对初值 γ_p 进行修正，直至函数 $F(\gamma_p)$ 满足收敛条件，结束循环，此时 $\gamma_p = u_{z0} = u_{zm}$，$p_0(z)$ 及 $u_{\theta 0}(z)$ 的数值解即为所求稳态流动状态下间隙内压力与周向速度随 z 坐标的分布情况。同时，此时光滑环形部分的泄漏量为

$$Q_p = 2\pi R C_{l0} u_{zm} \quad (2\text{-}105)$$

值得注意的是，与螺旋槽密封部分相同，光滑环形流域稳态流场内的轴向平均流速也可以简化地通过密封两端压差与密封流道进口、出口、壁面摩擦压力损失项的相等对密封间隙内流体轴向平均速度进行求取，见式（2-106）。由于在三项压力损失项中，壁面摩擦因数 λ_p 的比进口与出口压力损失系数 ξ_{in} 与 ξ_{out} 大一个量级[208]，所以在分析中又可简化为仅考虑壁面摩擦损失项，其具体形式见式（2-107）。

$$\Delta p_p = \frac{1}{2}\rho u_{zpm}^2 (\xi_{inp} + \xi_{outp} + 2\lambda_p) \quad (2\text{-}106)$$

$$Q_p = 2\pi R \sqrt{\frac{\Delta p_p C_{l0}^3}{\lambda_p L_p \rho}} \quad (2\text{-}107)$$

2.4.1.2 人字形槽迷宫密封的稳态流场及泄漏量求解

式（2-105）、式（2-107）结合 2.3 节对螺旋槽转子迷宫密封稳态流场的分析可知，稳态流动下的上游及下游螺旋槽流域泄漏量及光滑环形缓冲流域的泄漏量均为作用于流域两端的压差的函数。由质量守恒可知，对于同一个人字形槽迷宫密封，上游螺旋槽流域、下游螺旋槽流域与中间光滑环形缓冲流域的泄漏流量相等。基于假设 2，将光滑环形缓冲带的进口与出口界面分别设为边

界面 b_1 与 b_2，在稳态流动状态下，三部分泄漏流量均可化为与 b_1 与 b_2 界面上的压力相关的函数，且三部分泄漏流量满足守恒条件：

$$Q_{\text{upspiral}}(F_{p\text{-in}}(Q,n),p_{b_1}) = Q_{\text{mp}}(p_{b_2},p_{b_1}) = Q_{\text{downspiral}}(p_{b_2},F_{p\text{-out}}(Q,n))$$

(2-108)

其中，$F_{p\text{-in}}(Q,n)$ 与 $F_{p\text{-out}}(Q,n)$ 为人字形槽迷宫密封进出口压力，p_{b_1} 与 p_{b_2} 为边界面 b_1 与 b_2 上的压力。在人字形槽迷宫密封流域稳态求解过程中，设定 p_{b_1} 与 p_{b_2} 的初值，分别求取 Q_{upspiral}、Q_{mp} 与 $Q_{\text{downspiral}}$，对计算结果进行判断并不断改进初值，直到 p_{b_1} 与 p_{b_2} 满足泄漏流量收敛条件。此外，计算中前一流域的出口速度分布将作为后一流域的进口速度条件进行计算。

2.4.2　基于摄动法的动力学特性求解

参考本书 2.3.2 部分，对人字形槽迷宫密封的上游与下游螺旋槽流域内非定常流体激励力进行求解，可得螺旋槽内非定常流体激励力 x 与 y 方向分量，见式（2-109）、式（2-110）。

$$\begin{aligned}
F_{x\text{-spiral}}(t) &= F_{xl\text{-spiral}}(t) + F_{xg\text{-spiral}}(t) \\
&= -\varepsilon R\rho u_{zl0}^2 \frac{L_l}{\cos\alpha} \sum_{n=1}^{I_s} \left[(I_s L_s - 1) \int_{\phi_n}^{\phi_{n+1/2}} \int_0^1 f_{1\text{re}}(z)\cos\phi \, dz\, d\phi + \right.\\
&\quad \left. I_s L_s \int_{\phi_{n+1/2}}^{\phi_{n+1}} \int_0^1 f_{1\text{re}}(z)\cos\phi \, dz\, d\phi \right] - \\
&\quad \varepsilon R \frac{L_g}{\cos\alpha} \rho u_{zg0}^2 \sum_{n=1}^{I_s} \left[(I_s L_s - 1) \int_{\phi_n}^{\phi_{n+1/2}} \int_0^1 f_{2\text{re}}(z)\cos\phi \, dz\, d\phi + \right.\\
&\quad \left. I_s L_s \int_{\phi_{n+1/2}}^{\phi_{n+1}} \int_0^1 f_{2\text{re}}(z)\cos\phi \, dz\, d\phi \right]
\end{aligned}$$

(2-109)

$$\begin{aligned}
F_{y\text{-spiral}}(t) &= F_{yl\text{-spiral}}(t) + F_{yg\text{-spiral}}(t) \\
&= -\varepsilon R \frac{L_l}{\cos\alpha} \rho u_{zl0}^2 \sum_{n=1}^{I_s} \left[(I_s L_s - 1) \int_{\phi_n}^{\phi_{n+1/2}} \int_0^1 f_{1\text{im}}(z)\sin\phi \, dz\, d\phi + \right.\\
&\quad \left. I_s L_s \int_{\phi_{n+1/2}}^{\phi_{n+1}} \int_0^1 f_{1\text{im}}(z)\sin\phi \, dz\, d\phi \right] - \\
&\quad \varepsilon R \frac{L_g}{\cos\alpha} \rho u_{zg0}^2 \sum_{n=1}^{I_s} \left[(I_s L_s - 1) \int_{\phi_n}^{\phi_{n+1/2}} \int_0^1 f_{2\text{im}}(z)\sin\phi \, dz\, d\phi + \right.\\
&\quad \left. I_s L_s \int_{\phi_{n+1/2}}^{\phi_{n+1}} \int_0^1 f_{2\text{im}}(z)\sin\phi \, dz\, d\phi \right]
\end{aligned}$$

(2-110)

参考本书 2.2 节，对光滑缓冲流域内非定常流体激励力进行求解，可得光滑缓冲流域内非定常流体激励力 x 与 y 方向分量见式（2-111）和式（2-112）。

$$F_{x\text{-plain}}(t) = \frac{-\varepsilon RL_p(p_{b_1} - p_{b_2})}{\lambda_p} \int_0^1 \int_0^{2\pi} f_{3\text{re}}(z)\cos\phi dzd\phi \quad (2\text{-}111)$$

$$F_{y\text{-plain}}(t) = \frac{-\varepsilon RL_p(p_{b_1} - p_{b_2})}{\lambda_p} \int_0^1 \int_0^{2\pi} f_{3\text{im}}(z)\sin\phi dzd\phi \quad (2\text{-}112)$$

值得注意的是，以上光滑缓冲流域微元控制方程组的零阶与一阶形式的求解方法均可适用于 Blasius 摩擦模型及 Moody 摩擦模型，两种模型摩擦因数 λ_p 经无量纲处理后，分别表示为

$$\lambda_{p\text{Blasius}} = n_0 (Re_z hu_s)^{m_0} \quad (2\text{-}113)$$

$$\lambda_{p\text{Moody}} = 1.375 \times 10^{-3} \left[1 + \left(2 \times 10^4 \times \frac{e}{2C_{10}h} + \frac{10^6}{Re_z hu_s}\right)^{\frac{1}{3}}\right] \quad (2\text{-}114)$$

其中，$u_s = (u_z^2 + u_\theta^2)\frac{1}{2}$；轴向雷诺数 $Re_z = 2C_{l0}u_{zm}\rho/\mu$。

由式（2-114）可以看出，相对于 Blasius 模型，Moody 模型同时考虑了雷诺数及相对粗糙度对摩擦因数的影响，两组模型在应用时，摩擦因数的不同也决定了两组控制方程组的形式相同。由于 Blasius 模型在环形密封动力学特性求解的广泛应用，本书除 2.4.5 部分针对粗糙度对人字形槽迷宫密封动力学特性的影响展开研究时，采用 Moody 摩擦模型外，其余计算模型均采用 Blasius 摩擦模型。

将上游螺旋槽间隙流域、下游螺旋槽间隙流域及中间光滑环形缓冲流域内非定常流体激励力进行矢量求和，结合线性小扰动模型下的等效动力学特性定义，可求得人字形槽动环迷宫密封的动力学特性系数，见式（2-115）。

$$\begin{aligned}
\boldsymbol{F}_{x\text{-herringbone}}(t) &= \boldsymbol{F}_{x\text{-upspiral}}(t) + \boldsymbol{F}_{x\text{-plain}}(t) + \boldsymbol{F}_{x\text{-downspiral}}(t) \\
&= -\varepsilon[K_h + 120\pi c_h\Omega - M_h(120\pi\Omega)^2] \\
\boldsymbol{F}_{y\text{-herringbone}}(t) &= \boldsymbol{F}_{y\text{-upspiral}}(t) + \boldsymbol{F}_{y\text{-plain}}(t) + \boldsymbol{F}_{y\text{-downspiral}}(t) \\
&= \varepsilon(k_h + 120\pi C_h\Omega)
\end{aligned} \quad (2\text{-}115)$$

综上所述，在某一特定操作工况下，对人字形槽转子迷宫密封的动力学特性求解可简化：

1) 设定边界压力初始值 p_{b_1} 及 p_{b_2}，并基于此压差分别求取上游螺旋槽流域、下游螺旋槽流域及中间光滑缓冲流域的泄漏量。

2) 判断三部分泄漏量是否满足收敛条件，若不满足则修订 p_{b_1} 及 p_{b_2} 的初值，循环计算至满足收敛条件。

3）若满足泄漏量收敛条件，则将初始值 p_{b_1} 及 p_{b_2} 取为稳态流动下的边界面上的压力，输出人字形槽迷宫密封的整体泄漏量。

4）在操作工况下，利用求得的边界面的压力值 p_{b_1} 及 p_{b_2} 求取上游、下游螺旋槽流域及中间光滑缓冲流域的等效动力学特性参数，并将三部分的动力学参数相加，即为所求人字形槽动环迷宫密封等效动力学特性参数。求解流程如图 2-22 所示。

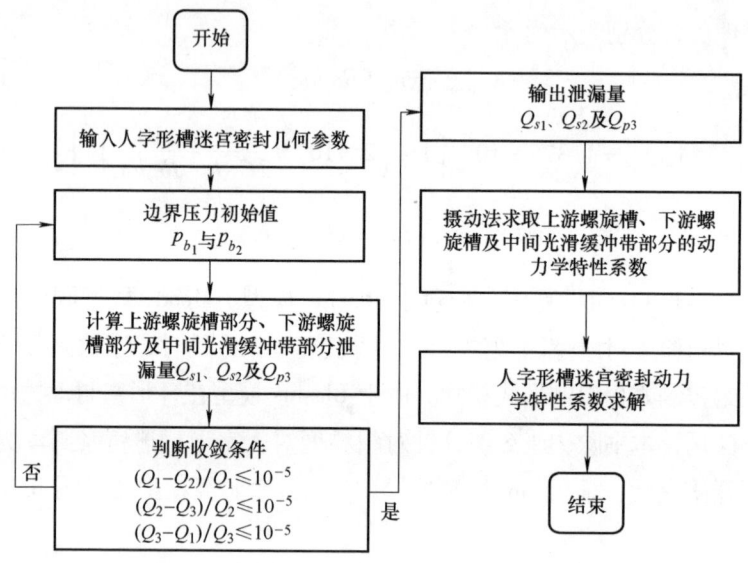

图 2-22 人字形槽迷宫密封动力学特性参数求解流程

2.4.3 人字形槽迷宫密封、螺旋槽迷宫密封及光滑环形密封的对比

结合 2.2 节、2.3 节光滑环形密封及螺旋槽迷宫密封间隙激励力的求解，本节对比了不同操作工况对同尺寸光滑环形密封、螺旋槽迷宫密封及人字形槽动环迷宫密封性能及动力学性能，着重研究几何参数，如压差、转速、半径间隙、螺旋角等对主刚度、交叉刚度、主阻尼系数及交叉阻尼系数四个动力学特性参数的影响。本节所用计算模型几何参数见表 2-3，操作介质为 20° 的水。用于对比的螺旋槽迷宫密封及光滑环形密封的半径间隙、密封直径、齿深、槽宽、齿宽、螺旋角等几何参数与人字形槽迷宫密封保持一致，密封长度选用人字形槽迷宫密封的密封总长，即上、下游螺旋槽部分与中间光滑缓冲部分的长度之和。除针对各部分长度的分析之外，其余人字形槽迷宫密封计算模型均采用

8mm-4mm-8mm 的长度模型,即上游和下游螺旋槽部分长度为 8mm,中间光滑缓冲部分为 4mm,因此用于对比研究的螺旋槽迷宫密封及光滑环形密封的长度均取为 20mm。

表 2-3 计算模型几何参数及操作工况

密封半径/mm	67	介质密度/(kg/m³)	1000			
半径间隙/mm	0.5	动力黏度/(mPa·s)	1.009			
齿深/mm	0.5	运动黏度/(m²/s)	1.006×10^{-6}			
槽宽/mm	1.5	齿宽/mm	1.5			
转速/(r/min)	2000	压差/MPa	1			
密封长度/mm	20	头数/个	5	10	15	20
—	—	螺旋角/(°)	4.08	8.19	12.35	16.58

表 2-4 列出了人字形槽迷宫密封、螺旋槽迷宫密封及光滑环形密封泄漏量随转速的变化。由表中可知,大部分同等几何尺寸的密封泄漏量均随转速的增加而减小,相同转速下,人字形槽迷宫密封的泄漏量远小于其他两组密封。随着螺旋角的逐渐增大,其泵送效应逐渐降低,且螺旋槽迷宫密封对螺旋角的变化更为敏感。以本节所用计算模型为例,当螺旋迷宫密封的螺旋角增大到 12.35°时,其泄漏量逐渐超过光滑环形密封,且其随转速的变化幅度也逐渐增大。值得注意的是,螺旋角为 8.19°的人字形槽迷宫密封的泄漏量随转速的增加呈先减小后增大的变化趋势,且其增大幅度略大于其减小趋势。因此,在设计螺旋形及人字形槽迷宫密封时,应根据实际操作工况合理设计螺旋角的大小,以保证螺旋槽泵送效应能发挥其应有的作用。

表 2-4 密封泄漏量随转速的变化

转速/(r/min)	泄漏量/(cm³/s)							
	人字形槽迷宫密封				螺旋槽迷宫密封			光滑环形密封
	4.08°	8.19°	12.35°	16.58°	4.08°	8.19°	12.35°	16.58°	—
500	2.5603	3.8842	5.2117	6.4011	3.3841	5.3199	7.3261	9.3830	7.0913
1000	2.5553	3.8805	5.2087	6.3984	3.3840	5.3196	7.3256	9.3822	7.0895
1500	2.5473	3.8744	5.2037	6.3941	3.3839	5.3192	7.3248	9.3810	7.0867
2000	2.5370	3.8661	5.1970	6.3881	3.3837	5.3186	7.3238	9.3794	7.0827
2500	2.5247	3.9301	5.1885	6.3806	3.3835	5.3180	7.3225	9.3774	7.0777
3000	2.5112	3.9187	5.1785	6.3716	3.3832	5.3172	7.3211	9.3752	7.0716
3500	2.4968	3.9060	5.1671	6.3613	3.3829	5.3163	7.3194	9.3726	7.0645

图 2-23 给出了压差对人字形槽迷宫密封、螺旋槽迷宫密封及光滑环形密封泄漏量的影响。由图可知，随着压差的增大，三组密封的泄漏量均呈抛物线增加，且其变化幅度随螺旋角的增大而增大。螺旋角为 16.58°的螺旋槽迷宫密封的密封性能最差，同等工况下泄漏量远大于其他类型密封的泄漏量。压差较小时，三种类型密封的密封性能相差较小。本节所用计算模型中，所取人字形槽迷宫密封泄漏量均低于光滑环形密封泄漏量，但综合螺旋槽迷宫密封及 4 组人字形槽迷宫密封的变化趋势可知，在特性工况下，存在某一临界螺旋角使得人字形槽迷宫密封的泄漏量与光滑环形密封泄漏量相等，且当螺旋角大于此临界值时，人字形槽的泵送效应将逐渐减弱。

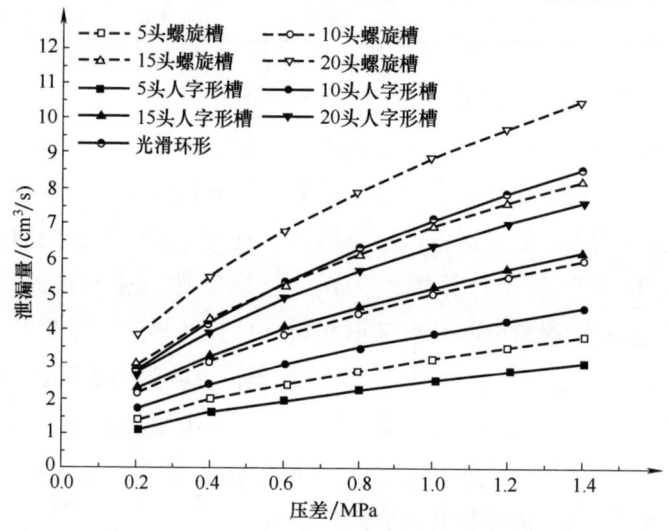

图 2-23 压差对密封泄漏量的影响

介于压差对密封泄漏量的影响较大，本节着重对比了压差对人字形槽动环迷宫密封、螺旋形转子迷宫密封及光滑环形密封动力学特性的影响，计算结果如图 2-24 所示。由图可知，三种类型密封的主刚度系数均随压差的增大呈线性增大。光滑环形密封的交叉刚度、主阻尼系数及交叉阻尼系数随压差的增大呈二次增大趋势，且交叉刚度系数对压差的变化最敏感，交叉阻尼系数随着压差的逐渐增大，变化趋势逐渐减小，逐渐趋于某一定值。螺旋槽迷宫密封刚度系数随压差的增大线性增大，阻尼系数变化较小。具有相同螺旋角的人字形槽迷宫密封动力学特性均大于螺旋槽迷宫密封的动力学特性系数。相对于前两种密封的动力学特性变化，人字形槽迷宫密封的动力学特性结合了螺旋槽迷宫密封及光滑环形密封的特点，且其刚度系数与螺旋槽动环密封更接近，而阻尼系数受光滑环形部分影响较大，大小处于螺旋槽密封与光滑密封之间。主刚度及交叉刚度均随压差的增大线性增大，且螺旋角的变化对刚度系数的影响较小。不同于光滑密封及螺旋槽密封交叉阻尼系数随压差的增大逐渐趋于稳定的趋势，人字形槽迷宫密封，尤其是螺旋角较大的此类密封的交叉阻尼系数随压差的变化更加敏感。

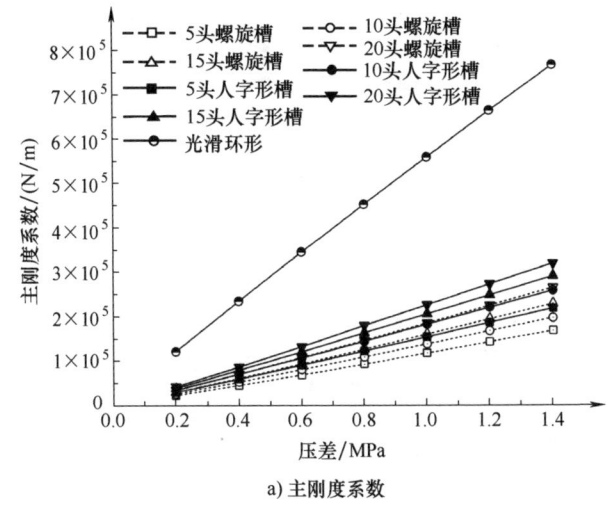

a) 主刚度系数

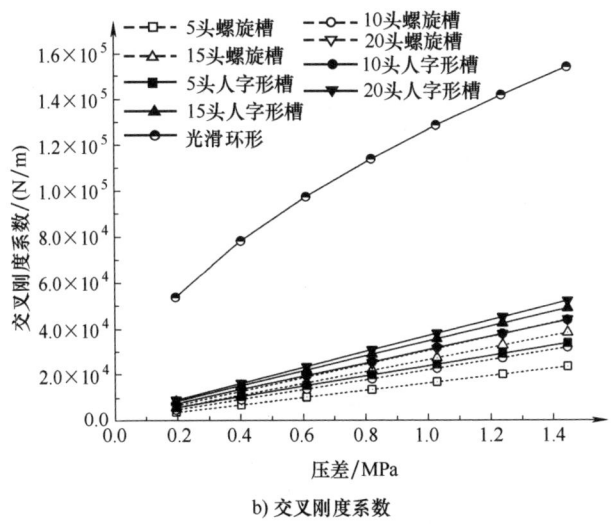

b) 交叉刚度系数

图 2-24　压差对密封动力学特性的影响

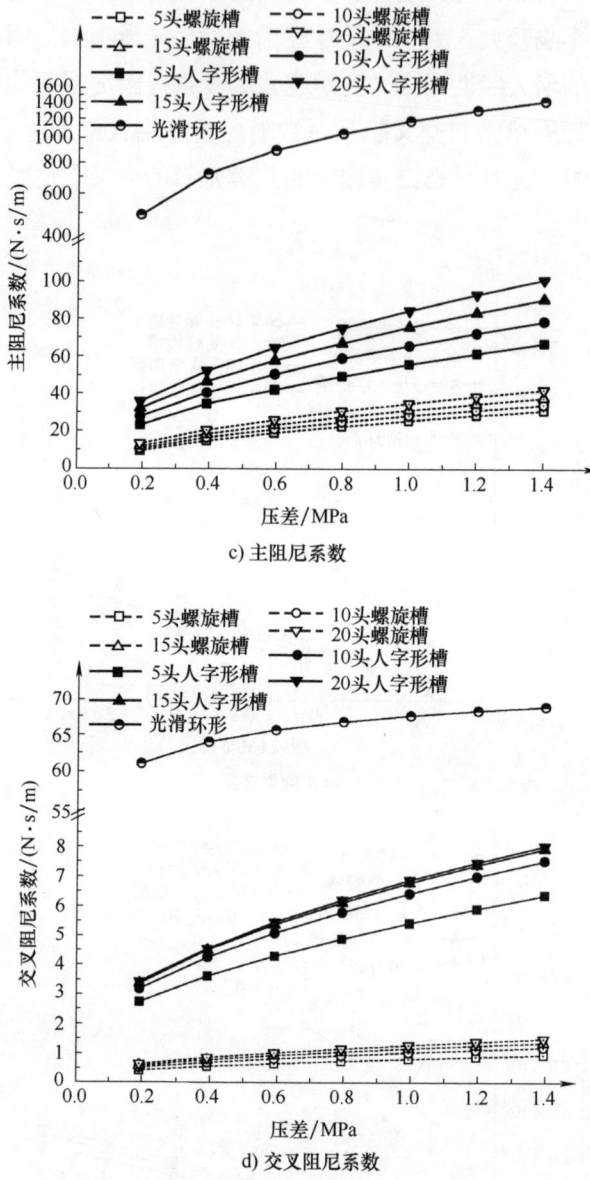

图 2-24 压差对密封动力学特性的影响（续）

2.4.4 几何参数对人字形槽迷宫密封动力学特性的影响

环形密封的最优设计很大程度上取决于环形密封的操作工况，最合适的环形密封设计既要兼顾密封性能的要求又要为轴系提供更优的动力学性能，但很多情况下,需要根据设备的总体情况在密封性能与动力学性能中有侧重地进行相应的选择。本节着重对不同几何参数对人字形槽迷宫密封动力学特性的影响做详细研究。

一般来说,出于轴系动力学特性的优化,环形密封的等效动力学特性系数中,会引起密封转子正向涡动的交叉刚度系数 k 越小越好,而有助于减缓涡动的主阻尼系数 C 越大越好。所以,为了更好地对密封的动力学性能进行描述与比较,定义无量纲系数 $f_{ins} = k/(\omega C)$ 为不稳定系数,用于描述密封的稳定性。

通常多级离心泵环形密封流道的半径间隙值按照密封压差的需求,结合叶轮及主轴结构尺寸的差异,在 0.2~0.5 范围内合理取值。半径间隙的大小一方面影响密封效果,一方面影响密封对转子系统的支承效果。图 2-25 给出了四组不同螺旋角的人字形槽动环迷宫密封主刚度系数、交叉刚度系数、主阻尼系数、交叉阻尼系数随半径间隙的变化趋势。读图可知,四个动力学特性系数均随半径间隙的增大呈近似二次曲线减小趋势,与 2.3 节所示螺旋槽迷宫密封的动力学特性系数变化趋势一致。螺旋角对变化率的影响较小,且随着半径间隙的增大,具有不同螺旋角的迷宫密封主刚度系数、交叉阻尼系数趋于某一定值,这也说明由间隙内流体流动产生的洛马金效应正逐渐减弱,环形密封对轴系的支承作用降低,相应地,轴系的动力学特性及动力学行为也将产生较大变化,尤其是湿临界转速。与图 2-25 所示螺旋槽迷宫密封的动力学特性变化比较可以看出,螺旋角的大小对人字形槽迷宫密封的动力学特性影响更大,尤其是螺旋角

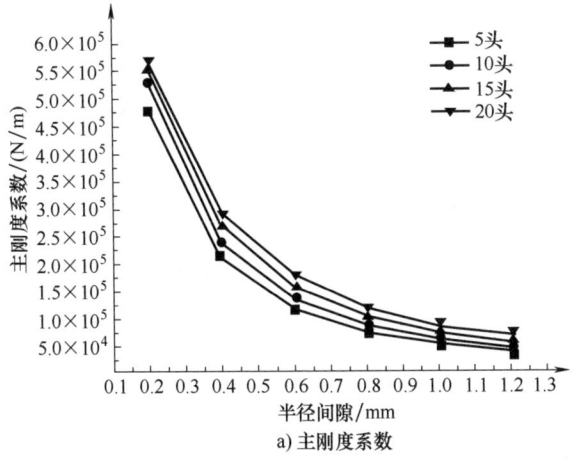

a) 主刚度系数

图 2-25 半径间隙对密封动力学特性的影响

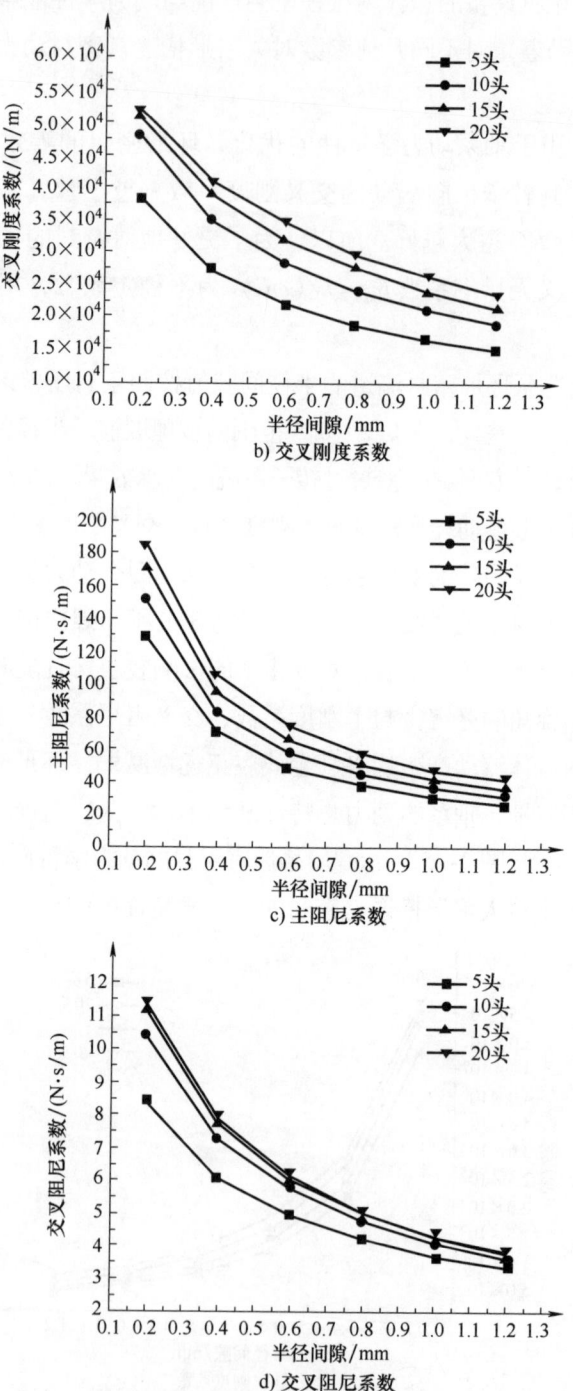

图 2-25 半径间隙对密封动力学特性的影响（续）

较小的人字形槽密封。

如图 2-26 所示为四组不同螺旋角的人字形槽动环迷宫密封不稳定系数随半径间隙的变化趋势。总的来说，四组密封的不稳定系数均随半径间隙的增大而增大；除 0.2mm 的半径间隙情况外，相同间隙下，螺旋角最小的 5 头人字形槽迷宫密封的不稳定系数均小于其他三组；20 头人字形槽密封的稳定性仅次于 5 头密封，但其不稳定系数随半径间隙的变化幅度较大，随着间隙的逐渐减小，稳定性逐渐优于 5 头密封。10 头与 15 头人字形槽密封的不稳定系数在相同半径间隙下差异较小。

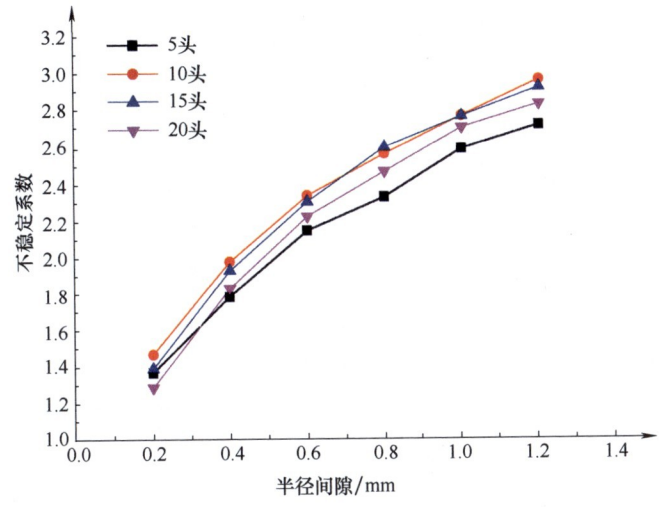

图 2-26　半径间隙对密封不稳定系数的影响

由于人字形槽迷宫密封结构主要由上游、下游螺旋槽密封及中间光滑环形密封组成，由本书 2.4.3 部分中与螺旋槽迷宫密封及光滑环形密封相同操作工况下的动力学分析可知，三部分的组合形式对人字形槽迷宫密封的动力学性能具有很大影响。故分别取上游螺旋槽部分、中间光滑部分及下游螺旋槽部分的长度为 L_1、L_2、L_3，取人字形槽迷宫密封的总长度为 L，本节将着重针对三部分的组合形式对迷宫密封动力学特性的影响展开研究。计算分别对 L_1 由 2mm 增大至 12mm 及 L_2 由 2mm 增大至 12mm 展开，为保证单一变量的原则，L_1 或 L_2 变化时，另一变量始终保持 8mm 不变，且由于本书的研究为螺旋部分对称分布的人字形槽迷宫密封，故所有算例中 $L_1 = L_3$。

图 2-27 分别给出了四组人字形槽动环迷宫密封动特性系数随 L_1 及 L_2 的变化

趋势。读图可知，光滑环形部分的长度对人字形槽迷宫密封的动力学性能影响更大，甚至对主阻尼系数及交叉阻尼系数的大小起决定性作用，相对地，螺旋槽部分的长度除对主刚度系数有较大影响外，对其他参数的影响均远小于光滑部分。图 2-27a 中主刚度系数随 L_1 的增大而减小，随 L_2 的增大先减小再逐渐增大，且随着螺旋角的增大，变化趋势更加明显，由此可以看出，光滑环形间隙内流体产生的洛马金效应是人字形槽迷宫密封支承刚度的主要来源。由图 2-27c 与图 2-27d 可以看出，密封的主阻尼系数及交叉阻尼系数几乎不随螺旋槽部分的长度变化。

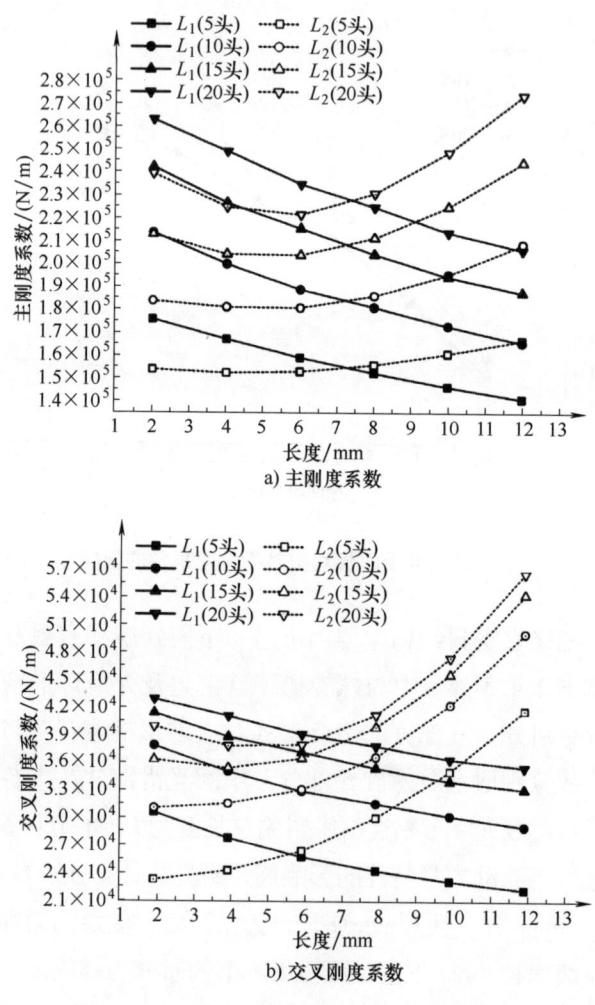

a) 主刚度系数

b) 交叉刚度系数

图 2-27 L_1、L_2 对密封动力学特性的影响

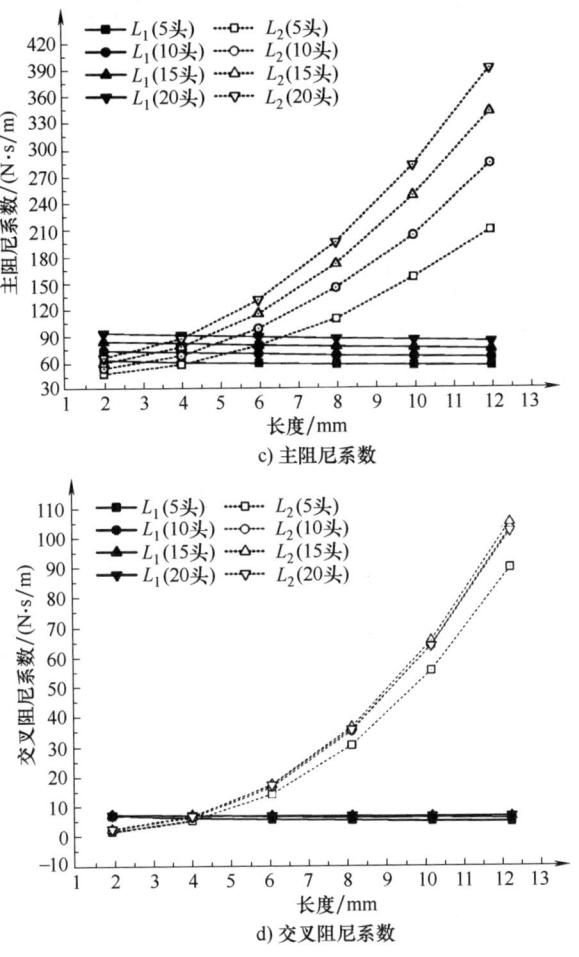

图2-27 L_1、L_2 对密封动力学特性的影响（续）

介于 L_2 对人字形槽迷宫密封动力学特性的影响较大，对四组密封的不稳定系数随 L_2/L 比例系数的变化情况进行计算，详细结果如图2-28所示。从图中可以看出，5头、10头、15头与20头四组人字形槽迷宫密封的不稳定系数随 L_2/L 系数的变化趋势一致，波峰与波谷位置吻合，不稳定系数均在 L_2/L 为0.5与0.6时出现波谷。当 L_2/L 系数小于0.45时，不稳定系数随螺旋角的增大而逐渐减小，但随着 L_2/L 系数的不断增大，5头密封的不稳定系数增大逐渐明显放缓，在 L_2/L 达到0.7时，不稳定系数已远小于其他三组密封。所以，在人字形槽迷宫密封三部分的设计中，应合理排布三部分的长度关系，尽量避开波峰所在的组合长度，并结合设计需求，选取最优设计。

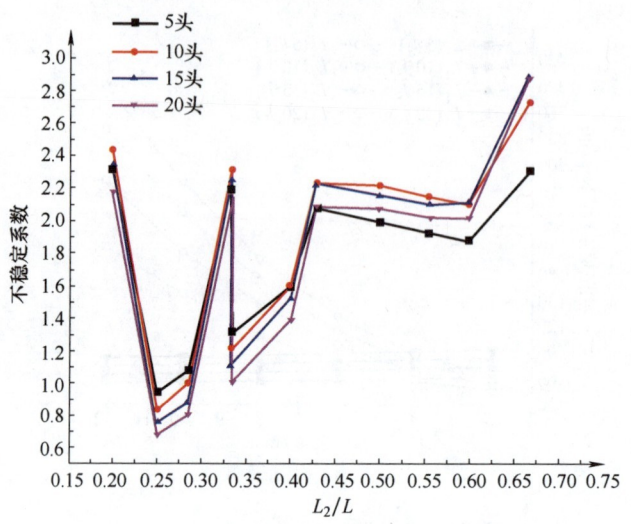

图 2-28　L_2/L 对密封不稳定系数的影响

图 2-29 给出了四组人字形槽动环迷宫密封动特性系数随长径比的变化趋势。图示算例中，人字形槽密封仍采用 8mm-4mm-8mm 的结构形式，即密封总长度为 20mm，密封直径由 50mm 增大至 125mm。读图可知，四个动力学特性系数均随长径比的增大呈近似二次曲线减小趋势，螺旋角对交叉刚度影响较大，5 头人字形槽密封的交叉刚度系数远小于其他三组。随着长径比的增大，15 头与 20 头的人字形槽迷宫密封的交叉阻尼系数趋于相等。

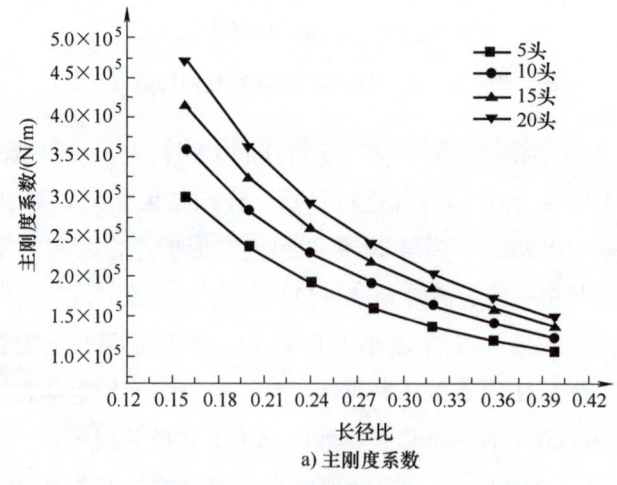

a) 主刚度系数

图 2-29　长径比对密封动力学特性的影响

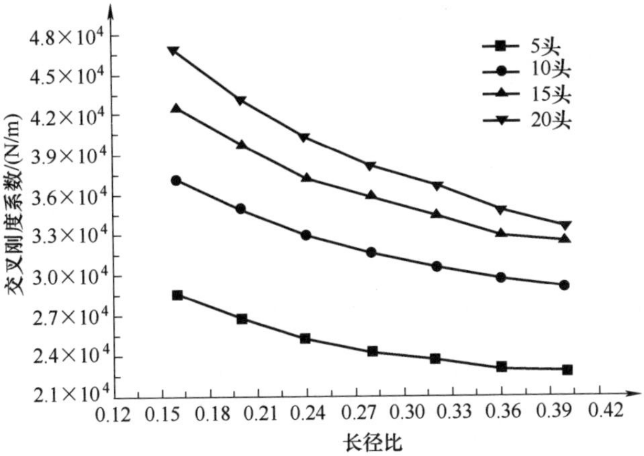

b) 交叉刚度系数

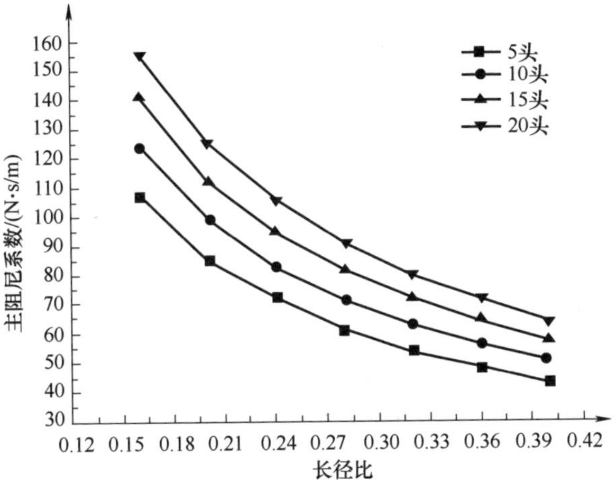

c) 主阻尼系数

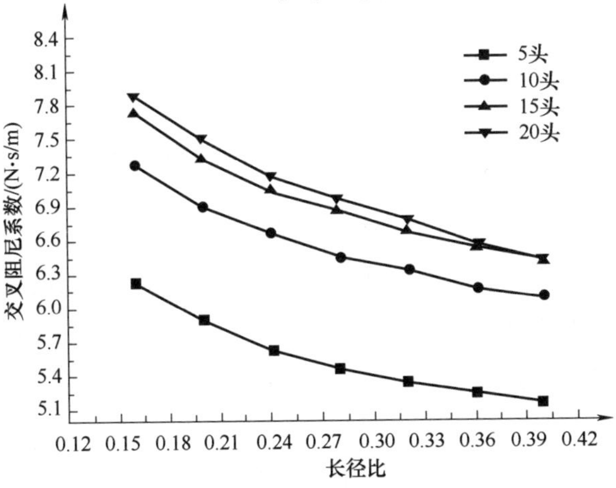

d) 交叉阻尼系数

图 2-29 长径比对密封动力学特性的影响（续）

值得注意的是，本算例中所得主刚度系数与长径比的变化趋势与传统光滑环形密封及迷宫密封的变化趋势相差较大，结合图 2-27 中主刚度随 L_1 及 L_2 大小的变化趋势，可以看出其主要原因在于算例计算模型所采用的 8mm-4mm-8mm 结构形式，随着密封直径的减小，螺旋槽部分的长度比例逐渐增大，对主刚度系数的变化趋势起主导作用。若本算例中所采用的密封结构形式为 4mm-8mm-4mm，则密封对长径比增大的变化趋势也将发生逆转。因此，在人型槽迷宫密封各部分长度的设计中，应结合密封转子的直径进行综合考虑。

图 2-30 所示为四组密封的不稳定系数随长径比的变化情况，从图中可以看出，10 头与 15 头人字形槽迷宫密封的不稳定系数随长径比的增大呈线性增大，5 头密封呈近似线性增大，20 头密封呈抛物线增大，且其随着长径比的增大，变化趋势逐渐减缓，本算例中，当长径比大于 0.4 时，20 头密封的稳定性能由于其他三组密封，且从变化趋势可以看出，此后，优势还将随着长径比的增加而加大。

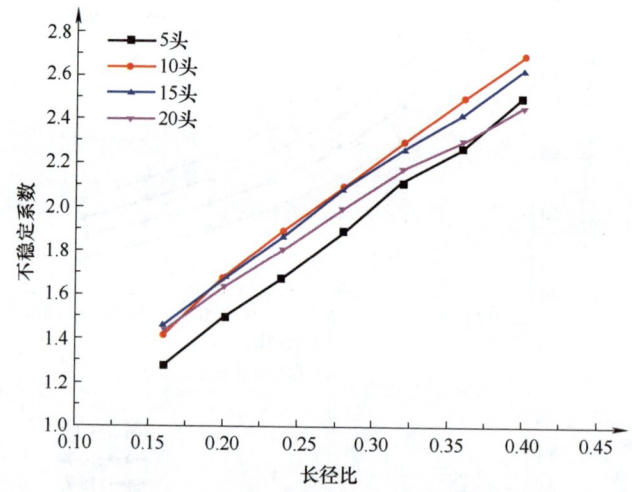

图 2-30　长径比对密封不稳定系数的影响

图 2-31 给出了四组人字形槽动环迷宫密封动特性系数随齿深与半径间隙比值的变化趋势。总的来说，上游及下游螺旋槽槽深对密封动力学性能的影响较小，除主刚度系数随 T/C_{r0} 有明显线性减小外，交叉刚度、主阻尼系数、交叉阻尼系数项都随 T/C_{r0} 变化缓慢。不同于其他三个动力学特性系数的递减趋势，交叉阻尼系数随 T/C_{r0} 系数的增大呈近似二次曲线形式增大，且增大幅度与螺旋角成反比，15 头与 20 头密封的交叉阻尼项区别较小，且随着 T/C_{r0} 的增大，两组密封的交叉阻尼项趋于相等。值得注意的是，随螺旋角的增大，密封交叉刚度系

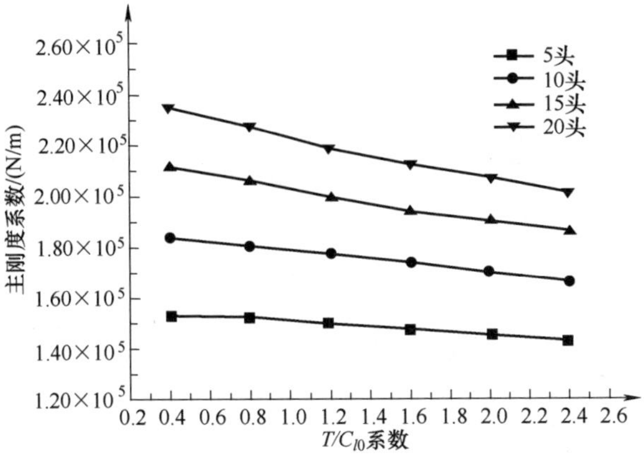

a) 主刚度系数

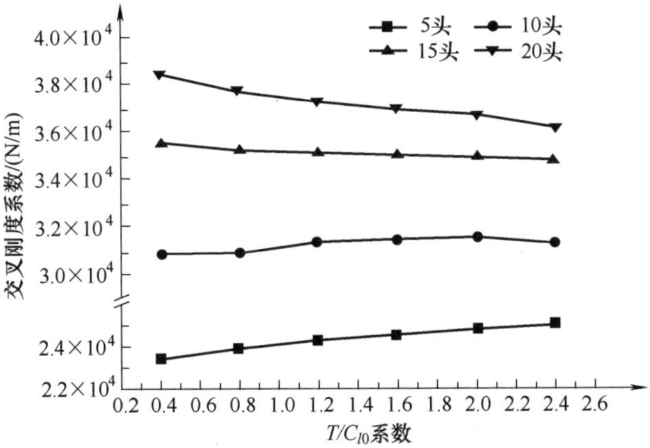

b) 交叉刚度系数

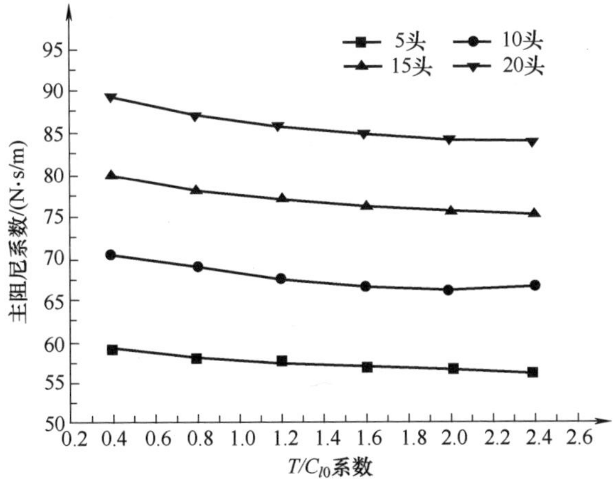

c) 主阻尼系数

图 2-31　T/C_{l0} 比例系数对密封动力学特性的影响

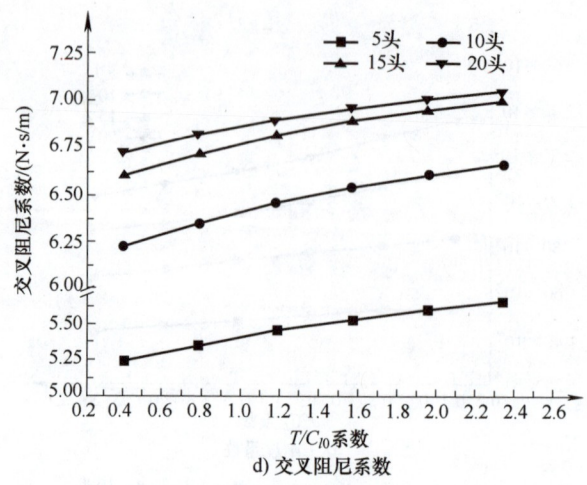

图 2-31 T/C_{l0} 比例系数对密封动力学特性的影响（续）

数随 T/C_{l0} 系数的变化趋势逐渐发生逆转，由图中可以看出，5 头密封的交叉刚度随 T/C_{l0} 系数的增大有明显增大，10 头密封有微小增大，但 15 头与 20 头密封的交叉刚度系数则随 T/C_{l0} 系数的增大而减小，且减小速率与螺旋角大小成正比。

对四组密封的不稳定系数随 T/C_{l0} 系数的变化情况进行分析，结果如图 2-32 所示。5 头人字形槽迷宫密封的稳定性受 T/C_{l0} 系数的影响最大，随系数的增大呈较大幅度的抛物线形式增大。10 头密封在 T/C_{l0} 系数大于 0.9 后，稳定性最差，在 T/C_{l0} 系数等于 2.1 时不稳定系数出现波峰，说明此时的密封对提升轴系稳定性的作用最差。15 头密封随 T/C_{l0} 系数的增大缓慢增大，且逐渐趋于稳定。

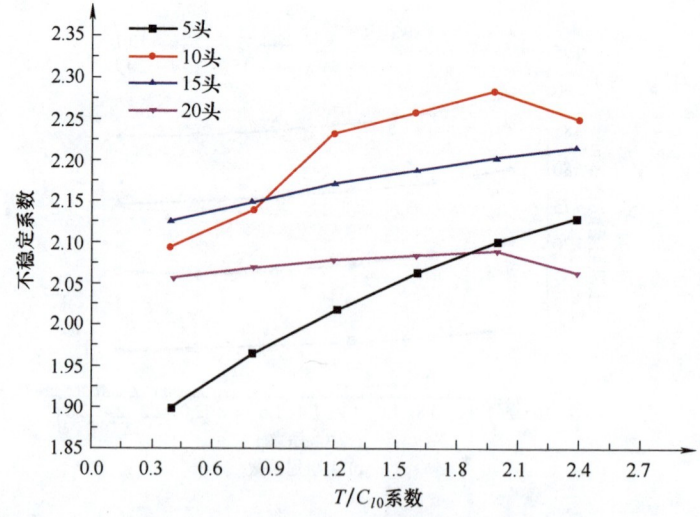

图 2-32 T/C_{l0} 对密封不稳定系数的影响

因此在人字形槽迷宫密封的齿槽结构设计中，应结合螺旋角大小，尽量避开不稳定系数波峰所在位置代表的结构尺寸，按照密封性能及动力学性能的要求，合理选择槽深与密封间隙的比例。

图 2-33 给出了四组人字形槽动环迷宫密封动特性系数随槽宽与齿宽之比的变化趋势。总的来说，与图 2-31 槽深的影响相比，螺旋槽槽宽与齿宽的比例设计对密封动力学性能的影响更大，随着槽宽的增大，四个动特性系数均明显增加。主刚度系数随 L_g/L_l 系数的增大线性增大，交叉刚度系数、主阻尼系数及交叉阻尼系数均呈近似抛物线形增大。同时，由图可知，具有相同比例系数的 5 头人字形槽密封在同等工况下，交叉阻尼系数远小于其他三类密封结构，如本算例中，20 头密封的交叉阻尼系数比 5 头密封阻尼系数的大近 25%。

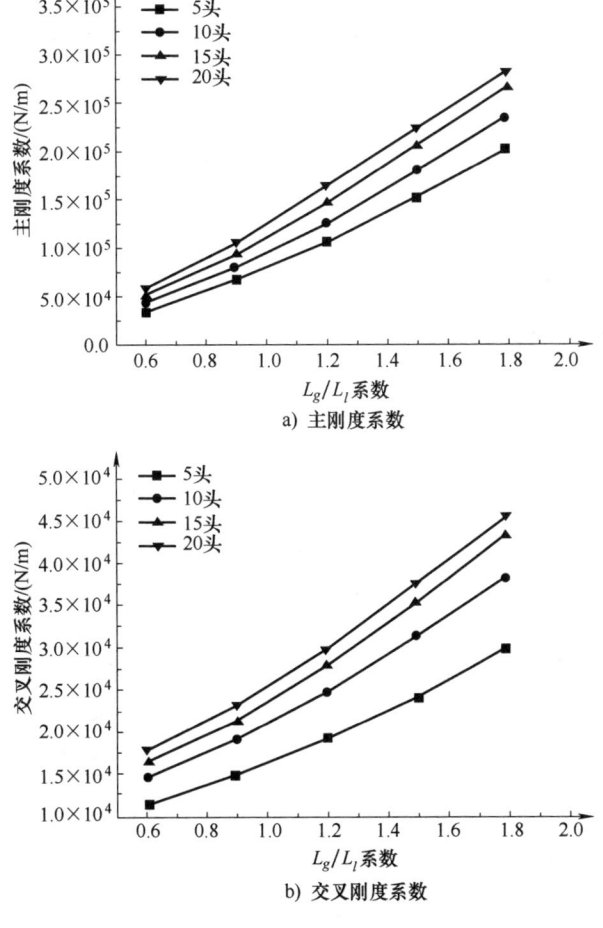

a) 主刚度系数

b) 交叉刚度系数

图 2-33　L_g/L_l 系数对密封动力学特性的影响

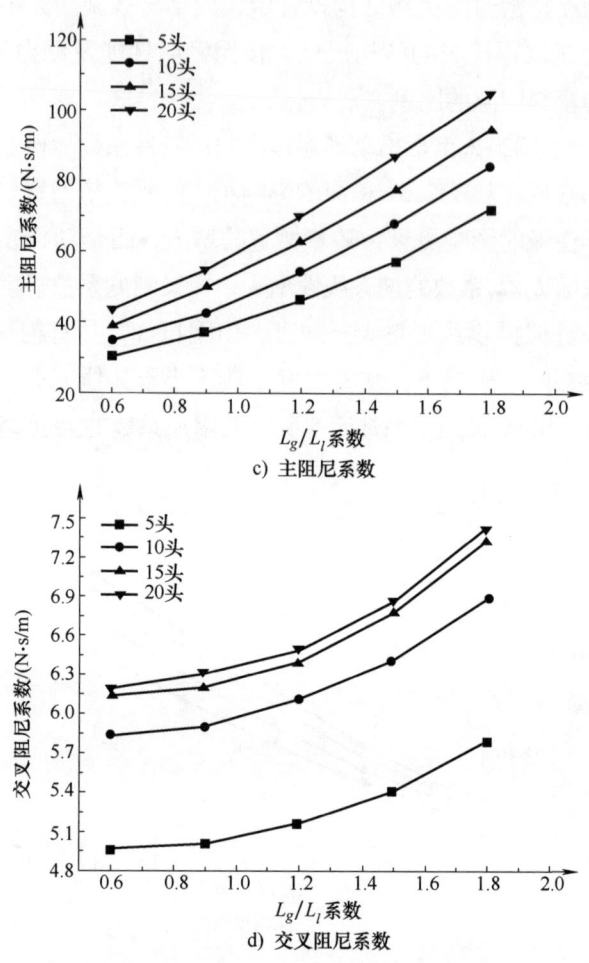

c) 主阻尼系数

d) 交叉阻尼系数

图 2-33 L_g/L_l 系数对密封动力学特性的影响（续）

图 2-34 给出了四组密封的不稳定系数随 L_g/L_l 系数的变化情况。由图可知，四组密封的稳定性均随 L_g/L_l 系数的增加先增大后减小，其中 20 头人字形槽密封的变化幅度最小，5 头密封对 L_g/L_l 系数的变化最敏感，15 头密封在 L_g/L_l 系数等于 1.2 处有明显的波峰，随后，不稳定系数逐渐下降。5 头与 10 头密封在 L_g/L_l 系数等于 1.0 处出现波峰，而 20 头密封的不稳定系数在 L_g/L_l 在 1.0 至 1.4 范围内一直保持较大值，随后逐渐下降。因此在人字形槽迷宫密封的齿槽细节尺寸设计中，应针对具有不同螺旋角的人字形槽密封逐一进行计算，设计中应避免 L_g/L_l 系数处于不稳定系数波峰或较大值的区域，按照密封性能及动力学性能的要求，合理选择槽宽与齿宽。

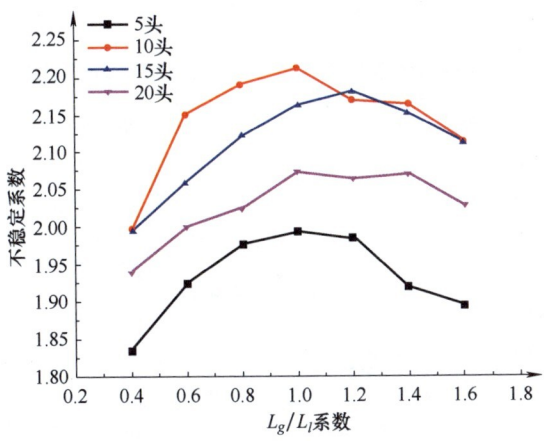

图 2-34 L_g/L_l 系数对密封不稳定系数的影响

2.4.5 基于 Moody 摩擦模型的人字形槽动环迷宫密封动力学特性

基于 Moody 摩擦模型分析求解方法，对密封螺旋部分的齿、槽、光滑环形部分表面粗糙度对人字形槽动环迷宫密封动力学特性的影响展开研究。首先对计算工况下的雷诺数做对比分析，验证算例满足 Moody 模型的应用条件，即雷诺数处于 4000 至 1×10^7 之间。本章 2.4.3 节部分所得 8mm-4mm-8mm 的人字形槽动环迷宫密封的上游、下游螺旋槽流域及光滑环形流域三部分稳态求解结果中，中间光滑环形间隙内流体雷诺数最小，上游螺旋槽内流体雷诺数最大。因此，仅需着重对比光滑部分与上游螺旋槽间隙内的流体雷诺数，即可验证此两部分及整个人字形槽动环迷宫密封是否满足 Moody 模型对雷诺数的应用要求。

图 2-35 给出了 4 组不同螺旋角的计算模型的光滑环形间隙流域、上游螺旋槽齿顶间隙流域及槽内流域的流体雷诺数随压差的变化情况。由图中可以看出，螺旋槽部分槽内流域及齿顶间隙流域及光滑环形间隙流域内的雷诺数均随压差的增大呈近似二次曲线形式增大。同时，槽内流域内流体雷诺数随压差的变化率最大，其次为齿顶间隙流域，光滑环形流域内流体雷诺数变化率最小。如本节算例中，压差从 0.2MPa 增大至 1.4MPa，槽内流域雷诺数最小增大至原来的 3 倍，齿顶间隙流域雷诺数变化稍小，增大至原雷诺数的至少 2 倍。本节算例中，最小雷诺数为 4950，出现在 0.2MPa 压差下 5 头人字形槽动环迷宫密封的光滑间隙流域内；最大雷诺数约为 5.25×10^4，是 20 头人字形槽动环迷宫密封的槽内流域流体雷诺数，因此可判定此时人字形槽动环迷宫密封的上游、下游螺旋槽流域及光滑环形间隙流域内流体均处于湍流流动状态，且雷诺数大于

4000 小于 1×10^7，符合 Moody 模型的应用要求。

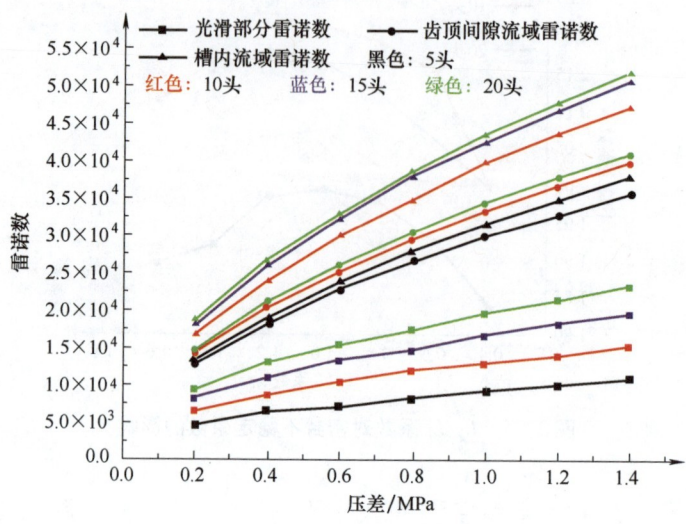

图 2-35　压差对雷诺数的影响

鉴于密封两端压差对人字形槽动环迷宫密封动力学特性系数的影响较大，因此本节将对多组压差工况下，基于 Moody 模型与 Blasius 模型的计算结果进行对比分析。图 2-36 给出了表面粗糙度为 $Ra1.6\mu m$ 及 $Ra0.8\mu m$ 时，Moody 模型与 Blasius 模型的动力学特性计算结果。总的来说，同工况下，三种摩擦模型下动特性系数的差别较小，且系数随压差的变化趋势一致。大多数工况下，相对

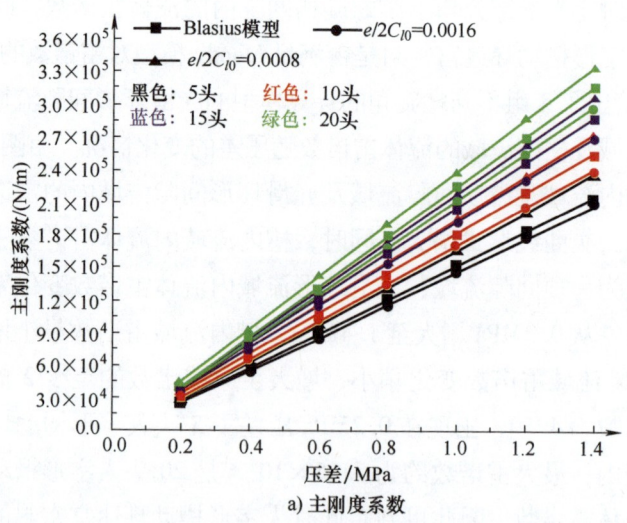

a) 主刚度系数

图 2-36　Moody 模型与 Blasius 模型计算结果对比

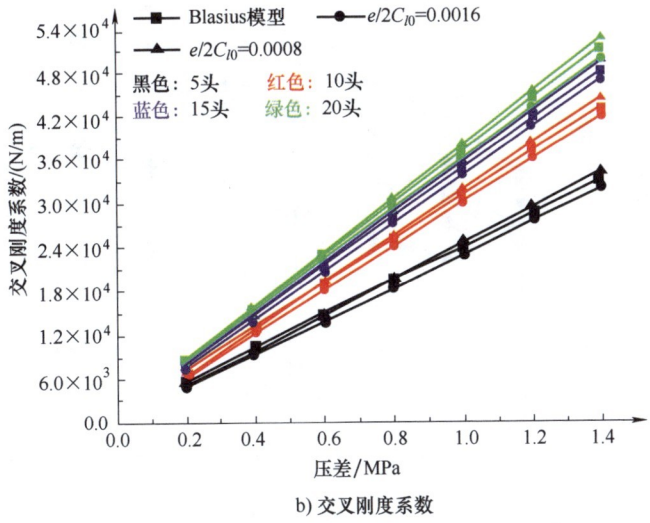

b) 交叉刚度系数

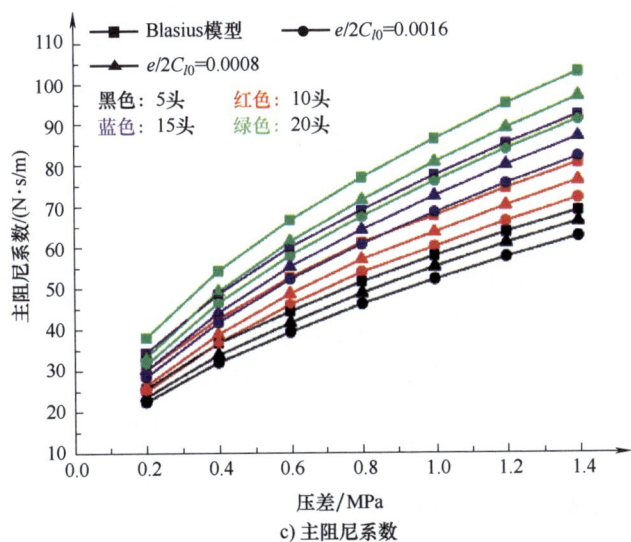

c) 主阻尼系数

图 2-36 Moody 模型与 Blasius 模型计算结果对比（续）

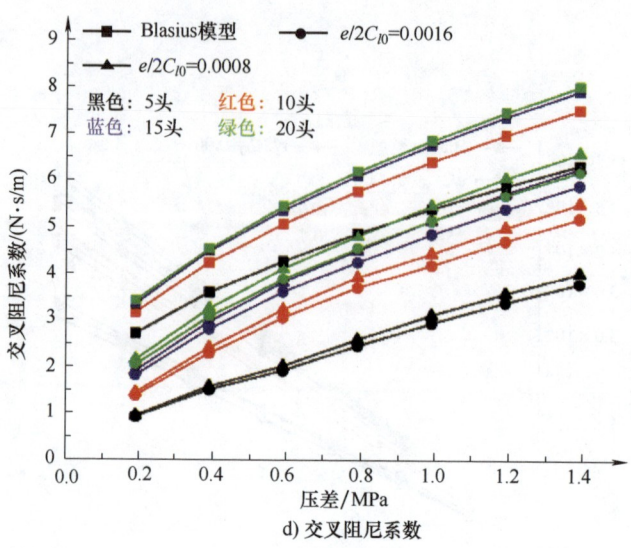

d）交叉阻尼系数

图 2-36　Moody 模型与 Blasius 模型计算结果对比（续）

粗糙度为 0.0008 时的 Moody 模型计算结果最大。在所示算例中，基于 Blasius 模型的主阻尼系数及交叉阻尼大于两种表面粗糙度下的 Moody 模型计算结果，而主刚度及交叉刚度系数的计算结果则处于两 Moody 模型计算结果之间。与图 2-16 对比分析可知，摩擦模型的选取对人字形槽迷宫密封动特性系数计算结果的影响远大于螺旋槽迷宫密封，其主要原因在于中间光滑间隙内流体的等效动特性系数对摩擦模型的依赖程度远高于螺旋槽流域。

在以上对 Moody 摩擦模型的应用研究基础上，本节还基于 Moody 摩擦模型对表面粗糙度动特性系数的影响做了详细分析。图 2-37a 至图 2-37d 分别给出了人字形槽动环迷宫密封主刚度系数、交叉刚度系数、主阻尼系数、交叉阻尼系数随密封表面相对粗糙度（$e/2C_{I0}$）的变化趋势。由于当流体接触壁面相对粗糙度大于 0.01 时，Moody 模型下的摩擦因子将大幅偏离实际工况，因此本节仅对常见表面粗糙度下的动力学特性系数进行研究，即取相对粗糙度为 0.0001 至 0.0032。对由图中可以看出，算例中 4 个动力学特性系数均随表面粗糙度的增大呈线性减小，各动特性系数的变化率随螺旋角的变化未有明显变化。与图 2-19 比较分析可知，相同工况下结合尺寸相同的螺旋槽转子迷宫密封随压差的变化率高于人字形槽动环迷宫密封的变化率。这也说明，在实际运行过程中，随着环形密封的磨损，与人字形槽动环迷宫密封相比，螺旋槽转子迷宫密封的动力学性能偏离原始设计需求的速度更快，不利于设备整体轴系的动力学长期、稳定、高效运行。

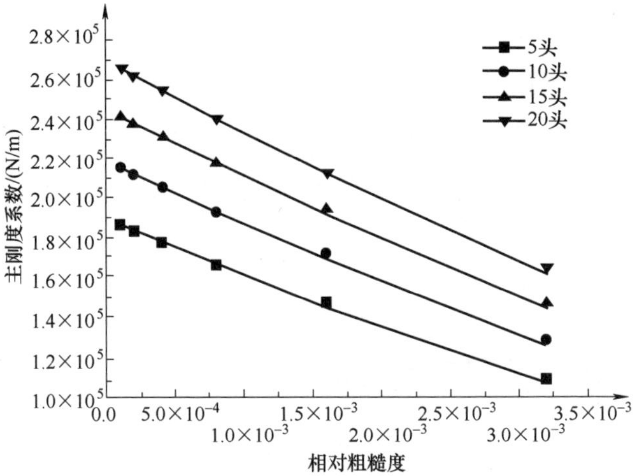

图 2-37 表面粗糙度对动力学特性的影响

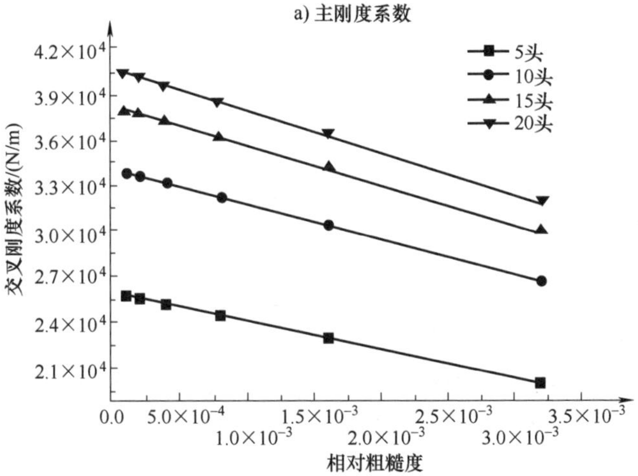

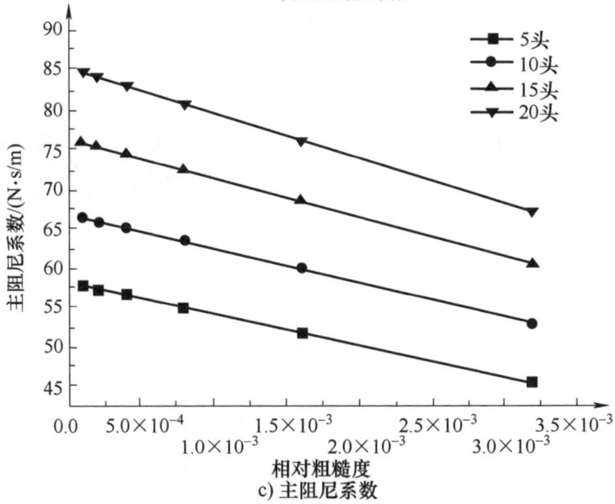

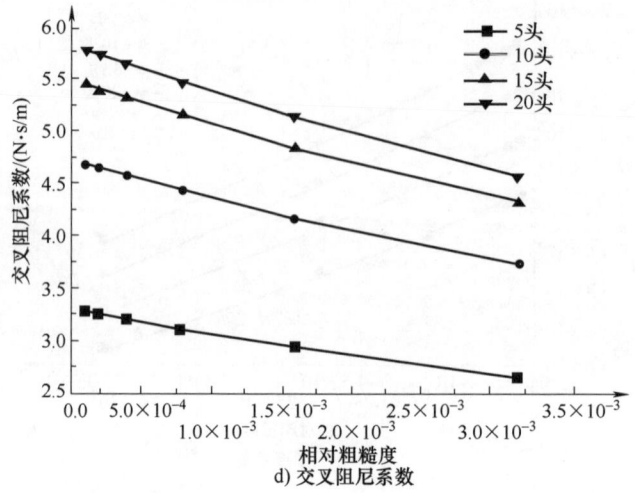

d) 交叉阻尼系数

图 2-37　表面粗糙度对动力学特性的影响（续）

2.5　人字形槽静环迷宫密封间隙激励力及其等效动力学特性

如图 2-38a 所示为一内壁面带有人字形槽的迷宫密封定子，与转子迷宫密封相同，人字形槽由上游螺旋槽、中间光滑环形缓冲带及下游螺旋槽组成。由于螺旋槽的泵送作用对主轴转向的限制，为使上游高压侧螺旋槽能够有效减小密封的泄漏量，相同操作工况下的人字形槽动环与人字形槽静环的上游及下游螺旋槽旋向相反，如图 2-38a 及图 2-38b 所示。

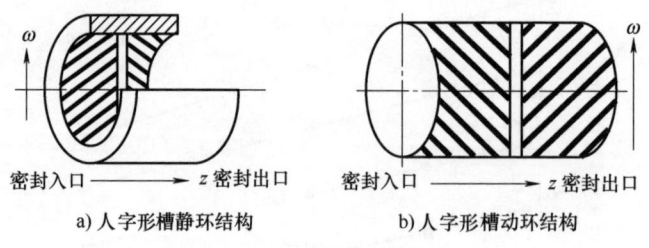

a) 人字形槽静环结构　　　　b) 人字形槽动环结构

图 2-38　人字形槽密封转子结构

与人字形槽动环迷宫密封几何参数定义相同，将螺旋槽螺旋线与轴向中心线的夹角称为螺旋槽部分的螺旋角，为更好地区分与转子迷宫密封的螺旋角，将人字形槽静环迷宫密封的螺旋角用 β 表示。根据图 2-38a 的典型人字形定子槽迷宫密封结构，建立人字形槽静环迷宫密封间隙内流体流动模型，如图 2-39 所示，与槽型对应，流动模型分为上游及下游的螺旋流域及中间的环形流域，上游螺旋槽进口边界为整个环形密封的进口边界，下游中间光滑环形缓冲带的出口边界为整个环形密封的出口边界，进口与出口端面，上游螺旋槽的出口边界及下游螺旋槽的进口边界又与中间光滑环形缓冲带的进口及出口边界重合。

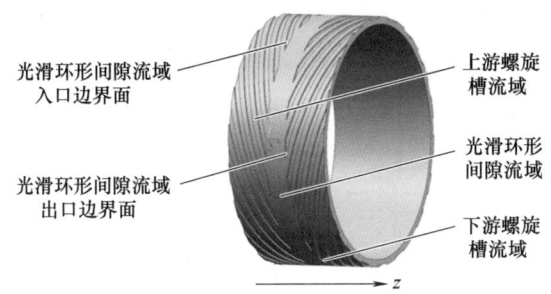

图 2-39　人字形槽静环迷宫密封水力模型

2.5.1　基于整体流动理论的稳态求解

参考本书 2.4 节中针对人字形槽动环迷宫密封稳态流动的分析，将本节静环模型同样分为螺旋槽环形密封与光滑环形密封两部分进行独立分析，通过流体连续性方程及共有边界条件的设定，求得迷宫密封内稳态速度、压力分布及泄漏量。求解中对流场的简化假设参考 2.4.1 部分论述。

2.5.1.1　螺旋槽定子间隙内稳态流场及泄漏量求解

图 2-40 给出了螺旋槽定子迷宫密封间隙内某一流体微元的受力情况。假设此微元轴向长度为 $\mathrm{d}z$，周向长度为 $R\mathrm{d}\theta$，且此微元上界面和下界面分别与转子外壁面和定子内壁面相接触，即此微元的径向长度为 H，上壁面速度为 $R\omega$，下壁面静止。对流体微元的上、下壁面做切向力受力分析，如图[98]2-41 所示。与光滑转子外壁面接触的流体微元上壁面受到的切向力与相对速度共线且方向相反；而由于螺旋槽的作用，微元下壁面所受切向力与相对速度虽方向相反，但不一定保持共线。所以，为方便微元流体的受力分析及控制方程组的建立，将微元下壁面所受切向力及流体速度分解为垂直于齿槽与平行于齿槽两个方向，且分别用 U_{sr}、U_{ss}、τ_{sr}、τ_{ss} 表示。

则，流体微元所受切向力结合 Blasius 摩擦模型，可表示为[92]：

$$\tau_{rt} = \frac{\rho U_{rt}^2}{2} n_{rt} (R_{ert})^{m_{rt}} = \frac{\rho U_{rt}^2}{2} n_{rt} \left(\frac{2\rho U_{rt} H}{\mu}\right)^{m_{rt}} \tag{2-116}$$

$$\tau_{sr} = \frac{\rho U_{st} U_{sr}}{2} n_{sr} (R_{esr})^{m_{sr}} = \frac{\rho U_{st} U_{sr}}{2} n_{sr} \left(\frac{2\rho U_{sr} H}{\mu}\right)^{m_{sr}} \tag{2-117}$$

$$\tau_{ss} = \frac{\rho U_{st} U_{ss}}{2} n_{ss} (R_{ess})^{m_{ss}} = \frac{\rho U_{st} U_{ss}}{2} n_{ss} \left(\frac{2\rho U_{ss} H}{\mu}\right)^{m_{ss}} \tag{2-118}$$

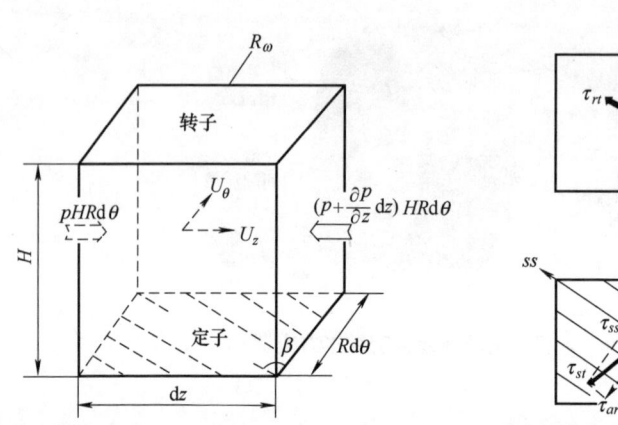

图 2-40 流体微元受力分析图[92]　　图 2-41 流体微元上、下壁面受力分析[92]

其中，$U_{st} = \sqrt{(U_z^2 + U_\theta^2)}$。将式（2-116）~ 式（2-118）代入式（2-44）~ 式（2-47）中，可得螺旋槽定子迷宫密封微元流体轴向动量方程、周向动量方程及连续性方程，分别如下[92]：

$$-H\frac{\partial P_{ss}}{\partial Z} = \rho H\left(\frac{\partial U_{zss}}{\partial t} + U_{zss}\frac{\partial U_{zss}}{\partial Z} + U_{\theta ss}\frac{\partial U_{zss}}{R\partial \theta}\right) + \frac{\rho n_{rt}}{2} R_{ez}^{m_{rt}} U_{zss}^2 \left[1 + \left(\frac{U_{\theta ss} - R\omega}{U_{zss}}\right)^2\right]^{\frac{1+m_{rt}}{2}} +$$

$$\frac{\rho n_{sr}}{2} R_{ez}^{m_{sr}} \left[1 + \left(\frac{U_{\theta ss}}{U_{zss}}\right)^2\right]^{\frac{1+m_{sr}}{2}} U_{zss} (U_{zss}\cos\beta + U_{\theta ss}\sin\beta)\cos\beta +$$

$$\frac{\rho n_{ss}}{2} R_{ez}^{m_{ss}} \left[1 + \left(\frac{U_{\theta ss}}{U_{zss}}\right)^2\right]^{\frac{1+m_{ss}}{2}} U_{zss} (U_{zss}\sin\beta - U_{\theta ss}\cos\beta)\sin\beta \tag{2-119}$$

$$-H\frac{\partial P_{ss}}{\partial \theta} = \rho H\left(\frac{\partial U_{\theta ss}}{\partial t} + U_{zss}\frac{\partial U_{\theta ss}}{\partial Z} + U_{\theta ss}\frac{\partial U_{\theta ss}}{R\partial \theta}\right) +$$

$$\frac{\rho n_{rt}}{2} R_{ez}^{m_{rt}} U_{zss} (U_{\theta ss} - R\omega) \left[1 + \left(\frac{U_{\theta ss} - R\omega}{U_{zss}}\right)^2\right]^{\frac{1+m_{rt}}{2}} +$$

$$\frac{\rho n_{sr}}{2} R_{ez}^{m_{sr}} \left[1 + \left(\frac{U_{\theta ss}}{U_{zss}}\right)^2\right]^{\frac{1+m_{sr}}{2}} U_{zss} (U_{zss}\cos\beta + U_{\theta ss}\sin\beta)\sin\beta +$$

$$\frac{\rho n_{ss}}{2}R_{ez}^{m_{ss}}\left[1+\left(\frac{U_{\theta ss}}{U_{zss}}\right)^2\right]^{\frac{1+m_{ss}}{2}}U_{zss}(U_{\theta ss}\sin\beta - U_{zss}\cos\beta)\cos\beta \qquad (2\text{-}120)$$

$$\frac{\partial H}{\partial t} + \frac{1}{R}\frac{\partial(HU_{\theta ss})}{\partial \theta} + \frac{\partial(HU_{zss})}{\partial Z} = 0 \qquad (2\text{-}121)$$

其中，$R_{ez}=2\rho U_{zss}H/\mu$。由于本节所研究的人字形槽静环迷宫密封中，均采用光滑转子，故式（2-131）中转子的摩擦因数与第3章中光滑环形密封的摩擦因数一致，即 $m_{rt}=-0.25$，$n_{rt}=0.079$。文献［92］中相关实验测得的经验系数，取 $m_{sr}=-0.072$，$n_{sr}=0.8285$，$m_{ss}=-0.25$，$n_{ss}=0.079$。

将光滑环形密封转子位移、周向速度、轴向速度及压差进行无量纲化处理，并将式（2-62）中转子位移、轴向速度、周向速度及间隙内压力的零阶摄动项代入式（2-119）与式（2-120）中，可得螺旋槽流域流体微元控制方程组的零阶无量纲摄动形式，见式（2-123）及式（2-124）。

轴向动量方程：

$$-\frac{\partial \bar{p}_{ss0}}{\partial z} = a_1\sigma_{rt} + a_3\sigma_{sr}b_{sr}\cos\beta + a_4\sigma_{ss}b_{ss}\sin\beta \qquad (2\text{-}122)$$

周向动量方程：

$$-\frac{\partial \bar{u}_{\theta ss0}}{\partial z} = \left[a_1\sigma_{rt}\frac{1}{b}(u_{\theta ss0}-1) + a_3\sigma_{sr}b_{sr}\sin\beta - a_4\sigma_{ss}b_{ss}\cos\beta\right]b \qquad (2\text{-}123)$$

其中，$b=V/(R\omega)$，V 是密封间隙内流体的轴向平均速度。a_1、a_3 与 a_4 是 b_{ss} 及 $u_{\theta ss0}$ 的函数，σ_{rt}、σ_{sr} 与 σ_{ss} 为基于 Blasius 摩擦模型的摩擦因数的无量纲形式，其具体表达式见文献［92］。

密封间隙进口处由于流域面积急剧缩小，存在进口的局部压力损失，忽略出口处的压力恢复效应。原计算方程中，忽略了螺旋槽迷宫密封最突出的结构功能，即螺旋槽的泵送效应。在本次计算中，将考虑了泵送效应及全流场计算信息后作用于密封两端的有效压差加入控制方程组的收敛条件中，将进口与出口处的压力边界条件经摄动法及无量纲处理，可得零阶轴向动量方程的数值求解初值及收敛条件，如下：

$$F_{p\text{-}in}(Q,n) = p_{ss0}(0) + \frac{(1+\xi_0)}{2}, p_{ss0}(1) = F_{p\text{-}in}(Q,n) + \Delta p_{\text{pumping}} \qquad (2\text{-}124)$$

其中，螺旋槽静环密封的入口损失系数 $\xi_0 = 5.2599 - 0.1240\beta + 0.0007\beta^{2[92]}$。由螺旋槽泵送效应引起的压差改变 $\Delta p_{\text{pumping}}$ 的计算方法参考2.3.1小节。值得注意的是，上游螺旋定子槽部分对压差的减小起积极作用，即

$\Delta p_{\text{pumping}}$ 为负值，相反的，下游螺旋定子槽的泵送压力 $\Delta p_{\text{pumping}}$ 为正值。

稳态流动状态下，周向速度的零阶摄动量初始值为进口处的周向速度，进行无量纲化处理后，即：

$$u_{\theta ss0}(0) = \frac{f_{u_\theta - \text{in}}}{R\omega} \tag{2-125}$$

综合式（2-124）及式（2-125），可以看出式（2-122）及式（2-123）组成的零阶摄动控制方程组是未知量 $p_{ss0}(z)$、$u_{\theta ss0}(z)$ 关于 z 的一阶微分方程组，且此方程组还存在一未知变量参数 v。结合未知量 $p_{ss0}(z)$、$u_{\theta ss0}(z)$ 的初值及 $p_{ss0}(z)$ 的收敛条件，采用打靶法对此一阶微分方程组进行求解。求解中，将流体微元的零阶轴向平均速度 v 设定为一初值 γ_{helical}。稳态流动状态下，间隙内流体在压差的作用下，保持较高的轴向速度，所以忽略轴向速度的零阶摄动量随 z 的变化，即，值间隙内流体的轴向速度不随 z 坐标而变化，即 $u_{zss0} = v$。采用牛顿法对初值 γ_{helical} 进行修正直至满足控制方程收敛，即可求得相应 $p_{ss0}(z)$、$u_{\theta ss0}(z)$ 函数的数值解及轴向平均速度 v，具体求解方法参考 2.4.2 小节。则，此时螺旋槽部分的泄漏量为：

$$Q_{\text{spiral}} = 2\pi RC_{l0}v \tag{2-126}$$

2.5.1.2　人字形槽静环间隙内流体激励力及其等效动力学特性

参考人字形槽动环迷宫密封间隙内稳态流场求解方法，结合式（2-126）、式（2-104）及式（2-105），对满足式（2-105）所列收敛条件的边界面压力 p_{b1s} 与 p_{b2s} 进行求解；在所求得 p_{b1} 与 p_{b2} 的基础上，可分别求得上游、下游螺旋槽定子迷宫部分及中间光滑环形部分间隙流域内的速度分布及泄漏量 Q_{upsprial}、Q_{mp} 与 $Q_{\text{downspiral}}$。

对于人字形槽静环迷宫密封的动力学特性的求解，仍将螺旋槽静环密封部分与中间光滑环形密封部分分开求解。首先基于式（2-119）~ 式（2-121）对螺旋槽定子迷宫密封的动力学特性进行求解，将转子位移、周向速度、轴向速度及压力的一阶摄动形式[式（2-62）]代入由上述三个方程组成的密封间隙内流体微元控制方程组中，可得流体微元的轴向动量方程、周向动量方程及连续性方程的一阶摄动形式如下[92]：

$$-\frac{\partial p_{ss1}}{\partial z} = \{\sigma_{rt}[a_1 + a_5(1+m_{rt})] + \sigma_{sr}A_{33}\cos\beta + \sigma_{ss}A_{41}\sin\beta\}u_{zss1} +$$

$$\left[\frac{1}{b}\sigma_{rt}(1+m_{rr})(u_{\theta ss0}-1)a_5 + \sigma_{sr}A_{33}\cos\beta - \sigma_{ss}A_{43}\sin\beta\right]\frac{u_{\theta ss1}}{b} +$$

$$[\sigma_{rt}a_1(m_{rr}-1)+a_3\sigma_{sr}b_{sr}(m_{sr}-1)\cos\beta+a_4\sigma_{ss}b_{ss}(m_{ss}-1)\sin\beta]\varphi+$$
$$\left(\frac{\partial u_{zss1}}{\partial t}+\omega T u_{\theta ss0}\frac{\partial u_{zss1}}{\partial \theta}+\frac{\partial u_{zss1}}{\partial z}\right) \tag{2-127}$$

$$-\frac{L}{R}\frac{\partial p_{ss1}}{\partial \theta}=\left\{\sigma_{rt}\frac{1}{b}(u_{\theta ss0}-1)[(1+m_{rt})a_5-a_1]+\sigma_{sr}A_{32}\sin\beta-\sigma_{ss}A_{42}\cos\beta\right\}u_{zss1}+$$
$$\left\{\sigma_{rt}\left[a_1+\frac{1}{b^2}a_5(1+m_{rt})(u_{\theta ss0}-1)^2\right]+\sigma_{sr}A_{33}\sin\beta+\sigma_{ss}A_{43}\cos\beta\right\}\frac{u_{\theta ss1}}{b}+$$
$$\left[\frac{1}{b}\sigma_{rt}(u_{\theta ss0}-1)(m_{rr}-1)a_1+a_3\sigma_{sr}b_{sr}(m_{sr}-1)\sin\beta-\right.$$
$$\left.a_4\sigma_{ss}b_{ss}(m_{ss}-1)\cos\beta\right]\varphi+\frac{1}{b}\left(\frac{\partial u_{\theta ss1}}{\partial t}+\omega T u_{\theta ss0}\frac{\partial u_{\theta ss1}}{\partial \theta}+\frac{\partial u_{\theta ss1}}{\partial z}\right) \tag{2-128}$$

$$\frac{\partial u_{zss1}}{\partial z}+\omega T\frac{\partial u_{\theta ss1}}{\partial \theta}=-\frac{\partial h_1}{\partial t}-\omega T u_{\theta ss0}\frac{\partial h_1}{\partial \theta} \tag{2-129}$$

将式（2-127）~式（2-129）整合为一阶微分方程组后与光滑环形密封间隙流道流动状态相似，在密封进口处，流体微元的周向速度扰动项为 0。同时，对进口处压力损失方程进行摄动法处理，求得式（2-129）所示微分方程组的数值解的初始及收敛条件与小长径比光滑环形密封收敛条件一致，详细论述见 2.2.1 小节。

参考 2.3 节中打靶法对螺旋槽转子迷宫密封微分控制方程组的求解方法，控制方程组的求解可同样化为对轴向速度一阶摄动量 $u_{zss1}(0)$ 的不断改进直至满足所列收敛条件的过程。最终迭代结束，将得到光滑环形间隙内流体压力沿轴向坐标 z 的数值解，将此数值解沿 z 坐标轴进行拟合，可得压力沿轴向坐标 z 的分布函数，其形式如下[92]：

$$p_{ss1}(z)=\left(\frac{r_0}{\varepsilon}\right)[f_{ssc}(z)+if_{sss}(z)] \tag{2-130}$$

结合 2.2 节中基于 Blasius 模型的光滑环形密封动力学求解方法，将人字形槽静环密封间隙内流体激励力进行径向与周向的分解分析，结合液体环内压力分布情况，当 $t=0$ 时，动力学特性系数与流体的径向及周向分力的关系如下：

$$\boldsymbol{F}_{x\text{-herringbone}}(t)=\boldsymbol{F}_{x\text{-upspiral-stator}}(t)+\boldsymbol{F}_{x\text{-plain}}(t)+\boldsymbol{F}_{x\text{-downspiral-stator}}(t)$$
$$=\overline{\boldsymbol{K}}_{\text{helibone-stator}}+\overline{\boldsymbol{c}}_{\text{helibone-stator}}(\varOmega T)-\overline{\boldsymbol{M}}_{\text{helibone-stator}}(\varOmega T)^2$$
$$\boldsymbol{F}_{y\text{-herringbone}}(t)=\boldsymbol{F}_{y\text{-upspiral-stator}}(t)+\boldsymbol{F}_{y\text{-plain}}(t)+\boldsymbol{F}_{y\text{-downspiral-stator}}(t)$$
$$=\overline{\boldsymbol{k}}_{\text{helibone-stator}}+\overline{\boldsymbol{C}}_{\text{helibone-stator}}(\varOmega T) \tag{2-131}$$

在某固定操作工况及涡动频率下，取涡动频率为 0、0.5、1.0、1.5、2.0 倍的工作转速，对主刚度系数 $K_{\text{helibone-stator}}$、交叉阻尼系数 $c_{\text{helibone-stator}}$、主附加质量系数 $M_{\text{helibone-stator}}$、交叉刚度系数 $k_{\text{helibone-stator}}$ 与主阻尼系数 $C_{\text{helibone-stator}}$ 进行求解，具体求解流程参考 2.3.2 小节。值得注意的是，以上零阶与一阶控制方程组与求解方法均基于 Blasius 摩擦模型，其中经验系数来源于 Childs 的实验结果，后期，随着 Moody 模型经验系数的完善，可通过修改摩擦因数 σ_{rt}、σ_{sr} 与 σ_{ss} 的具体参数与形式，对本分析方法进行进一步完善。

2.5.2 操作工况对人字形槽静环迷宫密封动力学性能的影响

本节以 2.4.3 小节人字形槽动环迷宫密封的几何参数为模板，对同尺寸下人字形槽静环迷宫密封的密封及动力学性能进行了研究，并结合动环密封的性能，对压差的影响做了对比研究。两种密封计算模型在保持螺旋线槽头数相等的情况下，对螺旋角进行微调（见表 2-5），其余几何尺寸、操作工况均相同，具体参见表 2-3。

表 2-5　人字形槽静环与转子迷宫密封螺旋角与螺旋线槽头数

静环密封	螺旋角/(°)	头数/个	动环密封	螺旋角/(°)	头数/个
1	3.97	5	1	4.08	5
2	7.95	10	2	8.19	10
3	11.99	15	3	12.35	15
4	16.08	20	4	16.58	20

表 2-6 给出了人字形槽静环迷宫密封与转子迷宫密封泄漏量对比，由表中可以看出，人字形槽动环与定子迷宫密封的泄漏量大部分均随转速的增加而减小，相同工况下，静环密封的泄漏量略小于动环密封。在本算例中，当转速由 0 增大至 3000r/min，5 头人字形槽动环及静环密封的泄漏量减小约 2.5%，这与表 2.4 中螺旋角越大泄漏量随转速变化越剧烈恰好相反，故知此时中间光滑环形结构已对原螺旋槽迷宫密封间隙内流场产生较大影响。值得注意的是，本书 2.4 节与本节提出的动环密封及静环密封的稳态流场分析方法，由于对周向速度、切向力等进行了适当简化，没有准确描述间隙内流场，使得泄漏量计算结果偏大，且随转速及螺旋角的变化敏感程度变差。

图 2-42 给出了相同几何尺寸的人字形槽动环与定子迷宫密封随压差的变

化情况。结合表2-6所列可以看出，以本书提出的分析方法，两者的密封性能随压差的变化趋势一致，且具有相同大小螺旋角的转子与静环密封的密封性能相差很小，但随着压力的不断上升，静环密封的密封性能优势有逐渐凸显的趋势。

表2-6　人字形槽静环与转子迷宫密封泄漏量

转速 /(r/min)	泄漏量/(cm³/s)							
	人字形槽动环迷宫密封				人字形槽静环迷宫密封			
	5头	10头	15头	20头	5头	10头	15头	20头
0	2.5603	3.8842	5.2117	6.4011	2.5534	3.8693	5.1897	6.3716
500	2.5553	3.8805	5.2087	6.3984	2.5484	3.8655	5.1867	6.3690
1000	2.5473	3.8744	5.2037	6.3941	2.5405	3.8595	5.1819	6.3649
1500	2.5370	3.8661	5.1970	6.3881	2.5301	3.8512	5.1753	6.3591
2000	2.5247	3.9301	5.1885	6.3806	2.5179	3.9154	5.1779	6.3519
2500	2.5112	3.9187	5.1785	6.3716	2.5044	3.9041	5.1571	6.3432
3000	2.4968	3.9060	5.1671	6.3613	2.4900	3.8915	5.1460	6.3333
减小幅度（%）	2.48	-0.56	0.86	0.62	2.48	-0.57	0.84	0.60

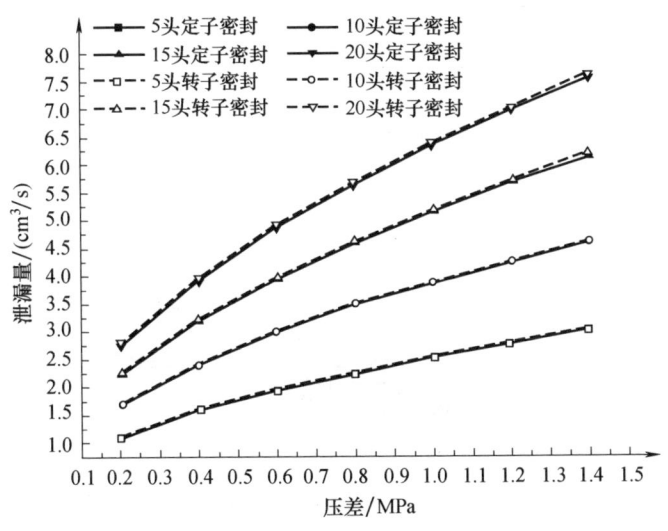

图2-42　压差对泄漏量的影响

图2-43给出了作用于密封两端压差对人字形槽静环与转子迷宫密封动力学

特性系数（包括主刚度系数、交叉刚度系数、主阻尼系数、交叉阻尼系数）的影响对比。由图中可以看出，四组定子迷宫密封的主刚度随压差的增大基本呈线性增大趋势，交叉刚度、主阻尼与交叉阻尼随压差的增大呈近似抛物线形式增大。相同工况下，几何尺寸相同的静环密封的主刚度、交叉刚度及交叉阻尼系数均小于动环密封，且这三个动力学特性系数随压力的变化幅度远小于动环密封，且螺旋角越小变化越缓慢。相同头数的定子与动环密封主阻尼系数随压差的变化趋势基本保持一致，且大小相差不大。

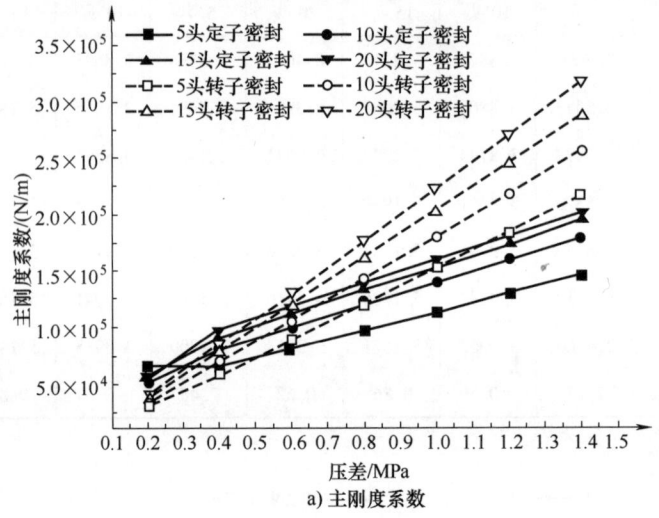

a) 主刚度系数

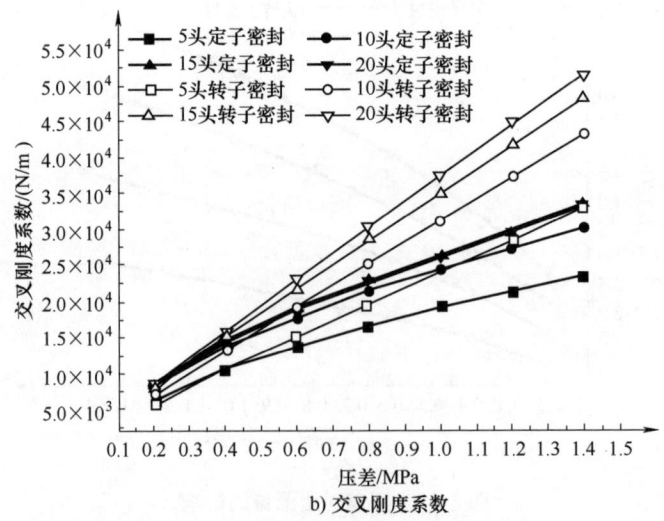

b) 交叉刚度系数

图 2-43　压差对人字形槽迷宫密封动特性系数的影响对比

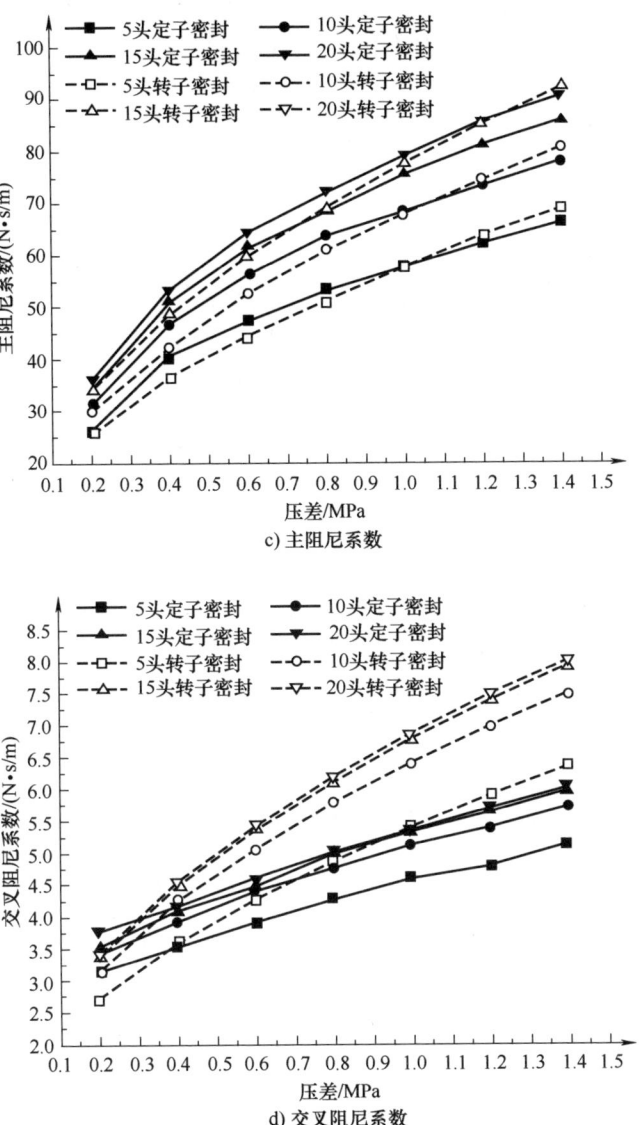

图 2-43 压差对人字形槽迷宫密封动特性系数的影响对比（续）

图 2-44 给出了相同工况下，几何尺寸相同的人字形槽静环与动环密封的不稳定系数对比。如图 2-44 所示，在大多数工况下，定子迷宫密封的稳定性明显优于动环密封，且随着密封两端压差的增大，动环密封的不稳定系数急剧上升，而静环密封则变化缓慢，优势逐渐扩大。如图 2-44 所示算例中，当压差为 0.4MPa 时，四组静环密封及动环密封的不稳定系数分别在 1.3 及 1.5

左右，但当压差逐渐上升至 1.4MPa 时，两种迷宫密封的不稳定系数分别为 1.7 与 2.4 左右，动环密封的不稳定系数比静环密封高出近 40%。这一变化趋势与矩形槽迷宫密封、孔型密封、蜂窝密封等阻尼密封一致，因此在人字形槽迷宫密封的设计中，应综合考虑静环密封与动环密封在稳定性、支承刚度及密封性能等方面各自的优缺点，参考轴系的设计需求进行合理选取。

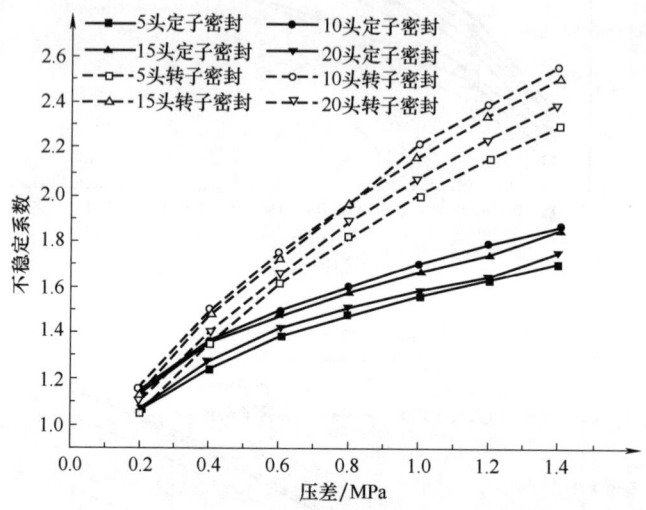

图 2-44　压差对人字形槽迷宫密封不稳定系数的影响

图 2-45a～图 2-45d 分别给出了人字形槽静环与转子迷宫密封动特性系数从无预旋到 1 倍预旋（即，进口预旋系数从 1 到 2）工况下的变化趋势。总的来说，预旋系数对人字形槽静环迷宫密封各动特性系数的影响远高于动环密封，尤其是交叉刚度、主阻尼及交叉阻尼。与转子迷宫密封不同，人字形槽静环迷宫密封的主刚度系数随预旋强度的增加先减小后增大，交叉阻尼系数随预旋强度的增加呈大幅线性增加。同时，10 头与 15 头人字形槽静环迷宫密封的交叉刚度与主阻尼系数在不同预旋系数下近乎相等，且均随预旋强度的增大近似呈线性上升。

2.5.3　几何结构对人字形槽静环迷宫密封动力学性能的影响

为完善人字形槽静环迷宫密封的设计方法，准确判断密封在设计及运行中对轴系动力学特性及动力学行为的影响，本节着重对不同几何参数对人字形槽静环迷宫密封动力学特性的影响做详细研究。

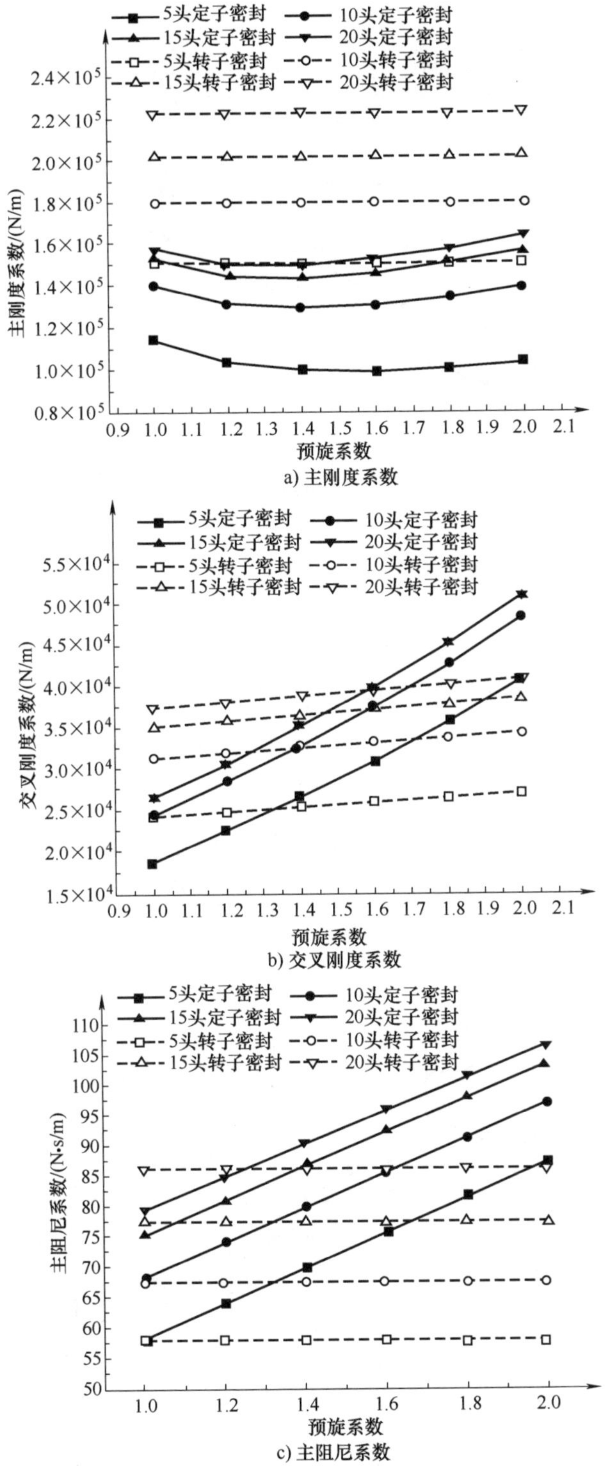

a) 主刚度系数

b) 交叉刚度系数

c) 主阻尼系数

图 2-45　预旋强度对人字形槽迷宫密封动特性系数的影响对比

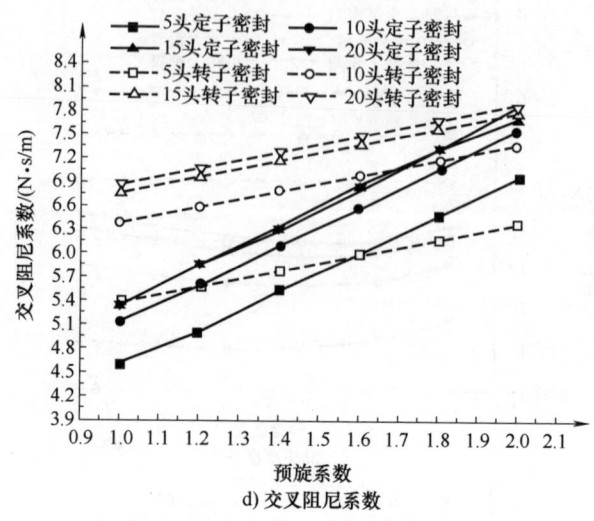

d) 交叉阻尼系数

图 2-45　预旋强度对人字形槽迷宫密封动特性系数的影响对比（续）

图 2-46 给出了四组不同螺旋角的人字形槽静环迷宫密封主刚度系数、交叉刚度系数、主阻尼系数、交叉阻尼系数随半径间隙的变化趋势。由图 2-46 可知，交叉刚度与交叉阻尼系数均随半径间隙的增大呈近似二次曲线增大趋势。与人字形槽动环迷宫密封、螺旋槽密封及光滑环形密封一致，主刚度系数随半径间隙的增大呈二次函数形式下降，即此时环形密封间隙内流体流动产生的对轴系的支承作用降低，轴系刚度下降。与图 2-25 所示人字形槽动环迷宫密封的动力学特性变化相比较可以看出，半径间隙对定子与转子迷宫密封刚度系数的

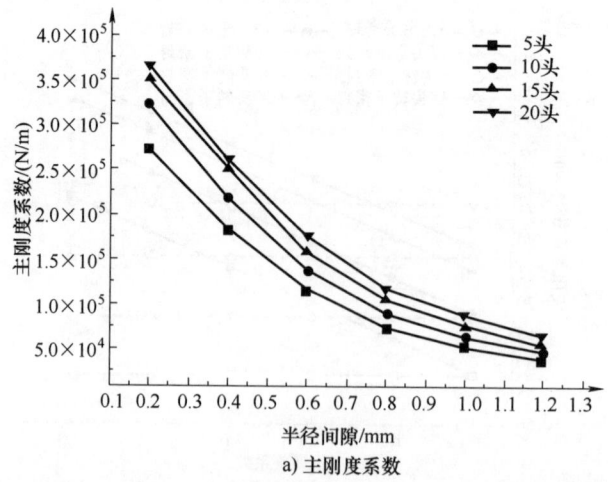

a) 主刚度系数

图 2-46　半径间隙对人字形槽静环迷宫密封动特性系数的影响

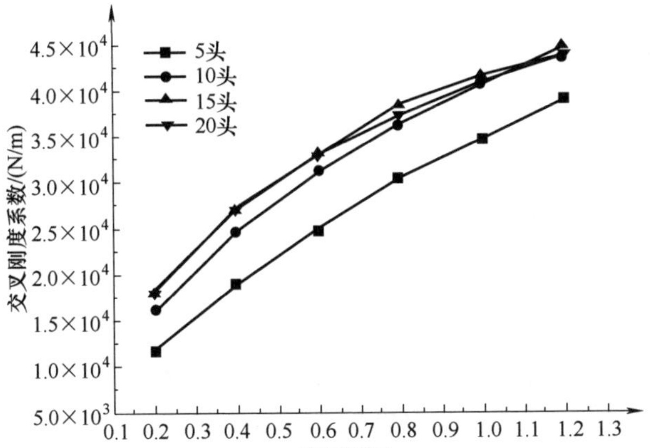

b) 交叉刚度系数

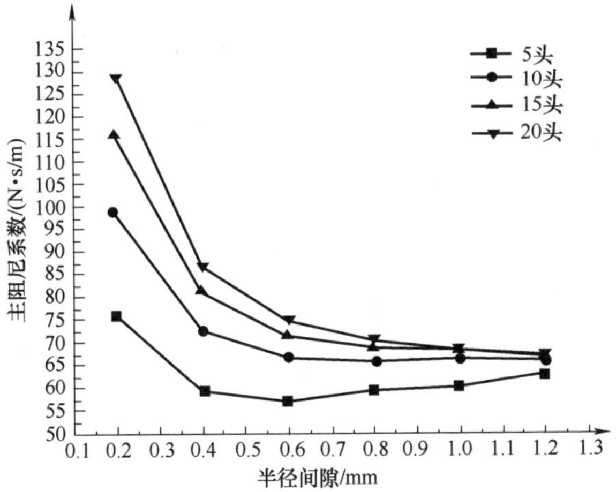

c) 主阻尼系数

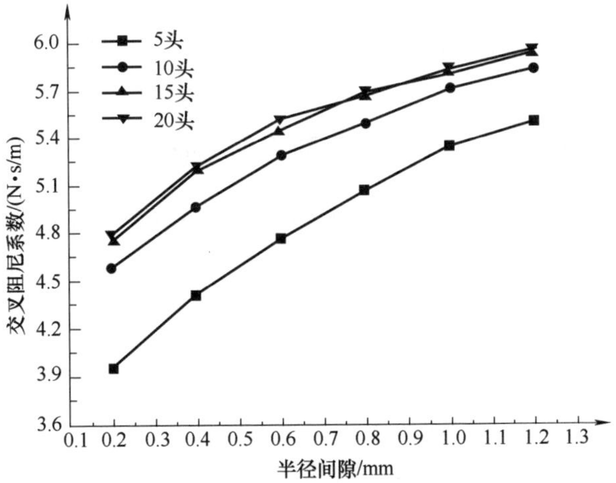

d) 交叉阻尼系数

图 2-46 半径间隙对人字形槽静环迷宫密封动特性系数的影响（续）

影响程度相同，但对静环密封阻尼系数，尤其是决定密封稳定性的交叉刚度系数与主阻尼系数的影响较大。同时，不同螺旋角的静环密封交叉阻尼项的区分度较动环密封更大。

基于以上动力学特性的计算结果，图2-47给出了人字形槽静环迷宫密封不稳定系数随半径间隙的变化趋势。总的来说，模型密封的不稳定系数均随半径间隙的增大而增大。在本次算例中，各组静环密封的半径间隙由0.2mm增大至1.2mm，四组不同螺旋角的定子迷宫密封稳定性区分度较小，但当间隙大于0.6mm时，5头人字形槽静环迷宫密封的稳定性逐渐低于其他三组模型。与图2-26进行对比分析可以看出，静环密封与动环密封稳定性随半径间隙的变化趋势一致，且动环密封稳定性对螺旋角的依赖程度高于静环密封；在任意间隙下，静环密封的不稳定系数小于动环密封，且其随半径间隙的变化幅度小于动环密封，与实际工况吻合。

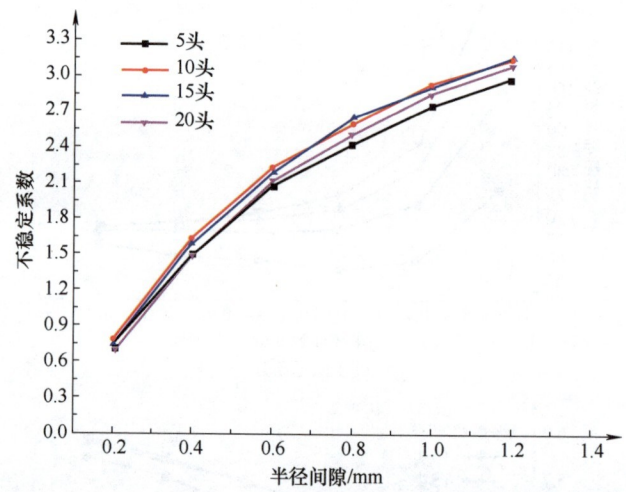

图2-47 半径间隙对人字形槽静环迷宫密封不稳定系数的影响

图2-48分别给出了四组人字形槽静环迷宫密封动特性系数随上游及下游螺旋槽长度L_1及中间光滑环形长度L_2的变化趋势。图2-48所示算例均以8mm-4mm-8mm结构为基础，即以L_1为研究对象时，L_2均取4mm，以L_2为研究对象时，L_1均为8mm。读图2-48可知，光滑环形部分的长度对人字形槽迷宫密封的动力学性能影响更大，尤其是主阻尼系数及交叉阻尼系数的大小。与图2-27所示人字形槽动环迷宫密封的变化趋势一致，定子迷宫密封的主刚度系数随L_1与L_2的增大分别呈近似二次曲线下降和上升，且随L_2的上升幅度明显大于随L_1的

下降幅度。交叉刚度系数随 L_1 及 L_2 的增大均呈下降趋势。同时，由图 2-48c 与图 2-48d 可以看出，密封的主阻尼及交叉阻尼项几乎不随螺旋槽部分长度的变化而变化。此外，由图 2-48a、b 可知，5 头人字形槽静环迷宫密封的主刚度系数与交叉刚度系数随 L_2 的变化较为敏感。

分别对 L_1 与 L_2 的大小对密封不稳定系数的影响做详细研究，结果如图 2-49 所示。从图 2-49 中可以看出，5 头人字形槽静环密封的不稳定性随 L_1 与 L_2 的变化趋势相同，均随其增大呈小幅下降，降幅均约为 35% 左右。10 头、15 头及 20 头密封的不稳定性均随 L_2 的增大呈大幅下降趋势，但对 L_1 的增大变化较小。本算例中，随着 L_1 的增大，三组密封的不稳定系数趋于相等且为一定值。

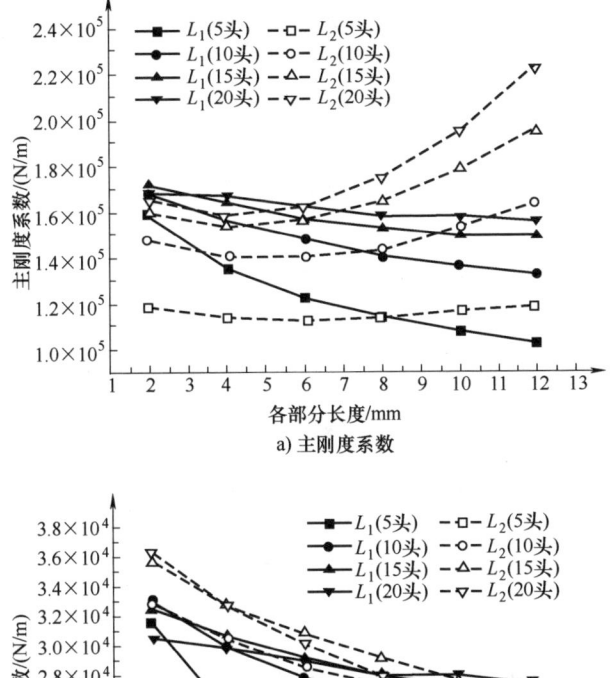

a) 主刚度系数

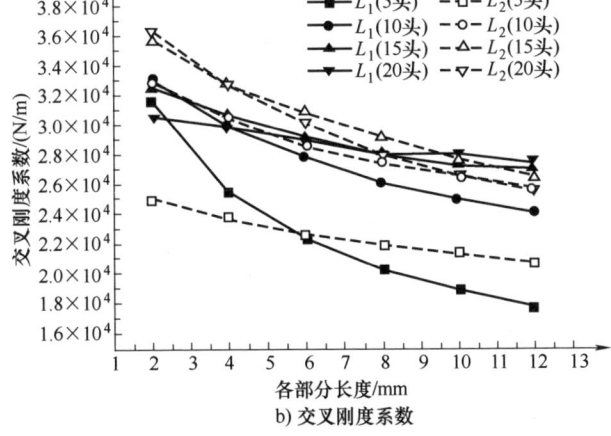

b) 交叉刚度系数

图 2-48 各部分长度对人字形槽静环迷宫密封动特性系数的影响

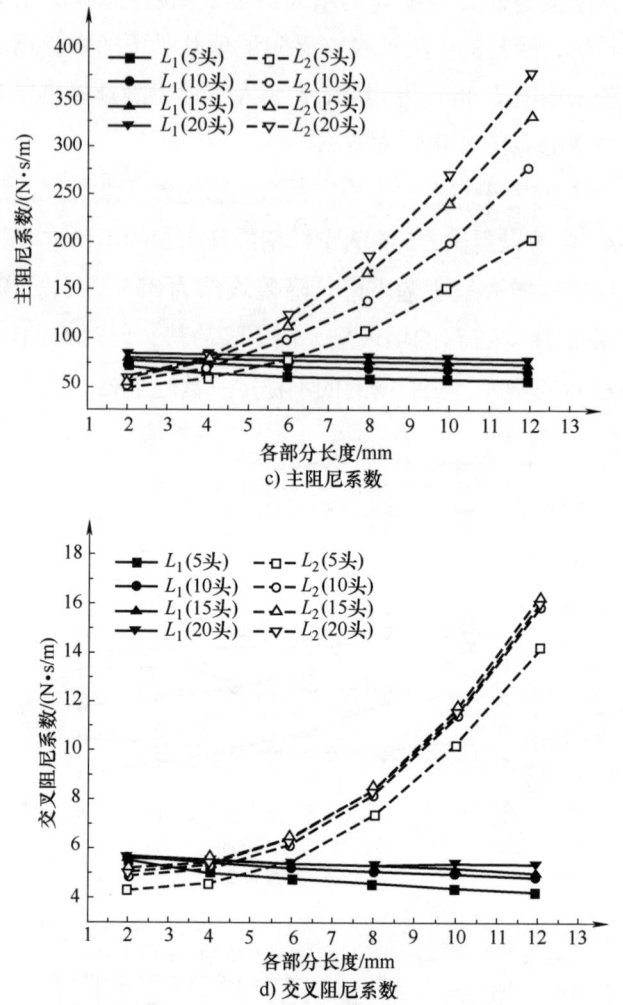

图 2-48 各部分长度对人字形槽静环迷宫密封动特性系数的影响（续）

综合对比图 2-48 及图 2-49 的分析结果，可以发现中间光滑环形结构对人字形槽静环迷宫密封动力学特性具有更重要的影响，但仅从以上结果对比中，仍不能准确、有效地判断在密封总长与光滑环形结构长度中，二者哪个是人字形槽静环迷宫密封动力学特性的决定性因素，各自对密封动力学特性及稳定性的有效影响是多少。因此，本节对同一密封总长下，L_2/L 系数对密封动力学特性的影响及同一 L_2/L 系数下，动力学特性随密封总长的影响展开研究，分别选取密封总长度为 10mm、20mm 及 30mm，L_2/L 系数为 0.1~0.6，头数为 5 头、10 头、15 头及 20 头的共计 72 组人字形槽静环迷宫密封计算模型进行计算，具

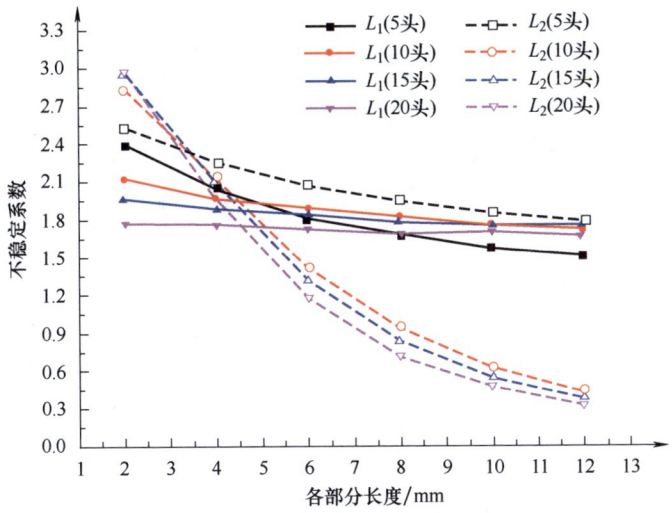

图 2-49 各部分长度对静环密封不稳定系数的影响

体计算结果如图 2-50 所示。

由图 2-50 中可以看出，密封总长度越短，L_2/L 系数对密封动力学特性的影响越小。相同总长度下，主阻尼及交叉阻尼项随 L_2/L 系数的增大而增大，且总长度越长，变化幅度越大；主刚度系数随 L_2/L 系数的变化趋势受密封总长度及螺旋角的影响较大。本算例中，10mm 的密封主刚度、交叉刚度及主阻尼系数随 L_2/L 系数的增大变化微小；总长度为 10mm 的四组不同螺旋角的密封主刚度系数随 L_2/L 系数的增大呈小幅线性减小，总长为 20mm 的 5 头静环密封有小幅

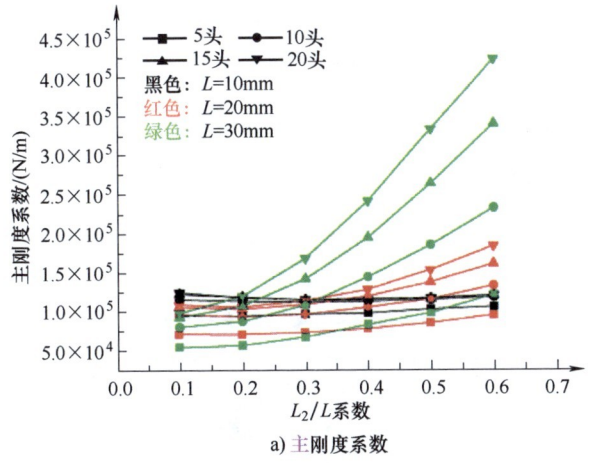

a) 主刚度系数

图 2-50 各部分长度对人字形槽静环迷宫密封动特性系数的影响

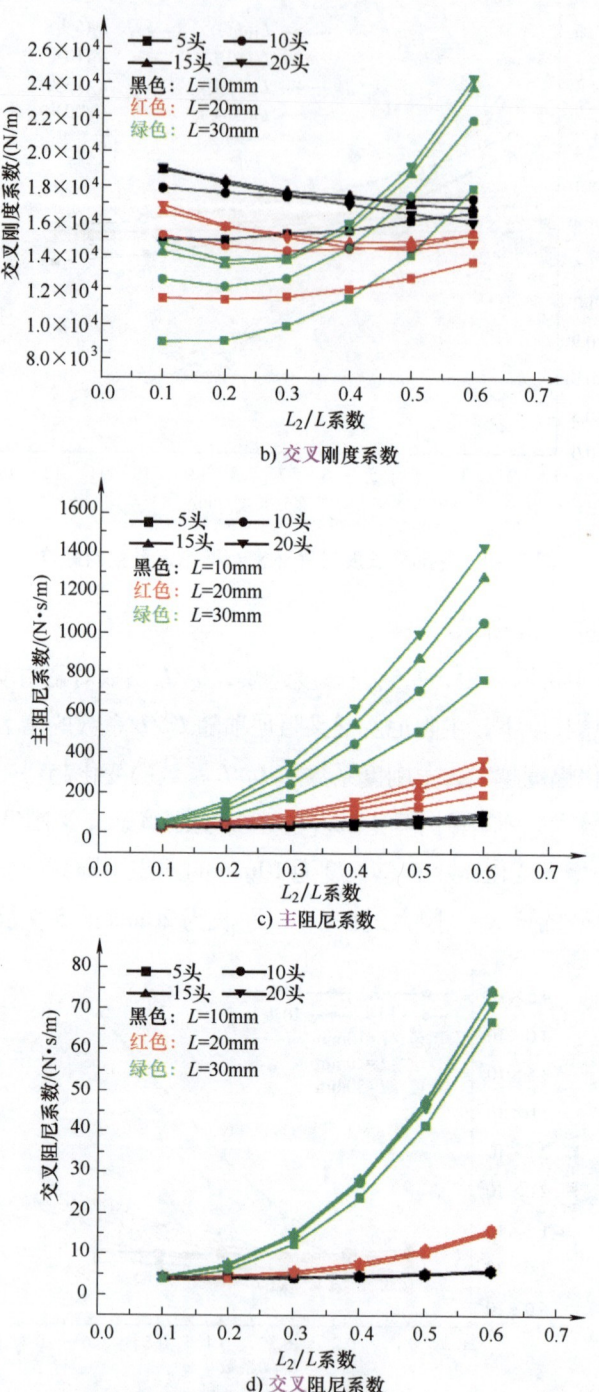

图 2-50 各部分长度对人字形槽静环迷宫密封动特性系数的影响（续）

增大，其余几何结构的密封主刚度系数均有明显上升。值得注意的是，与其他动力学特性系数不同，相等 L_2/L 系数下的密封交叉刚度系数随总长度的增大而减小，且当 L_2/L 系数小于 0.3 时，各组密封的交叉刚度系数趋于稳定，随 L_2/L 系数的变化不大，但随着 L_2/L 系数的增大，30mm 的各组密封交叉刚度系数急剧上升。

图 2-51 给出了不同密封总长度下 L_2/L 系数对人字形槽静环密封不稳定系数的影响。由图中可以看出，在同一结构形式下，密封长度越长，密封稳定性越好，且其随 L_2/L 系数的变化幅度越小，本算例中当 L_2/L 系数大于 0.3 时，总长为 30mm 的密封不稳定性趋于定值。此外，在本算例中，相同 L_2/L 系数下，当密封总长度在 20mm 到 30mm 范围内，由密封长度的变化引起的不稳定系数的下降最大约为 50%，相同密封总长度下，当 L_2/L 系数在 0.1 到 0.5 范围内，由 L_2/L 系数的变化引起的不稳定系数的下降最大约为 85%。因此结合图 2-49 中算例结构形式的变化可以看出，图中所示操作工况下，密封稳定性变化趋势的决定性因素是 L_2/L 系数。

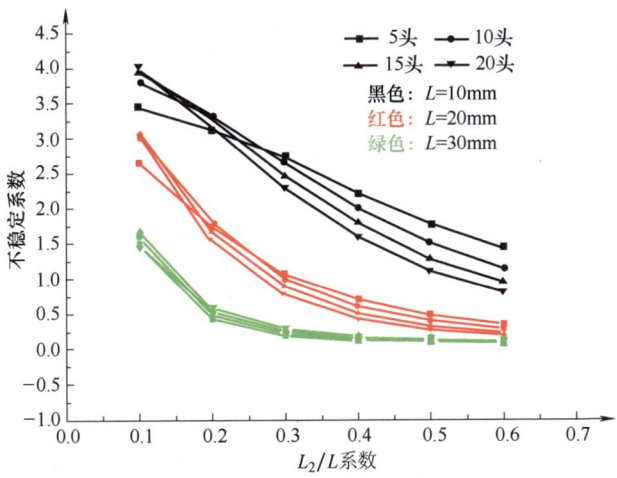

图 2-51 L_2/L 系数对人字形槽静环密封不稳定系数的影响

第3章 非定常流体激励与转子系统运动模型构建

离心泵转动部件可视为一个完整的振动系统,其动力学特性由储能元件(叶轮、轴、轴套等)及耗能元件(轴承油膜阻尼、密封液膜阻尼等)等元素决定。离心泵转子系统在工作状态下,受到水力因素及传动因素造成的多种动载荷的作用,特别是有离心泵内部流动引起的非定常流体激励力对转子系统的动力学特性与动力学行为有重要影响。本章着重阐述不同泵型非定常流体激励力特性及考虑非定常流体激励力的转子系统运动模型的构建与求解方法。

3.1 计算流体力学基本理论

3.1.1 控制方程

流体运动遵循质量守恒、能量守恒以及动量守恒三大定律,而这三大守恒定律对应的控制方程分别是质量守恒、能量守恒以及动量守恒方程,这三大方程组成 Navier-Stokes (N-S) 方程。其中,对于三维黏性不可压缩的非定常流体流动而言,N-S 方程在直角坐标系下的表达式为[209]:

$$\begin{cases} \dfrac{\partial \bar{u}_i}{\partial x_i} = 0 \\ \rho \dfrac{\partial \bar{u}_i}{\partial t} + \rho \bar{u}_j \dfrac{\partial \bar{u}_i}{\partial x_j} = \mu \dfrac{\partial^2 \bar{u}_i}{\partial x_j \partial x_j} + \mu \dfrac{\partial^2 \bar{u}_j}{\partial x_j \partial x_x} - \dfrac{\partial \bar{p}}{\partial x_i} + F_i \end{cases} \quad (3\text{-}1)$$

本文在对离心泵内部不可压缩三维非定常湍流进行数值计算时,采用雷诺时均法(RANS)进行求解,可以用雷诺时均方程描述[210]:

$$\begin{cases} \dfrac{\partial \overline{u}_i}{\partial x_i} = 0 \\ \rho \dfrac{\partial \overline{u}_i}{\partial t} + \rho \overline{u}_j \dfrac{\partial \overline{u}_i}{\partial x_j} = \mu \dfrac{\partial^2 \overline{u}_i}{\partial x_j \partial x_j} + \mu \dfrac{\partial^2 \overline{u}_j}{\partial x_j \partial x_x} - \rho \dfrac{\partial}{\partial x_j}(\overline{u'_i u'_j}) - \dfrac{\partial \overline{p}}{\partial x_i} + F_i \end{cases} \quad (3\text{-}2)$$

式中，ρ 为流体密度，$-\rho \overline{u'_i u'_j}$ 表示时均雷诺应力。

根据 Boussinesq 假设[210]有：

$$-\rho \overline{u'_i u'_j} = \mu_t \left(\dfrac{\partial \overline{u}_i}{\partial x_j} + \dfrac{\partial \overline{u}_j}{\partial x_i} \right) - \dfrac{2}{3}\left(\rho k + \mu_t \dfrac{\partial \overline{u}_i}{\partial x_i} \right) \delta_{ij} \quad (3\text{-}3)$$

式中，μ_t 为湍流黏性系数，它是湍动能 k 和湍流耗散率 ε 的函数。

3.1.2 三维湍流模型

当流体为不可压缩时，标准 $k\text{-}\varepsilon$ 湍流模型的湍动能及耗散率方程为：

$$\dfrac{\partial (\rho k)}{\partial t} = \dfrac{\partial (\rho k u_i)}{\partial x_i} + \dfrac{\partial}{\partial x_j}\left[\left(\mu + \dfrac{\mu_t}{\sigma_k} \right) \dfrac{\partial k}{\partial x_j} \right] + G_k - \rho \varepsilon \quad (3\text{-}4)$$

$$\dfrac{\partial (\rho \varepsilon)}{\partial t} = \dfrac{\partial (\rho \varepsilon u_i)}{\partial x_i} + \dfrac{\partial}{\partial x_j}\left[\left(\mu + \dfrac{\mu_t}{\sigma_\varepsilon} \right) \dfrac{\partial \varepsilon}{\partial x_j} \right] + \dfrac{G_{1\varepsilon} \varepsilon}{k} - C_{2\varepsilon} \rho \dfrac{\varepsilon^2}{k} \quad (3\text{-}5)$$

式中，G_k 是湍动能生成项，可表示为

$$G_k = \mu_t \left(\dfrac{\partial u_i}{\partial x_j} + \dfrac{\partial u_j}{\partial x_i} \right) + \dfrac{\partial u_i}{\partial x_j} \quad (3\text{-}6)$$

一般的，$G_{1\varepsilon} = 1.44$，$C_{2\varepsilon} = 1.92$，$\sigma_k = 1.0$，$\sigma_\varepsilon = 1.3$。

标准 $k\text{-}\omega$ 模型中的湍动能方程，即 k 方程，与前面标准 $k\text{-}\varepsilon$ 湍流模型中的一致，而涡量脉动方程，即 ω 方程，则是通过瞬时涡量方程中得到。$k\text{-}\omega$ 模型的具体方程[211]如下：

$$\rho \dfrac{\partial k}{\partial t} + \rho \dfrac{\partial k}{\partial x_i} = \dfrac{\partial}{\partial x_i}\left[(\mu + \sigma_{k1} \mu_t) \dfrac{\partial k}{\partial x_i} \right] + P - \beta^* \rho k \omega \quad (3\text{-}7)$$

$$\rho \dfrac{\partial \omega}{\partial t} + \rho \dfrac{\partial \omega}{\partial x_i} = \dfrac{\partial}{\partial x_i}\left[(\mu + \sigma_{\omega 1} \mu_t) \dfrac{\partial k}{\partial x_i} \right] + \dfrac{\gamma_1 \omega}{k} P - \beta_1 \rho k \omega^2 \quad P = \mu_t \left(\dfrac{\partial \overline{u}_i}{\partial x_j} + \dfrac{\partial \overline{u}_j}{\partial x_i} \right) \dfrac{\partial \overline{u}_i}{\partial x_j} \quad (3\text{-}8)$$

式中，$P = \mu_t \left(\dfrac{\partial \overline{u}_i}{\partial x_j} + \dfrac{\partial \overline{u}_j}{\partial x_i} \right) \dfrac{\partial \overline{u}_i}{\partial x_j}$，$\sigma_{k1} = 0.5$，$\sigma_{\omega 1} = 0.5$，$\beta^* = 0.09$，$\beta_1 = 0.075$，$K = 0.41$，$\gamma_1 = \beta_1 / \beta^* - \sigma_{\omega 1} K^2 / \sqrt{\beta^*}$ 为经验系数，$\mu_t = \rho k / \omega$。

标准 $k\text{-}\omega$ 模型在近壁区流场的模拟中能够获得较好的结果，同时 $k\text{-}\varepsilon$ 模型在边界层外部和自由来流的模拟中也有较好的结果，因此，Mentor 将这两种湍流模式结合起来，形成了一种兼备两种湍流模型优点的 Baseline（BSL）模

型[212]。BSL 模型用变量 ω 表示 k-ε 模型中的变量 ε，并引入阈值参数，从而使两组方程用同一组方程表示。BSL 模型的方程组为：

$$\rho\frac{\partial \omega}{\partial t}+\rho\frac{\partial \omega}{\partial x_i}=\frac{\partial}{\partial x_i}\Big[(\mu+\sigma_\omega\mu_t)\frac{\partial k}{\partial x_i}\Big]+\frac{\gamma\omega}{k}P-\beta\rho\omega^2+2(1-F_1)\rho\sigma\frac{1}{\omega}\frac{\partial k}{\partial x_i}\frac{\partial \omega}{\partial x_i} \quad (3\text{-}9)$$

$$\rho\frac{\partial k}{\partial t}+\rho\frac{\partial k}{\partial x_i}=P-\beta^*\rho k\omega+\frac{\partial}{\partial x_i}\Big[(\mu+\sigma\mu_t)\frac{\partial k}{\partial x_i}\Big] \quad (3\text{-}10)$$

其中，各系数 $\boldsymbol{\phi}_0=(\beta^*\beta\sigma_k\sigma_\omega\gamma)^\mathrm{T}$ 满足：

$$\boldsymbol{\phi}_0=F_1\boldsymbol{\phi}_1+(1-F_1)\boldsymbol{\phi}_2 \quad (3\text{-}11)$$

Shear-Stress Transportation（SST）k-ω 湍流模型是一种混合模型，是 Mentor 在 BSL 模型基础上，将雷诺应力的传递也体现在湍流运动黏度系数 ν_t[212]。改进后得到的边界层内湍流切应力与湍动能成正比，即：

$$\tau=\mu_t\Omega=\rho a_1 k \quad (3\text{-}12)$$

式中，$a_1=0.31$，$\Omega=\sqrt{2W_{ij}W_{ij}}$ 为涡量的绝对值，而 $W_{ij}=\frac{1}{2}\Big(\frac{\partial u_i}{\partial u_j}-\frac{\partial u_j}{\partial u_i}\Big)$。边界层内运动黏度系数的表达式为：

$$\nu_t=\frac{\mu_t}{\rho}=\frac{a_1 k}{\Omega} \quad (3\text{-}13)$$

对于边界层以外，$\mu_t=\rho k/\omega$，则有 $\nu_t=\frac{k}{\omega}$。通过 BSL 中引入阈值函数 F_2 的方法，将基于 $\mu_t=\rho k/\omega=\rho\nu_t$ 代入式（3-10）和式（3-11）得到边界层与非边界层通用方程。引入阈值函数 F_2 后，运动黏度表达式为：

$$\nu_t=\frac{a_1 k}{\max(a_1\omega,\Omega F_2)} \quad (3\text{-}14)$$

式中，F_2 在边界层中等于 1，在自由剪切层流动中为 0。

SST k-ω 湍流模型利用调配函数 F_2 在近壁区的 k-ω 模型和远场区域的 k-ε 模型之间进行转换，且具有 k-ω 模型计算近壁区黏性流动的准确性和 k-ε 模型计算远场自由流动的准确性。由于模型考虑了湍流切应力的传递，即使在流动分离的计算也能够得到较为准确的结果。而在离心泵运行时，尤其是偏工况运行时其内部流场存在明显的流动分离现象，因此，本文在对离心泵进行非定常湍流计算时，采用 SST k-ω 湍流模型对雷诺时均方程进行封闭。

3.1.3　壁面函数

本文采用的壁面函数法是 Launder 和 Spalding[213] 提出方法的推广。为了用公式描述各层流动，引入两个无量纲参数 u^+ 和 y^+，分别表示速度与距离[213]：

$$u^+ = \frac{\bar{u}}{u_\tau} \tag{3-15}$$

$$y^+ = \frac{\Delta y \rho u_\tau}{\mu} = \frac{\Delta y}{\nu}\sqrt{\frac{\tau_w}{\rho}} \tag{3-16}$$

其中，$\bar{u}$ 表示为流体时均速度；u_τ 是壁面摩擦速度，$u_\tau = (\tau_w/\rho)^{1/2}$；$\tau_w$ 是壁面切应力；Δy 是到壁面的垂直距离。当 $y^+ < 5$ 时，所对应的区域是黏性底层，此时速度沿壁面法线方向呈线性分布，即：$u^+ = y^+$；当 $60 < y^+ < 300$ 时，流动处于对数率层，此时流体的速度沿壁面法线方向呈现出对数率分布规律，即：$u^+ = \frac{1}{K}\ln y^+ + B = \frac{1}{K}\ln(Ey^+)$，式中，对于光滑壁面而言，$K = 0.4$，$B = 5.5$，$E = 9.8$[213]。

3.1.4 离散方法

求解流体动力学方程的离散方法主要有有限体积法、有限差分法、有限元法等等，而有限体积法是目前应用最广泛的。有限体积法基于高斯积分和有限差分法，将计算域通过网格划分为若干个控制体，每个控制体认为都满足给定的微分方程，将给定的微分方程在控制体内进行体积分，然后根据高斯定理将体积分变为面积分，并进行差分形成方程组，根据相邻两个控制体交界面满足具有相同物理量的条件将各控制体连接起来，并代入边界条件运用数值迭代求解整个流场。由连续性方程、雷诺方程、k 方程和 ε 方程所构成的方程组的通用形式为[213]：

$$\rho \frac{\partial \phi}{\partial t} + \rho \frac{\partial (u_i \phi)}{\partial x_i} = \frac{\partial}{\partial x_i}\left(\Gamma \frac{\partial \phi}{\partial x_i}\right) + S_\phi \tag{3-17}$$

式中各项分别为时间项、对流项、扩散项和源项。

通过方程（3-17）对流域控制体进行积分可得：

$$\rho \frac{\partial}{\partial t}\int_V \phi \mathrm{d}V + \rho \int_V \frac{\partial (u_i \phi)}{\partial x_i}\mathrm{d}V = \int_V \frac{\partial}{\partial x_i}\left(\Gamma \frac{\partial \phi}{\partial x_i}\right) + \int_V S_\phi \mathrm{d}V \tag{3-18}$$

根据高斯公式将体积分转换为面积分可得[213]：

$$\rho \frac{\partial}{\partial t}\int_V \phi \mathrm{d}V + \rho \int_A u_i n_i \phi \mathrm{d}A - \int_A \Gamma \frac{\partial \phi}{\partial x_i} n_i \mathrm{d}A = \int_V S_\phi \mathrm{d}V \tag{3-19}$$

对式（3-19）中的时间项进行离散可得：$\rho \frac{\partial}{\partial t}\int_V \phi \mathrm{d}V = \frac{\rho(\phi V)^{n+1} - \rho(\phi V)^n}{\delta t}$。扩

散项的离散形式为：$\int_A \Gamma \frac{\partial \phi}{\partial x_i} n_i dA = \sum \Gamma (\nabla \phi)_n A$，其中$(\nabla \phi)_n$是控制体边界上的法向梯度，源项一般表示为准线性形式：$\int_V S_\phi dV = S_c - S_p \phi_p$[213]。

对于非定常流动计算，控制方程在时间域、空间域均需要进行离散化处理，随时间变化的非定常流动方程在空间上的离散方式与定常流动计算的离散方式一样，时间离散则使得微分方程中每一项按照时间步长Δt进行积分。对式（3-19）的空间离散格式主要有迎风差分格式、中心差分格式、混合格式、幂指数格式与Quick格式等。对非定常流动控制方程的时间离散主要采用欧拉向后差分（Backward Euler），时间的离散包括了微分方程中每一项在时间步长Δt上的积分。式（3-19）空间离散后的方程为[213]：

$$\frac{\partial \phi}{\partial t} = F(\phi) \tag{3-20}$$

对式（3-20）进行向后差分可得[213]：

$$\phi^{n+1} = F(\phi^{n+1})\Delta t - \phi^n \tag{3-21}$$

3.2 离心泵非定常流体激励力特性

离心泵内部非定常流体激励力以主流场激励力和间隙流场激励力为主。如图3-1所示，F_{rim}为叶轮所受流体激励力、F_{rin}为诱导轮所受流体激励力、F_{as}为叶轮口环流体激励力、F_{cp}为前盖板流体激励力、F_{bp}为后盖板流体激励力，离心泵机组内由流体非定常激励力主要由以上因素共同构成，见式（3-22）。

$$\boldsymbol{F}_f = \boldsymbol{F}_{as} + \boldsymbol{F}_{cp} + \boldsymbol{F}_{bp} + \boldsymbol{F}_{rin} + \boldsymbol{F}_{rim} \tag{3-22}$$

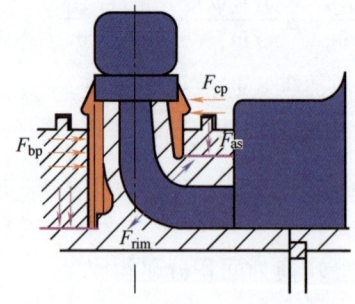

图3-1 离心泵流体激励力示意图

作用在离心泵叶轮与诱导轮上导致转子系统发生振动的流体激励力F_{rim}与F_{rin}可通过全流场数值计算中Custom Field Function Calculator输入公式来定义并

进行吸力面、压力面及盖板上的非定常压力的面积分提取，如下：

$$F_{\text{rin}} = F_{p\text{-side}} + F_{p\text{-side}} + F_{\text{plate}}$$

$$= \sum_{i=1}^{n} \int_0^{2\pi} \int_0^R p_{p\text{-side}}^{(i)}(r,\theta) \mathrm{d}r\mathrm{d}\theta + \sum_{i=1}^{n} \int_0^{2\pi} \int_0^R p_{s\text{-side}}^{(i)}(r,\theta) \mathrm{d}r\mathrm{d}\theta \quad (3\text{-}23)$$

$$+ \int_0^{2\pi} \int_0^R p_{\text{plate}}(r,\theta) \mathrm{d}r\mathrm{d}\theta$$

$$F_{\text{rim}} = F'_{p\text{-side}} + F'_{p\text{-side}}$$

$$= \sum_{i=1}^{n} \int_0^{2\pi} \int_0^R p'^{(i)}_{p\text{-side}}(r,\theta) \mathrm{d}r\mathrm{d}\theta + \sum_{i=1}^{n} \int_0^{2\pi} \int_0^R p'^{(i)}_{s\text{-side}}(r,\theta) \mathrm{d}r\mathrm{d}\theta \quad (3\text{-}24)$$

间隙流体激励力 F_{as}、F_{cp} 与 F_{bp} 及主刚度系数 K、交叉刚度系数 k、主阻尼系数 C、交叉阻尼系数 c 等动力学特性基于 Bulk-flow 模型求解，主要包括周向、轴向动量方程与连续性方程组成的流体微元控制方程的建立、基于全流场数值计算结果的边界收敛方程的构建以及微元控制方程组的求解。构建边界收敛方程，建立径向间隙进出口压力与速度边界，以及两者与工况参数之间的函数 $f_{1P}(n, Q, v_0)$ 与 $f_{2v}(n, Q, v_0)$，轴向间隙进出口压力与速度边界以及两者与工况参数之间的函数 $f_{3P}(n, Q, P_{\text{okh}}, V_{\text{okh}})$ 与 $f_{4v}(n, Q, P_{\text{okh}}, V_{\text{okh}})$。在进出口收敛方程中，利用 $f_{1P}(n, Q, v_0)$ 与 $f_{3P}(n, Q, P_{\text{okh}}, V_{\text{okh}})$ 对压力项进行修正，利用 $f_{2v}(n, Q, v_0)$ 与 $f_{4v}(n, Q, P_{\text{okh}}, V_{\text{okh}})$ 对速度项进行修正，最后，基于间隙入口压力损失和出口压力恢复效应构建新的间隙边界收敛方程如下：

径向间隙进口压力边界条件：

$$f_{1P}(n,Q,v_0)p_i - p(0,\theta,t) = \frac{\rho}{2}(f_{u_z}(n,Q,f_{2v}))^2_{(0,\theta,t)}(1+\xi_i) \quad (3\text{-}25)$$

径向间隙出口压力边界条件：

$$p_e f_{1P}(n,Q,v_0) - p(1,\theta,t) = \frac{\rho(1-\xi_e)}{2}(f_{u_z}(n,Q,f_{2v}))^2_{(1,\theta,t)} \quad (3\text{-}26)$$

轴向间隙进口压力边界条件：

$$f_{3P}(n,Q,p_{\text{okh}},v_{\text{okh}})p_i - p(z,\theta,0) = \frac{\rho}{2}(f_{u_r}(n,Q,f_{4v}))^2_{(z,\theta,0)}(1+\xi_i) \quad (3\text{-}27)$$

轴向间隙出口压力边界条件：

$$p_e f_{3P}(n,Q,P_{\text{okh}},V_{\text{okh}}) - p(1,\theta,t) = \frac{\rho(1-\xi_e)}{2}(f_{u_r}(n,Q,f_{4v}))^2_{(1,\theta,t)} \quad (3\text{-}28)$$

基于全流场数值计算的各类环形密封间隙内非定常流体激励力及其等效动力学特性参数的求解可参考本书第 2 章内容。

3.2.1 悬臂式样泵 1 非定常流体激励力特性

某 7.5kW 的单级流程离心泵机组，设计扬程 80m，转速 2950r/min，叶轮进口及出口直径分别为 40mm、130mm，8 叶片叶轮后盖板均布 8 个平衡孔，采用 CFX 实现该泵的全流场数值计算，并在后期计算中结合 ANSYS APDL 语言实现该泵全流场与转子系统的双向耦合振动性能预测。

3.2.1.1 模型泵内流场压力脉动特性分析

对模型泵内的非定常压力脉动特性进行分析，监测点设置如图 3-2 所示。计算收敛后，叶轮每转过 3°记录一次监测点压力值，任意两个旋转周期的压力脉动情况如图 3-3 ~ 图 3-7 所示。如图 3-2 所示，不同监测点的压力脉动幅值及相位都是各不相同，P_2 点靠近隔舌处且最靠近出口，叶片与隔舌的动静干涉的影响比较大，压力脉动幅值最大；远离隔舌的部位的监测点 P_3、P_4 与 P_5 处压力脉动幅值较小。P_1、P_2 点压力脉动幅值随流量工况变化波动较大，P_3、P_4 与 P_5 点处压力脉动幅值随着流量工况变化波较小，压力脉动特性在额定流量处最优，小流量工况下模型泵内部的涡流，分离流等流动现象加强，影响了压力脉动特性，因此，$0.2Q_d$ 和 $0.4Q_d$ 工况下的压力脉动稳定性较差。

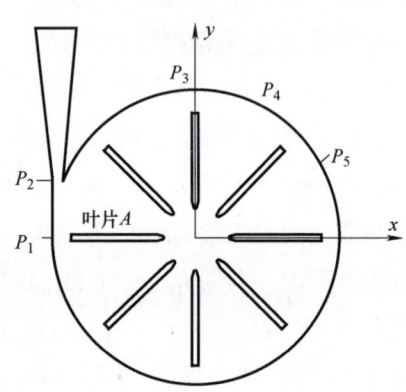

图 3-2　监测点示意图

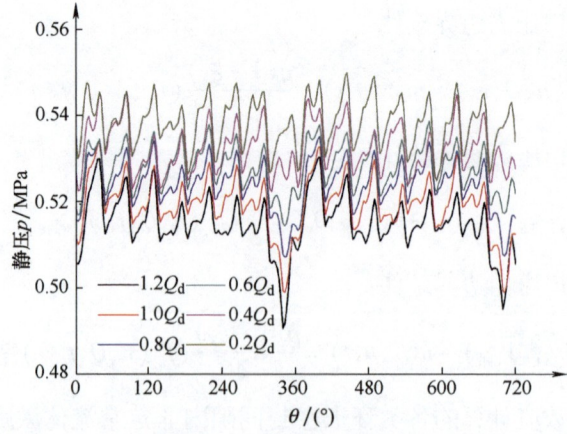

图 3-3　P_1 点的压力脉动

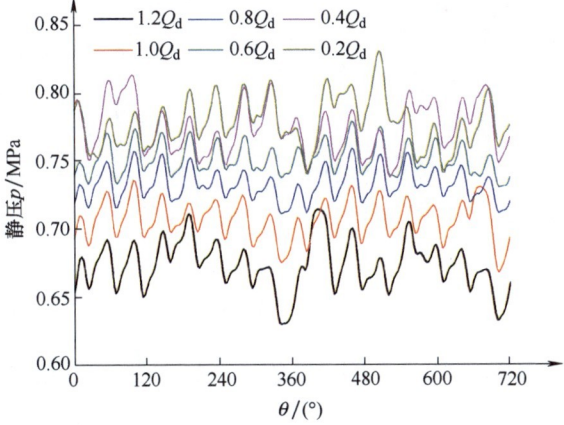

图 3-4 P_2 点的压力脉动

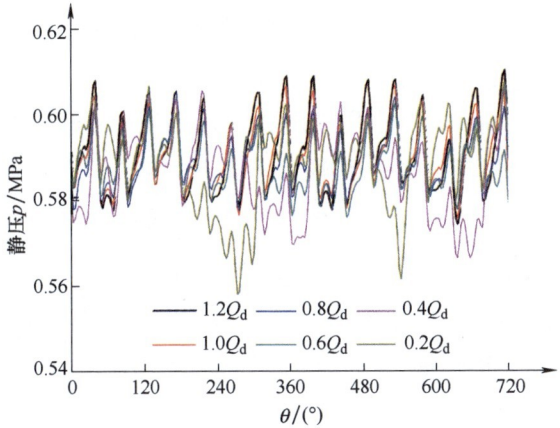

图 3-5 P_3 点的压力脉动

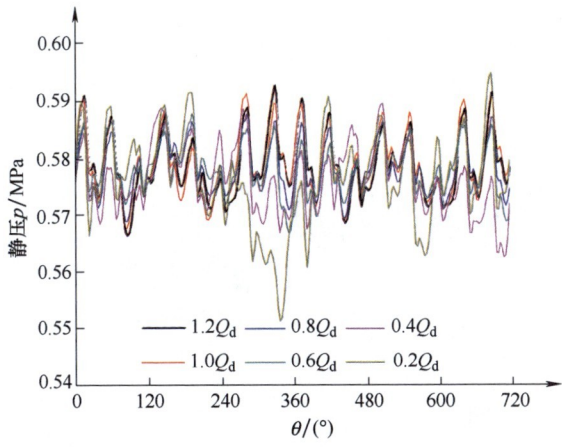

图 3-6 P_4 点压力脉动

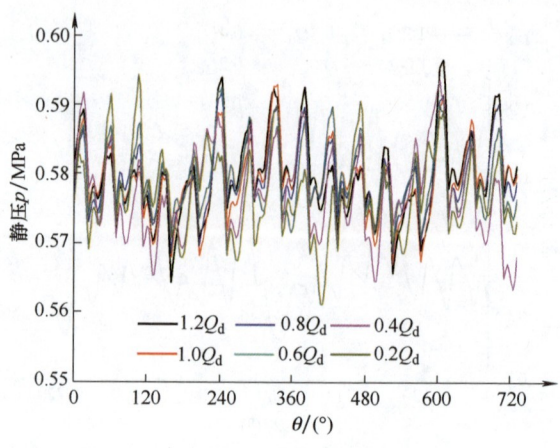

图 3-7 P_5 点压力脉动

参考数值计算中监测点的位置，于模型泵对应位置设置压力脉动监测点，对比双向流固耦合、非流固耦合与实验的时域结果与频域分布结果，如图 3-8 ~ 图 3-12 所示。由压力脉动时域图可知，双向流固耦合与非流固耦合计算得到的数值模拟结果重合度较高，实验所得压力脉动数值略大于模拟结果，P_4 点的计算误差较大，但总体计算误差小于 6.5%。由频域分布图可知，脉动频率主要为转频及其高次谐波。P_1 点的压力脉动主频为转频，在转频倍频和叶片通过频率处其峰值也较大；P_2 和 P_3 点处实验值与模拟值都是叶片通过频率占主导作用，模拟结果中叶片通过频率处的幅值是转频处的两倍，实验结果中转频处 P_2 点的峰值远小于主峰值，P_3 点的峰值略小于主峰值；P_4 点与 P_5 点压力脉动模拟结果主频为叶片通过频率，实验结果转频为主导频率，但二者在主导频率幅值上差别较小。

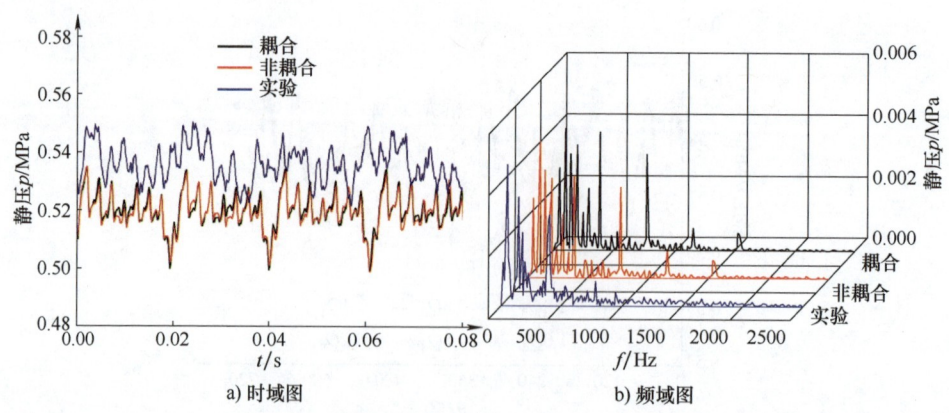

图 3-8 P_1 点压力脉动

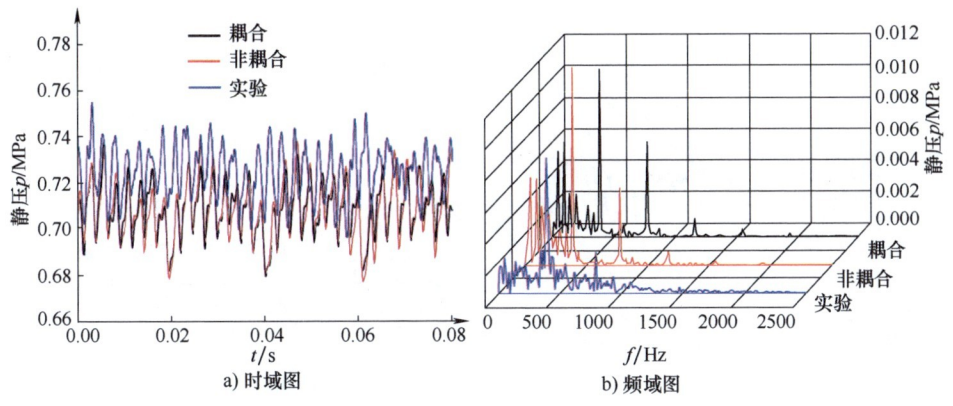

图 3-9 P_2 点压力脉动

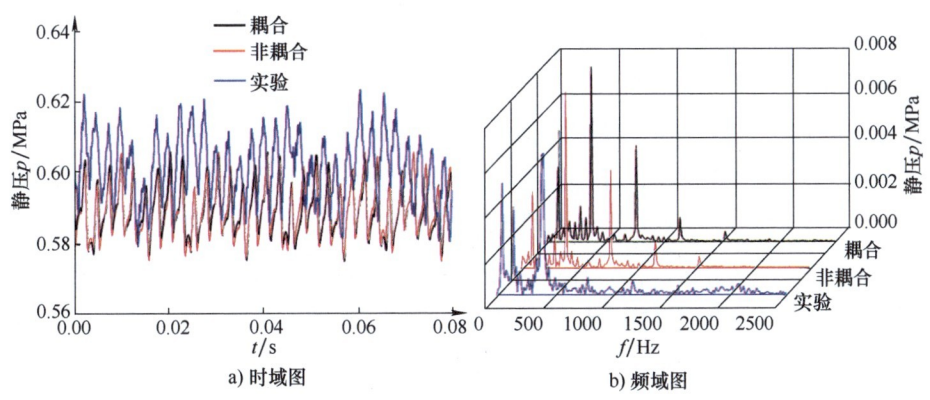

图 3-10 P_3 点压力脉动

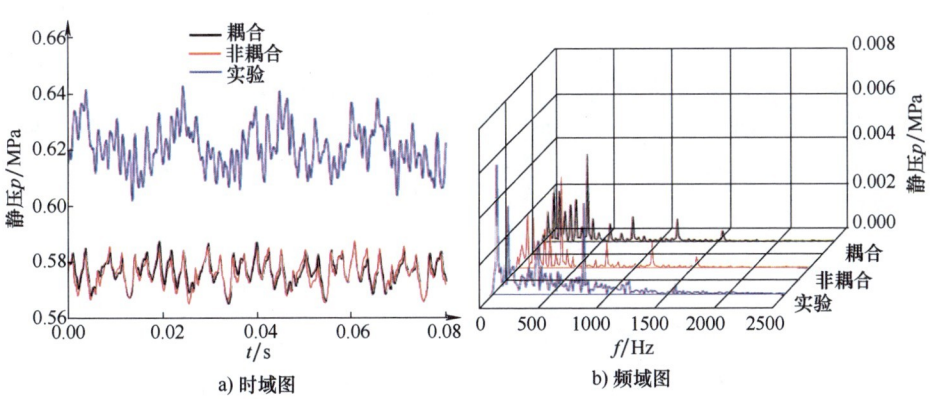

图 3-11 P_4 点压力脉动

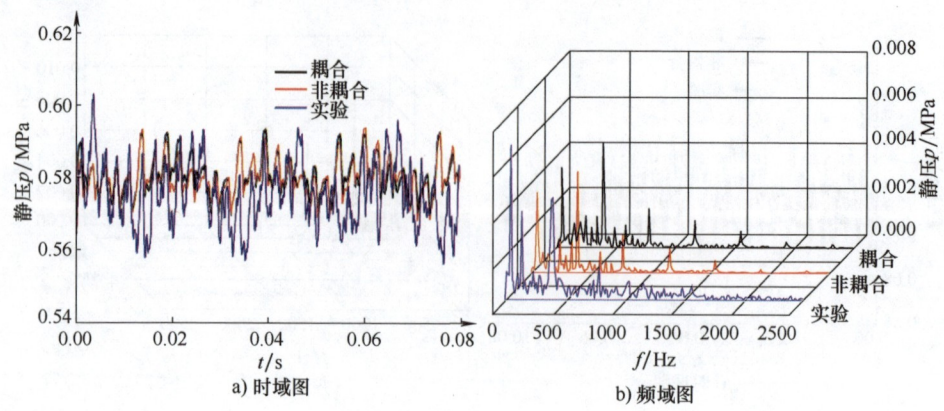

图 3-12 P_5 点压力脉动

3.2.1.2 叶轮上的径向力分析

根据前述第 2 章提取作用于叶轮上的 X、Y 方向的激励力分量,并通过改变离心泵的流量,获得不同流量工况下的叶轮受到的径向力。图 3-13 为不同流量工况下两个连续旋转周期内作用于叶轮上的 X 方向和 Y 方向的径向力。由图可知,X、Y 方向的径向力为两个不同频率的简谐激励力的合成,组成激励力的主导频率不随流量工况而变化,但激励力幅值随着流量的增加而增加,在 $1.2Q_d$ 工况下 X、Y 方向上的径向力幅值最大。如图 3-14 所示,将叶轮上的径向力通过快速傅里叶变换(FFT)得到 X、Y 方向的径向力频域分布图,X 和 Y 方向径向力主频约为转频 48.3Hz,二主频为叶片通过频率 386.67Hz。

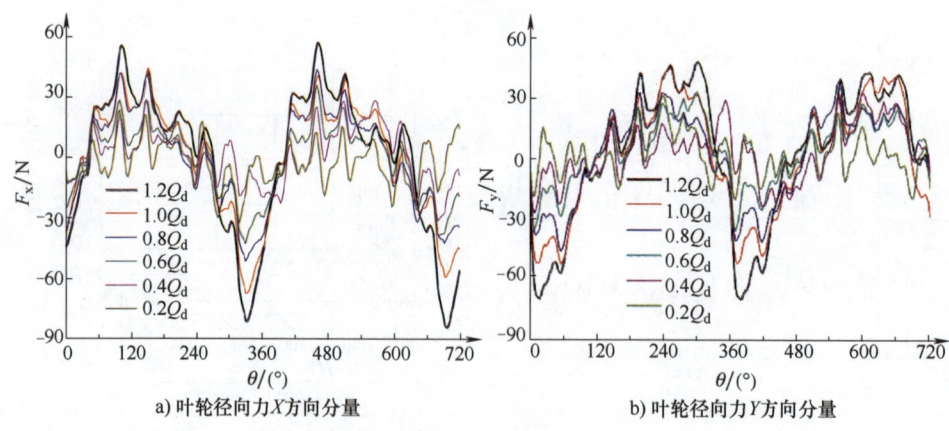

图 3-13 不同工况下叶轮上径向力

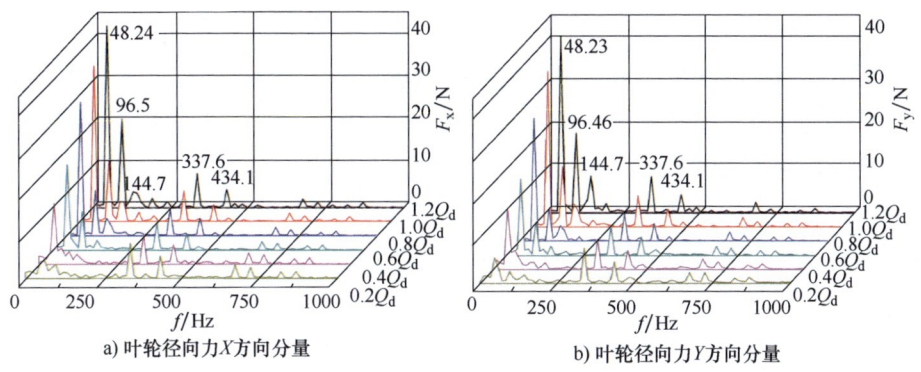

图 3-14 叶轮径向力频域图

分别提取作用于叶片及后盖板位置的流体激励力，如图 3-15 所示。由图可知，X、Y 方向叶轮流体激励力主要由叶片部分贡献，单叶片的径向力周期性变化规律与叶轮整体激励力周期变化规律保持一致。随着流量的增加 X、Y 方向上的径向力幅值增大，在 $0.2Q_d$ 工况下径向力变化幅值最小，在 $1.2Q_d$ 工况下径向力变化幅值最大。

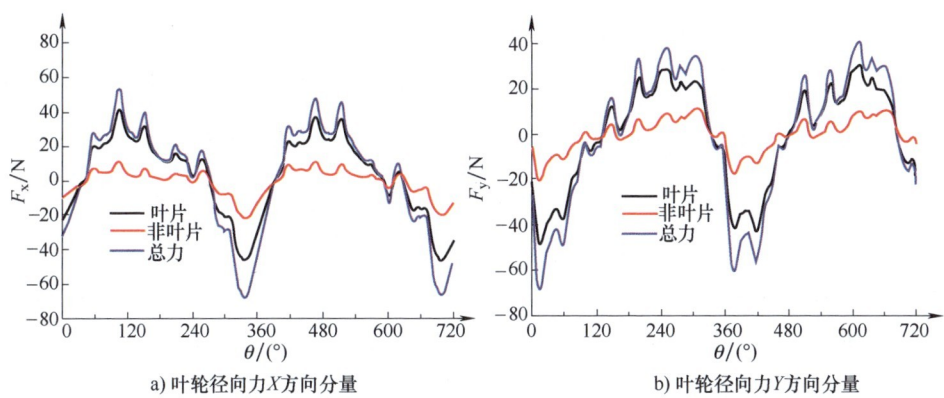

图 3-15 额定工况下叶轮上径向力组成

叶片 A 在 X、Y 方向上的激励力特性如图 3-16 所示，单周期内叶片 A 在初始位置时与 X 轴平行，X 方向叶片径向力为零，Y 方向叶片径向力接近峰值；当叶片转过大约 30°时经过隔舌，受叶片与隔舌的动静干涉作用的影响，叶片上受到的径向力出现一个跳跃的变化，在小流量下变化较为剧烈，大流量下则相对稳定；在叶片转过约 90°时，叶片与 Y 轴平行，此时 Y 方向的径向力接近于零，而 X 方向的径向力处于峰值；当叶片继续转动 X 方向径向力逐渐减小，Y 方向径向力逐渐增大，转过 180°时叶片与 X 轴平行，X 方向的径向力接近零，Y 方向径向力达到峰值；当转过 270°时 X 方向径向力达到峰值，Y 方向径向力接近零;当叶片转回到初始位置时,X方向径向力接近零,Y方向径向力则会急剧增大。由泵的外特性实验结果可知,该泵在不同流量下扬程变化较小,但额定流量下离心泵效率最佳,单位液体获得的能量相同,按照作用力与反作用力的规律,额定流量下的液体作用在叶片上的激励力幅值更大。远离额定流量的小流量工况下,更容易产生二次流、轴向涡流等不稳定流动现象,影响了叶片周围的压力分布,使得叶片上的径向力变化更加明显。

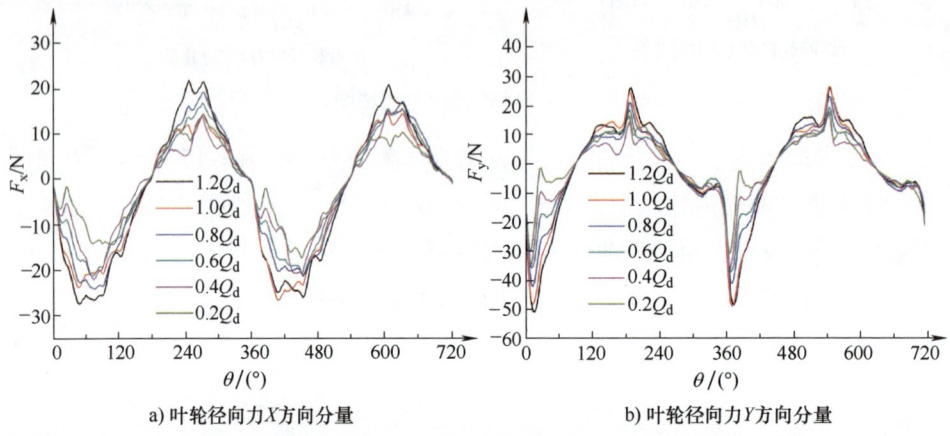

a) 叶轮径向力 X 方向分量   b) 叶轮径向力 Y 方向分量

图 3-16　额定工况下作用于叶片 A 的激励力特性

作用于叶片 A 上的径向激励力矢量如图 3-17 所示,矩形位置为初始位置。由图可知,不同流量下径向力的变化规律相似,但径向力的幅值与初相位随流量不同略有变化,同一流量工况下径向力最大幅值出现于隔舌所在的第三象限,隔舌附近整体偏大,偏离额定流量的 $0.2Q_d$ 流量下流体激励力变化剧烈,额定流量 $1.0Q_d$ 及大流量 $1.2Q_d$ 工况下激励力平缓过渡。

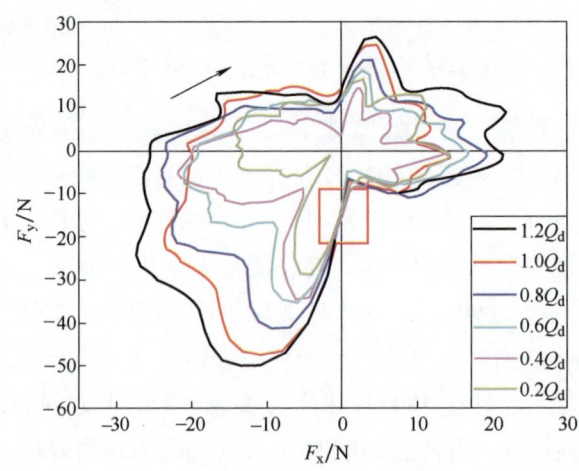

图 3-17　叶片 A 径向力矢量图

3.2.2　悬臂式样泵 2 非定常流体激励力特性

某功率为 20kW 的单级离心泵机组（如图 3-18），额定流量 10m³/h，设计扬程 39m，叶轮进、出口直径分别为 50mm、160mm，分别针对叶型一致的 6 叶片闭式叶轮、半开式叶轮及闭式叶轮模型泵，采用 Fluent 开展该模型泵的全流场数值计算，湍流模型采用 SST（Shear Stress Transport）k-ω，单位时间步长为 5.56×10^{-5} s，速度和压力的耦合采用 SIMPLEC 算法实现，迭代计算中所有变量均采用默认的亚松弛因子。

图 3-18　离心泵测试系统实物图

3.2.2.1　不同结构形式叶轮转子系统径向力特性

对比分析额定流量工况下三种叶轮结构模型泵动力学特性。图 3-19 为旋转

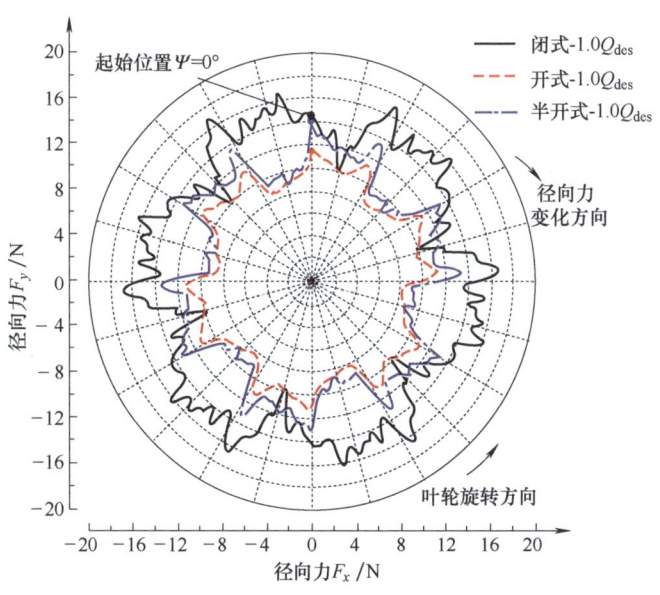

图 3-19　额定流量下不同叶轮设计工况点叶轮所受径向力矢量分布

坐标系下额定流量工况时三种不同叶轮在一个旋转周期内叶轮所受径向力矢量分布图，图 3-20 为额定流量下不同叶轮设计工况点叶轮所受径向力大小随时间变化。在图 3-19 中，$\Psi=0°$ 为初始位置时叶轮径向力位置。由图 3-19、图 3-20 可知，三种叶轮中，闭式叶轮所受径向力最大，其次是半开式叶轮，而开式叶轮所受径向力最小；三种叶轮径向力在整体上均呈现一个圆周区域；随着叶轮的转动，径向力的变化方向则与旋转方向相反。造成闭式叶轮径向力整体上大于其他两种叶轮的主要原因是，闭式叶轮离心泵内的周向压力明显高于其他两种叶轮。

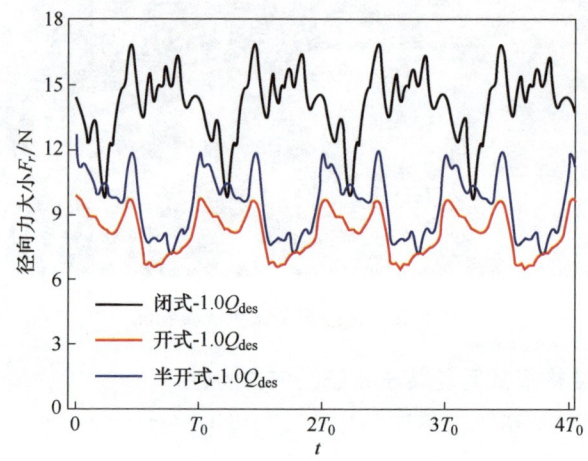

图 3-20　额定流量下不同叶轮设计工况点叶轮所受
径向力大小随时间变化

3.2.2.2　闭式叶轮模型泵在不同工况下的径向力特性

对比分析不同流量工况下闭式叶轮模型泵动力学特性。图 3-21 为旋转坐标系下，闭式叶轮离心泵叶轮及蜗壳在不同流量工况下所受径向力分布图。图 3-22 为不同流量工况下，叶轮及蜗壳所受径向力在一个叶轮周期内的矢量变化图。由图 3-21a 和图 3-22a 可知，小流量 0.2 倍额定流量工况下，叶轮所受径向力最大，并且有较大的波动，最大径向力达到了 80N 左右，并且径向力集中在第二象限；随着流量的增加，叶轮径向力急速减小，在 0.6 倍额定流量时径向力大小下降到 50N 左右，并且径向力波动程度也有所降低，此时径向力同样集中在第二象限；随后在额定流量 1.0 倍额定流量时，径向力达到最小，径向力大小只有 20N 左右，而此时径向力波动最小，并且几乎集中在叶轮中心位置；随着流量进一步增加,在 1.4 倍额定流量时叶轮径向力变大,最大径向力达到了 35N 左右,径向力的波动也急剧上升,此时径向力主要集中在第四象限。小流量 0.2 倍额定流量时叶轮径向力波动大说明了在小流量时叶轮流道内流动极不稳定,造成径向力波动大的原因是在叶轮流道内靠近蜗壳隔舌区附近的局部高压区与局部低压区之间作用产生的涡流等不稳流动结构,以及受到隔舌附近低压区影响而在叶轮出口形成的回流,该回流重新流入叶轮内进一步加剧流道内产生不稳定流动。

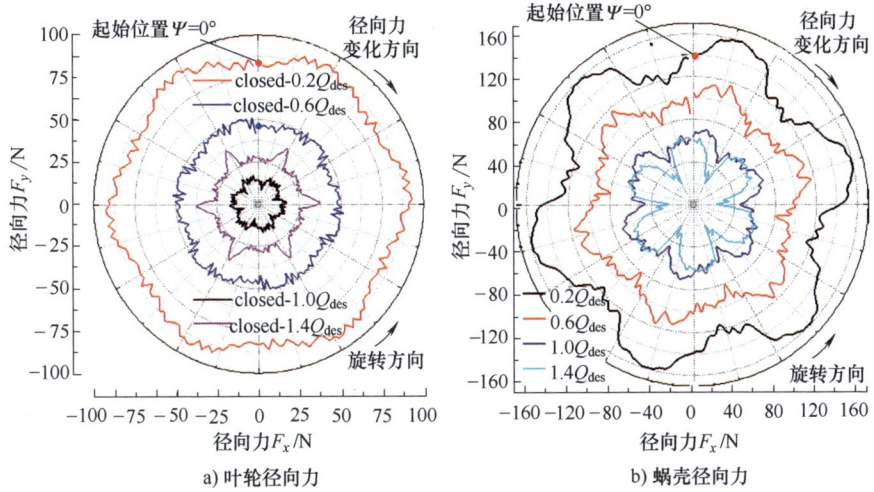

图 3-21 旋转坐标系下不同流量工况下闭式叶轮及蜗壳所受径向力分布

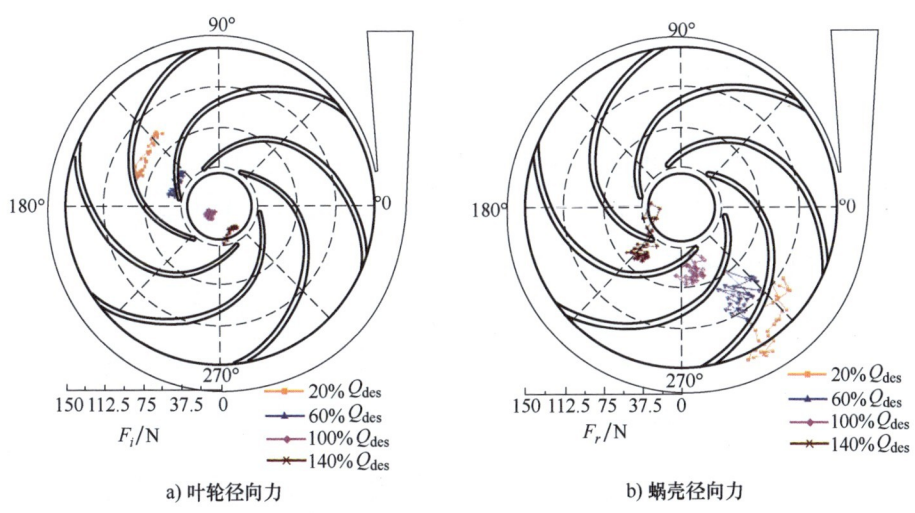

图 3-22 不同流量工况下一个叶轮周期内叶轮及蜗壳所受径向力矢量图

由图 3-21b 与图 3-22b 可知，小流量 0.2 倍额定流量工况时，模型泵蜗壳所受径向力最大，并且波动剧烈，最大径向力达到了 150N 左右，径向力集中在第四象限。随着流量的增加，叶轮径向力迅速下降，在 0.6 倍额定流量时径向力大小下降为 100N 左右，并且径向力波动程度也有所降低，此时径向力同样集中在第四象限。随后在额定流量 1.0 倍额定流量时，径向力达到最小，径向力只有 60N 左右，而此时径向力波动最小，并且几乎集中在第四象限内靠近叶轮中心位置处。随着流量进一步增加，在 1.4 倍额定流量时蜗壳径向力大小相比于额定流量点相比略有减小，最大径向力为 55N 左右，但是此时径向力的波动极为剧烈，并且径向力集中在第三象限。大流量 1.4 倍额定流量时蜗壳径向力波动大说明了在大流量时蜗壳内流动变得更为不稳定，该现象的主要原因是在蜗壳隔舌区存在的低压区以及蜗壳出口处存在的大面积回流。

3.2.3 悬臂式高速样泵 3 非定常流体激励力特性

某功率为 280kW 的悬臂式单级高速流程离心泵机组（图 3-23），额定流量 $132m^3/h$，设计扬程 400m，额定转速 9680r/min，叶轮为闭式叶轮，具有 6 个长叶片、6 个短叶片，进、出口直径分别为 98mm、172mm。3 叶片诱导轮导程 52.5mm，叶尖直径 100mm，叶片轴向长度 70mm，前缘包角 120°。该泵全流场结构如图 3-24 所示，全流场数值计算采用 LES 湍流模型，亚格子模型选用局部涡黏度的壁面自适应模型（Wall-Adapting Local Eddy-Viscosity Model，WALE），WALE 模型下的亚格子涡黏度在纯剪切流动区域自动取零，基于压力求解器，模拟计算流场的参考压力设为 101325Pa。求解控制时间步长设置为 5.16262×10^{-5}s，每步最大迭代 200 次，最大时间步长为 5000 步，收敛精度为 5×10^{-4}。梯度项选择基于最小二乘法（Least Squares Cell Based），压力项选择二阶精度（Second Order），动量项选择有界中心差分格式（Bounded Central Differencing），欠松弛因子皆设为 0.1，求解方法使用一阶隐式，压力速度耦合计算选用 SIMPLE 算法。在各个导叶流道内选取 5 个监测点进行分析，每条流道从导叶进口到出口分别为监测点 1、监测点 2、监测点 3、监测点 4 和监测点 5，其监测点选取位置如图 3-25 所示。

图 3-26 与图 3-27 分别给出了不同流量工况下作用在叶轮上的流体激励力时域特性与频域分布。由图中可知，额定流量工况与大流量工况下流体激励力

图 3-23　模型泵现场

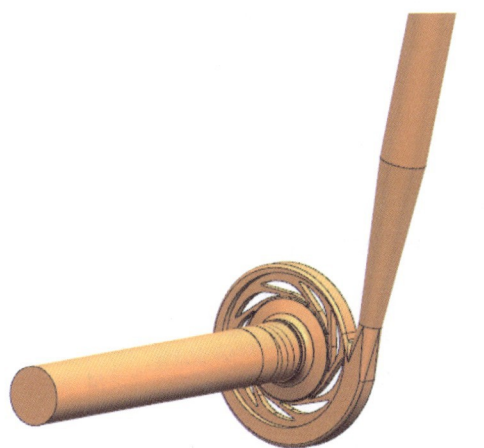

图 3-24　模型泵全流场水力结构

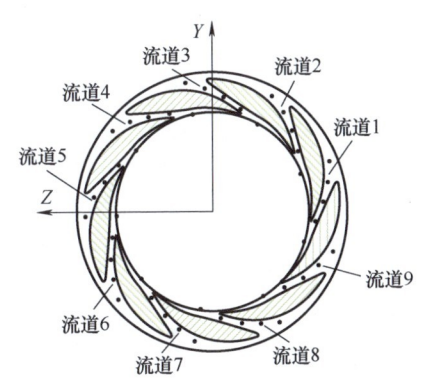

图 3-25　模型泵导叶流道内监测点

y 方向与 z 方向分量周期性明显，且在两垂直方向的分布更加均匀，两分量的频谱分布级各频段幅值一致性更高。小流量工况下，3 叶片诱导轮对作用于叶轮上的流体激励力影响较小，随着流量的增大，诱导轮的影响增大，对应 3 倍转频分量在激励力中逐渐占主导地位。

图 3-28 与图 3-29 分别给出了不同预旋工况下作用在叶轮上的流体激励力时域特性与频域分布。由图中可知，流体激励力转频分量的幅值随正向预旋增强而减小，反向预旋较强时流体激励力转频分量幅值较大。随着预旋强度的增大，3 叶片诱导轮对作用于叶轮上的流体激励力影响逐渐增大，对应 3 倍转频分量在激励力中逐渐占主导地位，特别是正向 0.5 倍预旋工况下，流体激励力主导频率由小预旋工况下的转频转变为 3 倍转频分量。

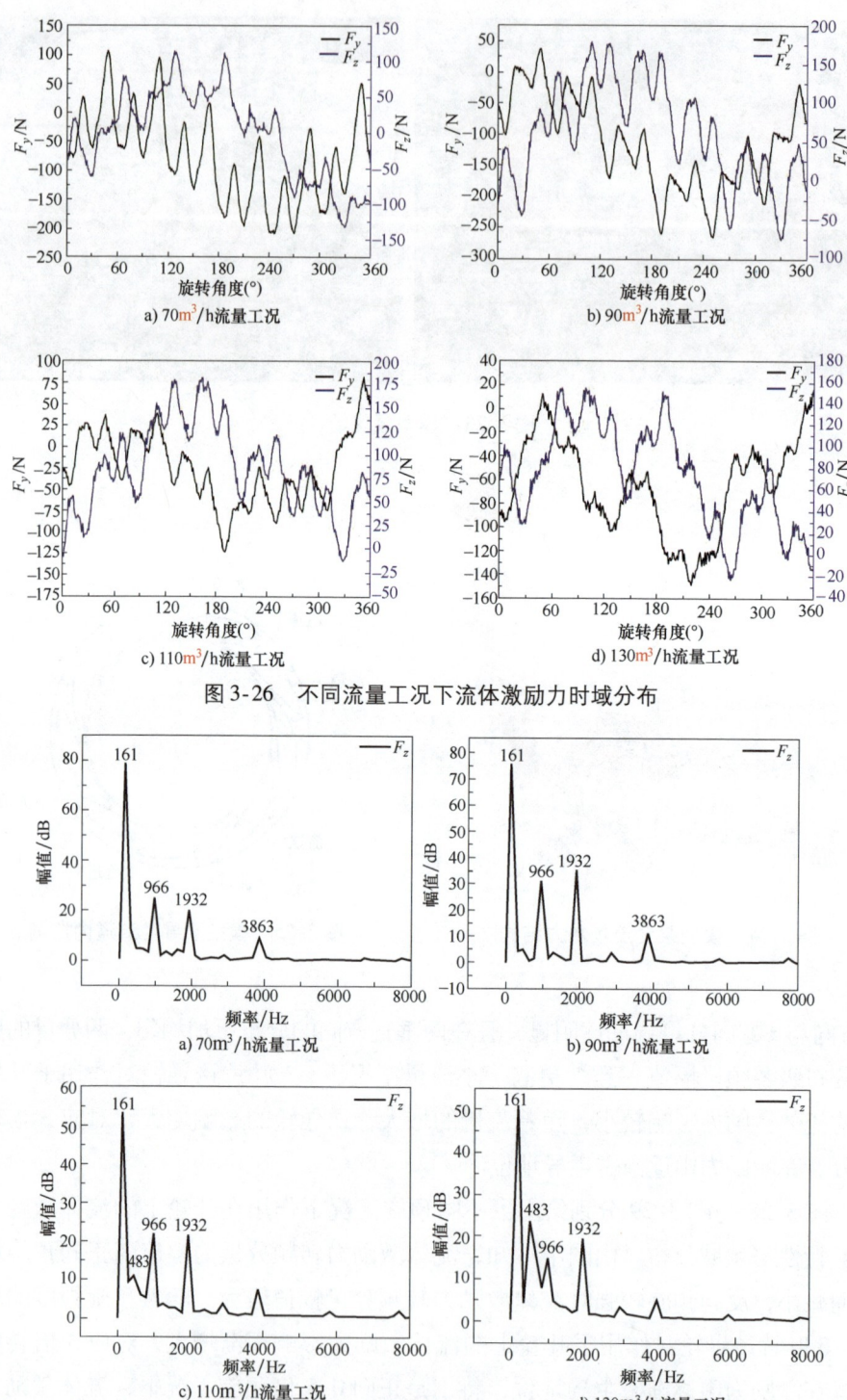

图 3-26 不同流量工况下流体激励力时域分布

图 3-27 不同流量工况下流体激励力 y 方向分量频域分布

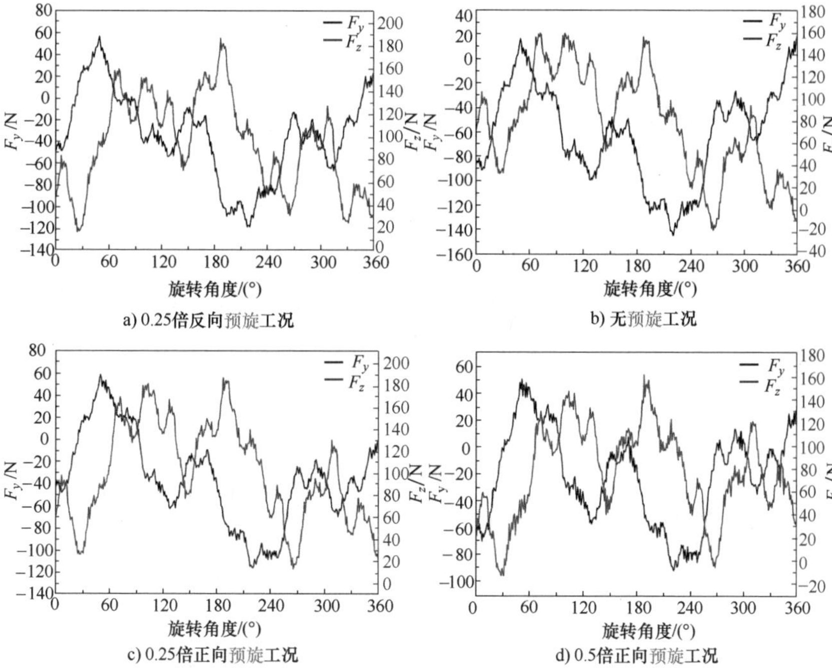

a) 0.25倍反向预旋工况　b) 无预旋工况

c) 0.25倍正向预旋工况　d) 0.5倍正向预旋工况

图3-28　不同预旋工况下流体激励力时域分布

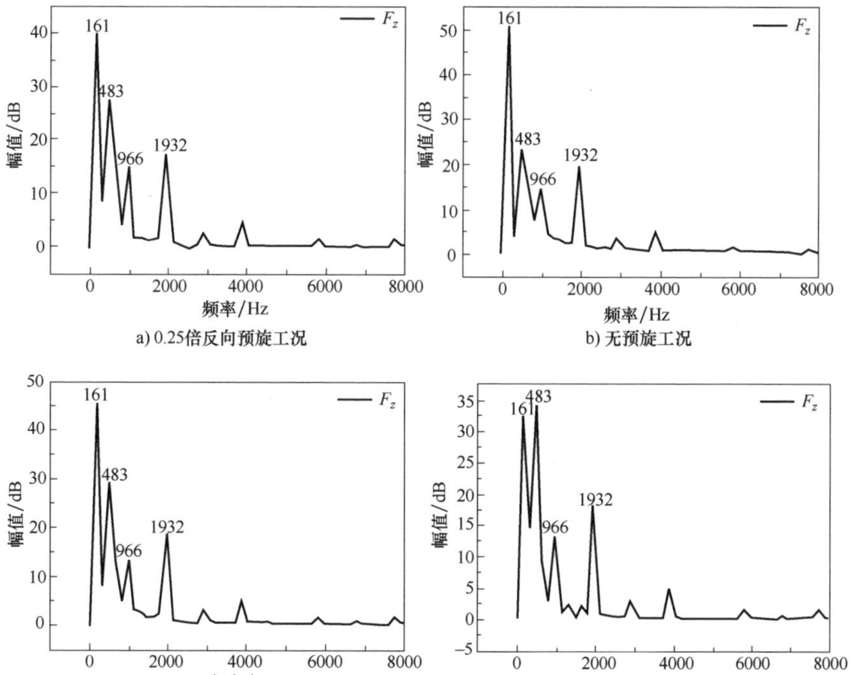

a) 0.25倍反向预旋工况　b) 无预旋工况

c) 0.25倍正向预旋工况　d) 0.5倍正向预旋工况

图3-29　不同预旋工况下流体激励力频域分布

3.2.4 两端支承式样泵 4 非定常流体激励力特性

某功率为 150kW 的 4 级离心泵机组，额定流量 242.5m³/h，设计扬程 442m，机组进口直径 200mm，出口直径 D_o = 150mm。各级叶轮均为闭式扭曲叶片叶轮，首级叶轮为 3 叶片双吸叶轮，其余各级为 5 叶片单吸叶轮，采用"背靠背"布置，各级涡室均采用对称布置的双蜗壳结构，机组流场结构如图 3-30 所示。采用 Fluent 对该泵进行全流场数值计算，采用 Realizable k-ε 湍流模型，近壁处采用标准壁面函数，扩散项采用中心差分格式，时间步长为 1.11186×10^{-4} s。

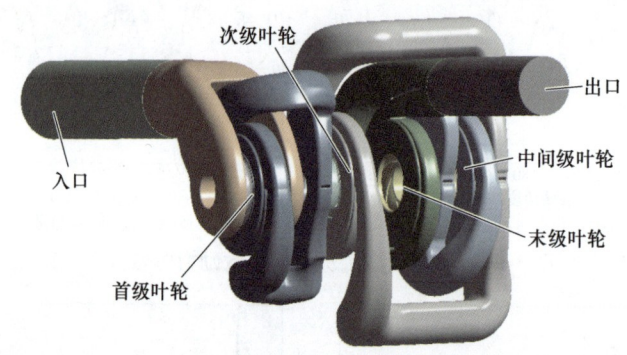

图 3-30　模型泵流场结构示意图

3.2.4.1　模型泵内流场压力脉动特性

通过非定常数值模拟得出叶轮每旋转 30°时多级离心泵的扬程、效率和轴功率，并在叶轮旋转的一个完整周期内对所有的 12 组数据取平均值得到其外特性曲线，并与水力实验结果进行对照，如图 3-31 所示，该泵计算值和实验值在额定流量附近对应较好，小流量工况下计算值和实验值误差较大，原因是各级叶轮的叶轮流道狭长，小流量工况下叶轮进口附近容易产生回流，叶轮流道内容易产生尾流－射流及流动分离现象，使得各项损失增加，扬程与效率计算误差增大。

于各级蜗壳内选取如图 3-32 所示 3 个监测点对多级泵内部流场的不稳定流动引起的压力脉动特征以及双隔舌结构的干涉作用进行详细分析。

各级蜗壳监测点处静压的压力脉动时域图如图 3-33 所示，其中横坐标为旋转角度，纵坐标为静压值。由于四级离心泵的各级叶轮采用串联安装，所以由压力脉动图中看出静压幅值沿着各级叶轮是逐渐升高的，末级叶轮的静压幅值

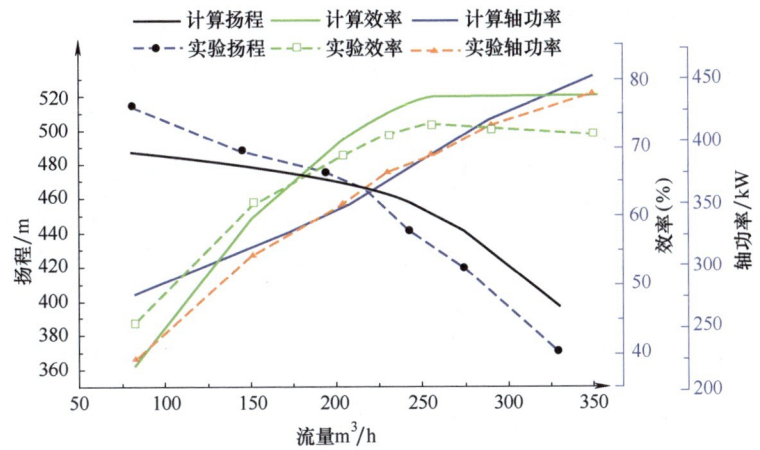

图 3-31 模型泵外特性曲线

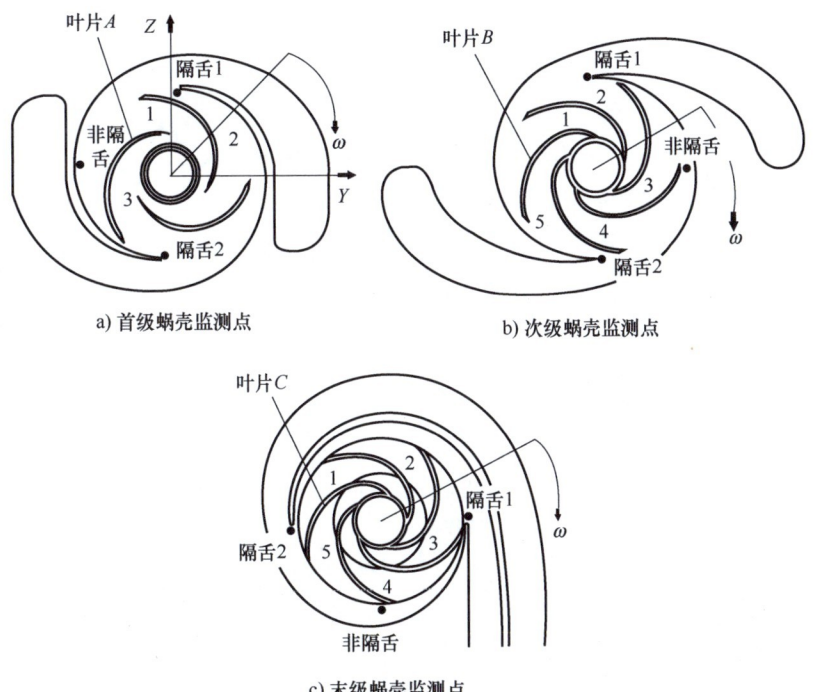

图 3-32 多级离心泵各级蜗壳监测点位置

最高。如图 3-33a 所示,首级叶轮为 3 叶片对称结构,且初始时首级叶轮流道 1 和流道 2 之间的叶片压力面在监测点隔舌 1 处附近,监测点隔舌 2 和非隔舌处于其他两个叶片中间位置;对比图 3-33b 所示,初始时刻隔舌 1 处监测点处于压力脉动的波峰附近,同时隔舌 2 和非隔舌处监测点的压力脉动在叶轮旋转 75°

左右时达到波峰,其他叶轮的规律也与此类似,说明当叶片逐渐扫过隔舌时,监测点处的静压逐渐升高,当叶片逐渐远离隔舌时,该处静压逐渐降低直到下个叶片逐渐接近隔舌,表现为图3-33c、图3-33d所示的周期性峰谷规律,这表明随着叶轮与隔舌相对位置的变化,不仅影响隔舌处流场静压的脉动幅值,隔舌-叶轮之间的动静干涉也影响着压力脉动的峰谷形成规律。由于首级叶轮和后三级叶轮分别为3叶片和5叶片对称结构,所以在一个完整旋转周期内,压力脉动分别有3波峰和5波峰,且隔舌处规律更明显。由于隔舌的干涉,隔舌处压力脉动的波峰值高于非隔舌处的波峰值,且由图中看出,首级蜗壳隔舌1的波峰超前于隔舌2的波峰大约$T/6$,后三级蜗壳两隔舌间的超前周期大约为$T/10$,这不仅与各级叶轮的叶片数及蜗壳结构对应较好,也说明静压的压力脉动其时间序列与隔舌与叶轮之间的动静干涉有关。

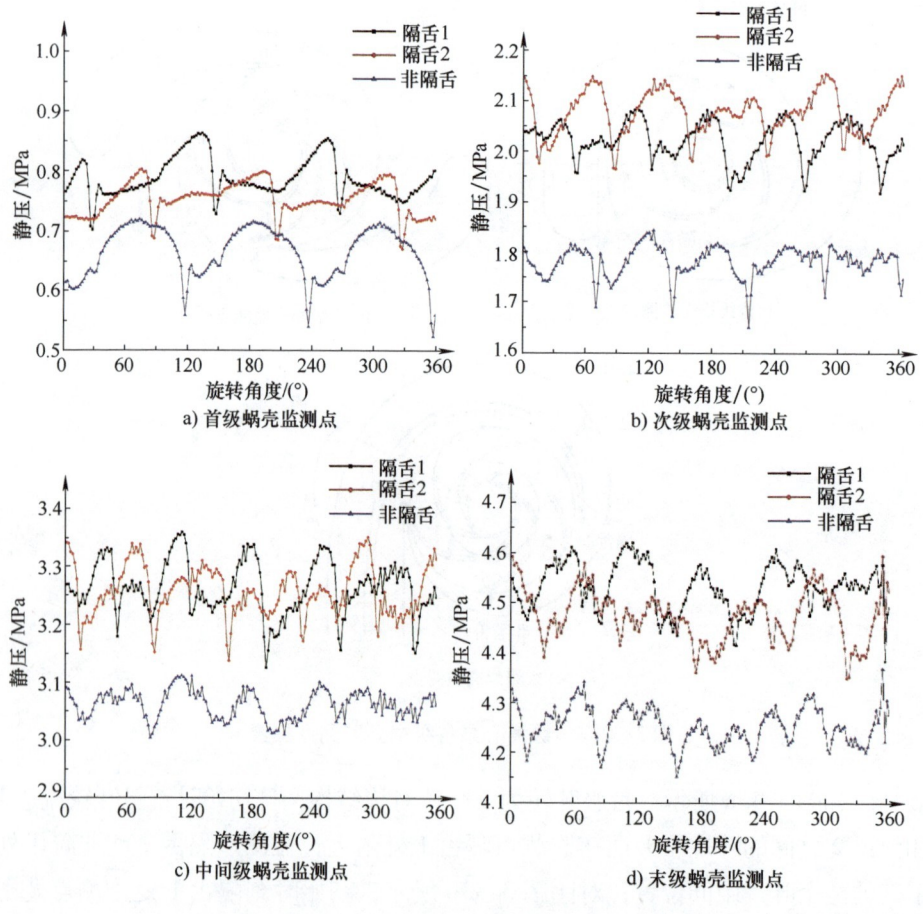

图 3-33 各监测点压力脉动时域特性

图 3-34 为各级蜗壳监测点处静压的压力脉动频域图,该级设计转速 2980r/min,转频约为 49.7Hz,对应首级叶轮为 3 叶片结构,叶片通过频率为 f_{n1} 约为 149Hz,后三级叶轮为 5 叶片结构,叶片通过频率 f_{n2} 约为 248.3Hz。由频域图可知,首级叶轮波峰位置对应的主频主要为 149Hz 和 298Hz,分别对应 3 倍转频和 6 倍转频,即叶轮时序效应对监测点处静压的影响主要为 1 倍和 2 倍叶片通过频率 f_{n1};后三级叶轮波峰位置对应的主频主要为 248Hz 和 496Hz,分别对应 5 倍转频和 10 倍转频,即叶轮时序效应对监测点处静压的压力脉动影响主要为 1 倍和 2 倍叶片通过频率 f_{n2}。

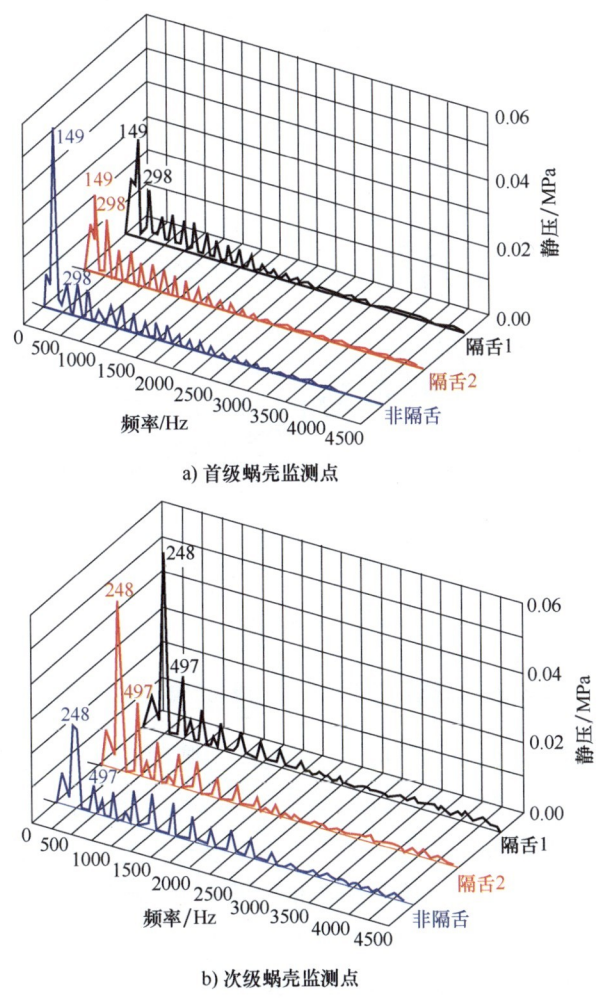

a) 首级蜗壳监测点

b) 次级蜗壳监测点

图 3-34 各级蜗壳监测点压力脉动频域特性

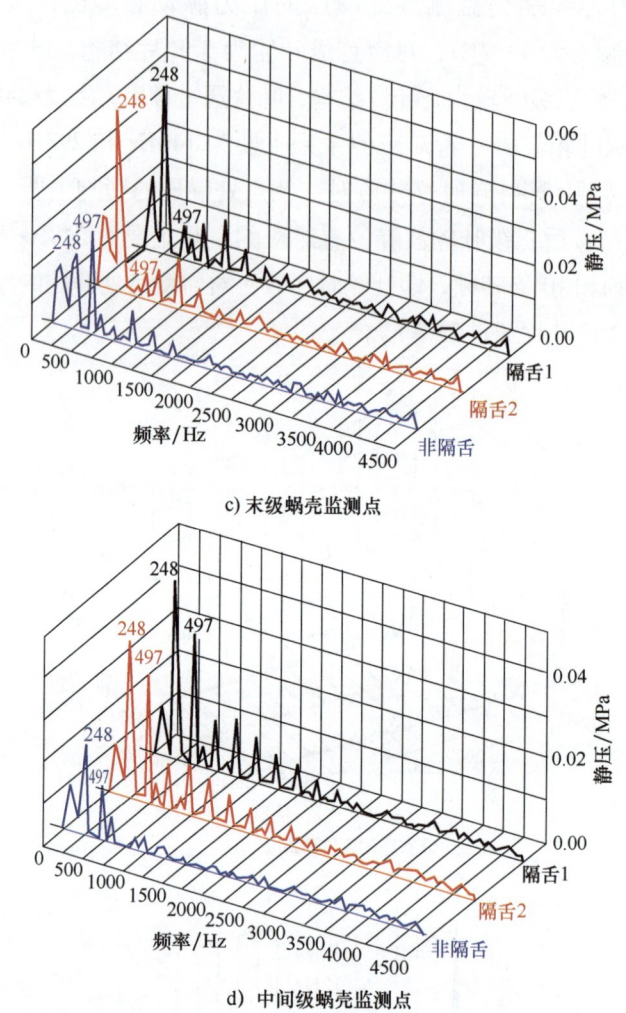

图 3-34 各级蜗壳监测点压力脉动频域特性（续）

后三级蜗壳隔舌 1 和隔舌 2 处在 f_n 时的压力脉动幅值几乎相同但要高于非隔舌处，且其隔舌处压力脉动幅值几乎为非隔舌的 2 倍以上，但首级蜗壳非隔舌于叶频处的压力脉动幅值较大，这可能与首级蜗壳的流入方式有关，当流体由入口流入左右两个涡室时，首级涡室非隔舌监测点所处的区域会存在流体的碰撞，影响了该处监测点的静压脉动；隔舌处压力脉动幅值几乎相同的原因是各级蜗壳均采用对称的双隔舌结构，同时对于隔舌处的静压而言，其幅值变化主要受叶片通过频率及其倍频的影响，而后三级蜗壳非隔舌处的幅值变化较小，即其受到的干涉影响相对较小，说明隔舌附近的静压受到动静干涉的影响更大。

3.2.4.2 模型泵内流场流体激励力特性

分别选取首级、次级与末级叶轮内的三个叶片 A、B、C 分析单周期内径向力的周向变化,如图 3-35 ~ 图 3-37 所示。Y 向和 Z 向的径向分力出现两个大小相等、方向相反、相位差为 180°的极大值,同时 Y 向及 Z 向的径向分力在正向或反向的极大值对应的相位差为 90°。结合图 3-32 可知,当首级叶轮的叶片 A 在 Y 向的径向分力达到最大值时,其尾缘刚好扫过上侧隔舌;在 Y 向的径向分力达到正向最大时,其尾缘刚好扫过下侧隔舌,而叶片 A 在 Z 向的径向分力达到反向和正向最大时,其尾缘分别处于双隔舌中轴线的左右两侧附近,叶片 B 及叶片 C 的规律类似。

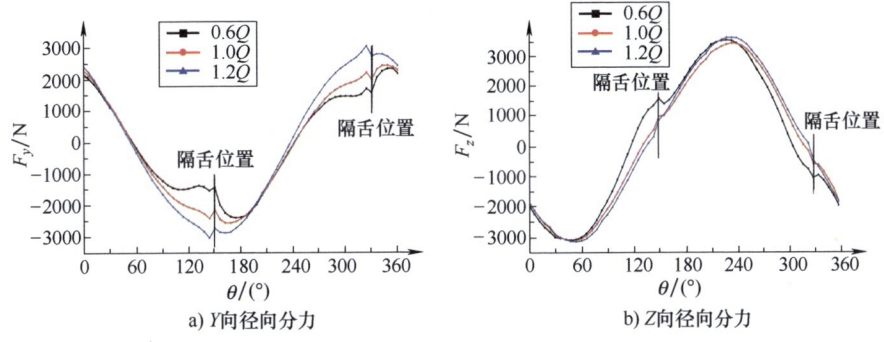

图 3-35　叶片 A 径向分力时域特性

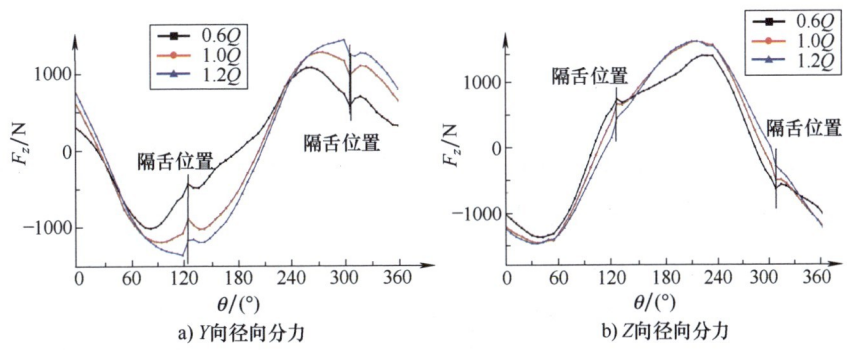

图 3-36　叶片 B 径向分力时域特性

由图 3-35 ~ 图 3-37 可知,当单个叶片的尾缘扫过双隔舌时,其 Y 向和 Z 向的径向分力会出现两次突变,具体表现为 Y 向径向分力出现两次使其减小的波动,Z 向径向分力出两次使其增大的波动。这一现象的主要诱因是隔舌附近

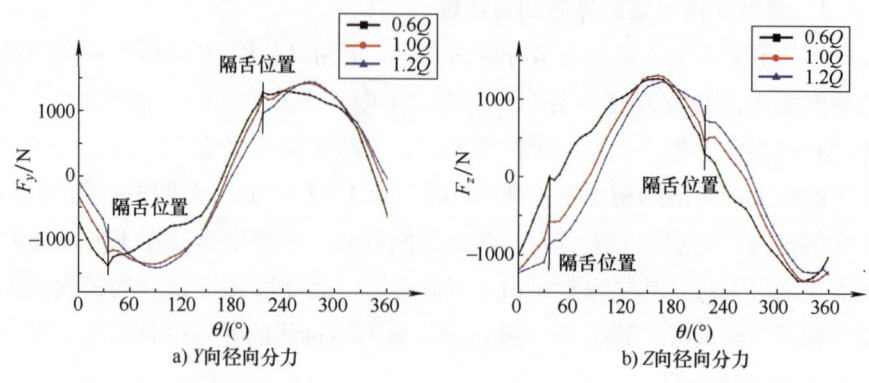

图 3-37 叶片 C 径向分力时域特性

的压力较高,对首级叶轮,当叶片 A 扫过上侧隔舌后,流道 2 内叶片 A 吸力面附近的静压略有升高,其径向分力在 Y 轴和 Z 轴会有一个正方向的附加增量,而此时 Y 向分力为 Y 轴反方向,两者叠加后会导致此时反向的 Y 向分力有一个突变减小的波动,同理正向的 Z 向分力会有一个突变增高的波动,当单个叶片的尾缘扫过下侧隔舌后,其径向分力产生突变的原因与此相同,当叶片 A 逐渐远离隔舌后,隔舌对其吸力面侧的影响逐渐减弱,其径向分力曲线恢复正常。此外,由于小流量工况下叶片出口逐渐出现射流尾迹、流动分离等不稳定流动现象,叶片尾缘扫过隔舌时,单个叶片径向分力的突变波动逐渐加剧,隔舌的干涉作用增强。

图 3-38 ~ 图 3-40 为单个叶片的径向力合力的时域图,由图可知,在双蜗壳结构的影响下,各级叶轮单个叶片在一个 $360°$ 的完整旋转周期内,扫过双隔舌中轴线附近和隔舌附近时,径向力分别存在两个波峰和波谷。结合图 3-35 ~ 图 3-37 可知,当单个叶片尾缘位于两隔舌中轴线附近时,Y 向分力虽然为 0,但 Z 向分力却最大,且未出现突变波动,因此在该位置单个叶片径向力达到峰值;当单个叶片的尾缘扫过隔舌时,其 Z 向分力基本为 0,而 Y 向分力却有一个使其减小的突变波动,因此在该位置单个叶片径向力达到谷值。末级双蜗壳结构并非完全对称,小流量下部分流道区域内更易产生二次流、涡流等不稳定流动,周向压力分布更加不均匀,因此叶片 C 单周期内径向力较大且变化趋势与叶片 A 及叶片 B 存在较大差异。单个叶片径向合力的频域特性如图 3-41 ~ 图 3-43 所示。由图可知,在双蜗壳的作用下,径向力脉动主频集中在 2 倍转频,且随着流量的增大,作用在单叶片上的径向力脉动峰谷差值逐渐减小,脉动趋于平稳。

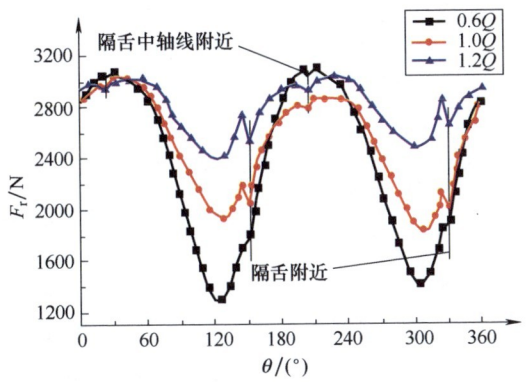

图 3-38 叶片 A 径向合力时域特性

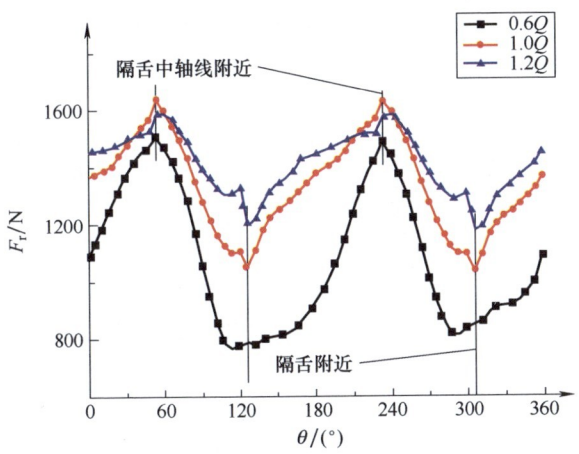

图 3-39 叶片 B 径向合力时域特性

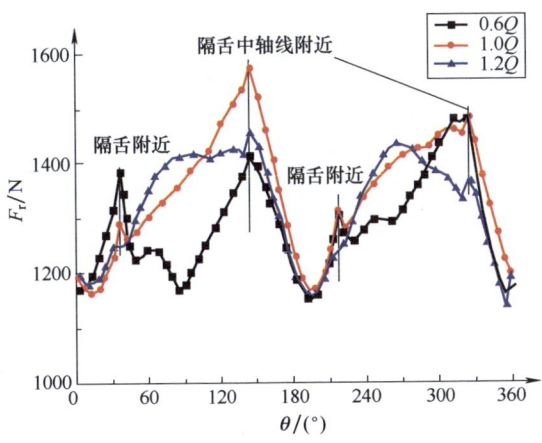

图 3-40 叶片 C 径向合力时域特性

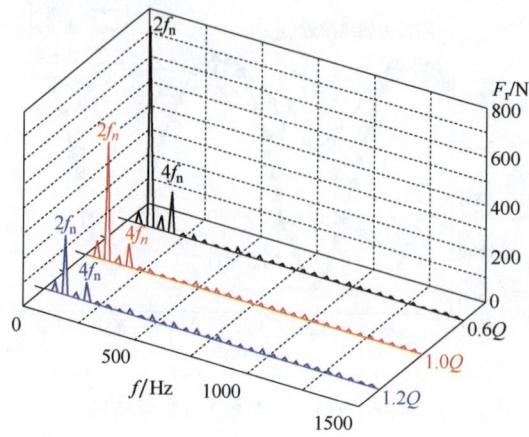

图 3-41　叶片 A 径向合力频域特性

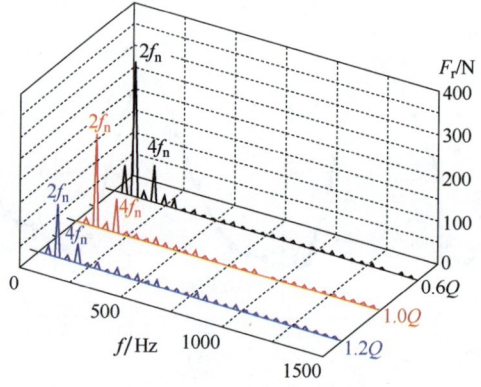

图 3-42　叶片 B 径向合力频域特性

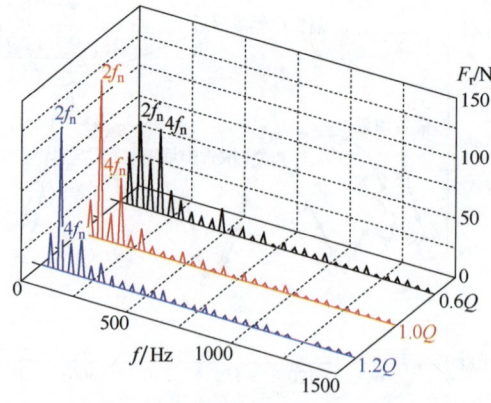

图 3-43　叶片 C 径向合力频域特性

不同流量工况下单个叶片单周期内径向力矢量如图 3-44 所示。由图可知，各流量下单个叶片径向力基本关于轴心对称，作用在各级叶轮单个叶片上的非定常径向力矢量随其与隔舌相对位置发生周期性变化，且不同流量工况下变化趋势一致；随着流量的增大，径向力矢量图由"椭圆"逐渐接近"正圆"，即径向力周向分布趋于均匀；不同流量工况下，首级叶轮及次级叶轮的单个叶片分别扫过两个隔舌位置，径向力由于干涉作用发生突变；末级叶轮小流量工况下，叶片在隔舌位置径向力发生突变。

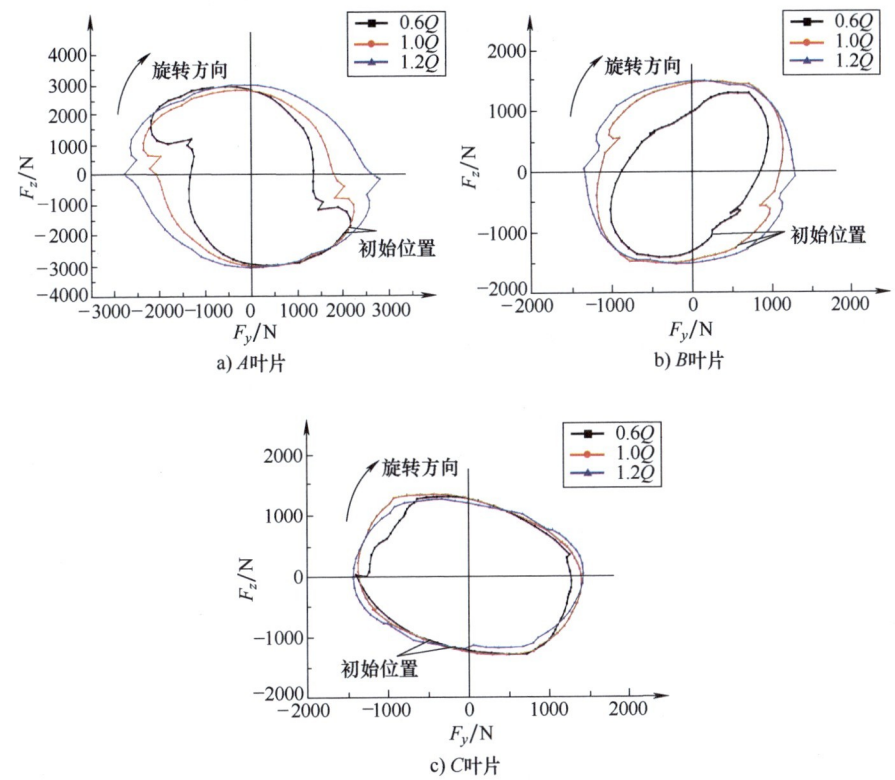

图 3-44 叶片径向合力矢量图

图 3-45 至图 3-50 为首级、次级与末级叶轮径向力合力的时域与频域分布特性。对比可知，径向力脉动主频集中于叶频及 2 倍叶频，其中首级叶轮与次级叶轮叶频和 2 倍叶频下的径向力脉动幅值远高于其他频率，且在双隔舌干涉下，2 倍叶频为主导频率；末级叶轮径向力脉动主频集中于 1 倍叶频，变化规律更接近单蜗壳结构，且径向力峰值远高于次级叶轮，考虑到末级和次级叶轮的叶形相同，这一现象的出现主要原因在于末级双蜗壳的不完全对称结构，这

也说明末级蜗壳对径向力周向均匀分布影响较大。

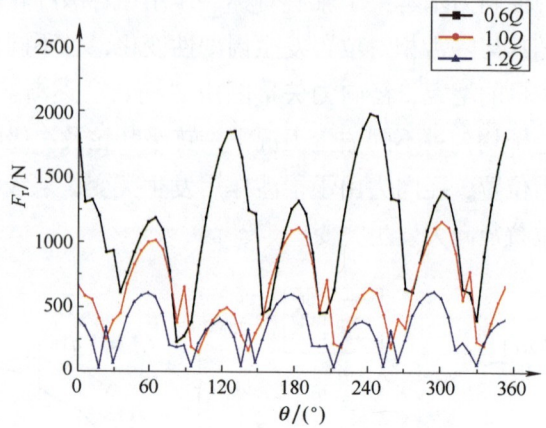

图 3-45　首级叶轮径向合力时域图

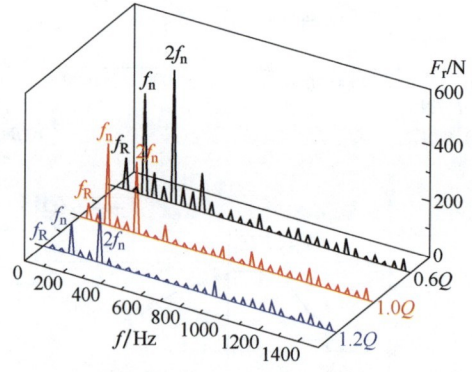

图 3-46　首级叶轮径向合力频域图

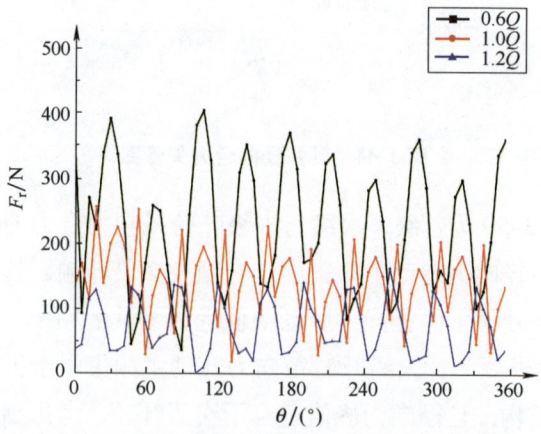

图 3-47　次级叶轮径向合力时域图

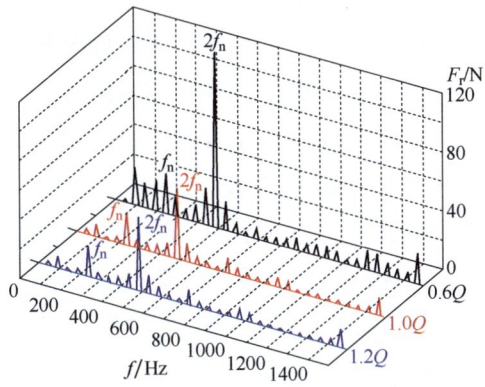

图 3-48　次级叶轮径向合力频域图

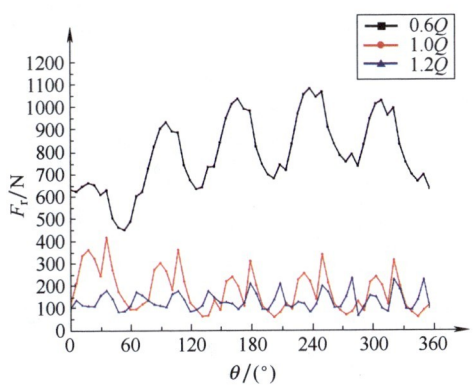

图 3-49　末级叶轮径向合力时域图

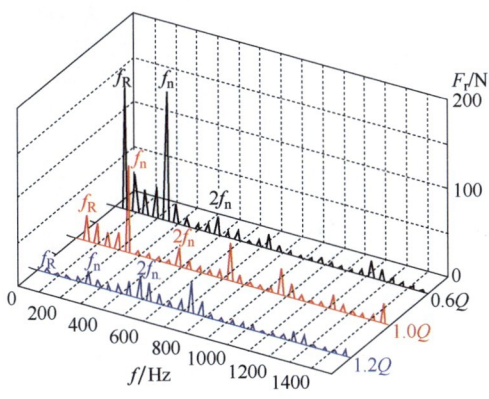

图 3-50　末级叶轮径向合力频域图

由首级叶轮径向力矢量分布（见图 3-51）可知，在初始位置时其径向力处于极大值附近，这与时域图中首级叶轮径向力位于主波峰峰值附近相对应；随着流量的增大，径向力波动逐渐减小，表现为"椭圆"逐渐向圆心收缩。与首级叶轮在额定工况下位于 $T/6$（即图 3-51 所示 A 点所处时刻）和 $2T/6$（即图 3-51 所示 B 点所处时刻）的静压分布等值线分布对比分析可知，由于隔舌的影响，叶轮外的静压分布不均匀，当叶轮旋转至 $T/6$ 时刻，第一象限高压区面积多于第三象限，此时径向力指向第三象限，静压分布如图 3-52 所示；相对地，当叶轮旋转至 $2T/6$ 时刻，径向力指向第一象限，静压分布如图 3-53 所示，即在一个周期内的不同时刻，叶轮周围的静压分布不均匀导致了叶轮径向力的不平衡。

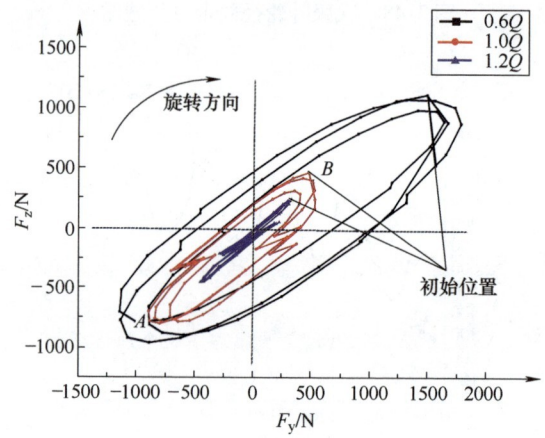

图 3-51　首级叶轮径向力矢量图

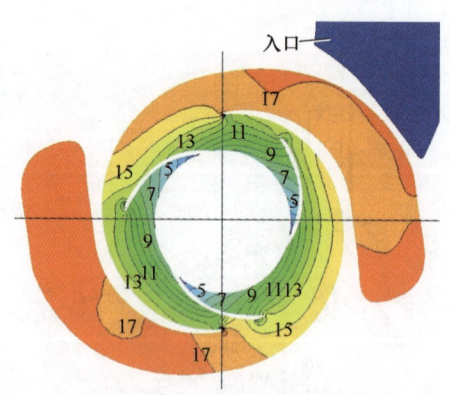

图 3-52　$T/6$ 首级叶轮静压等值线分布图

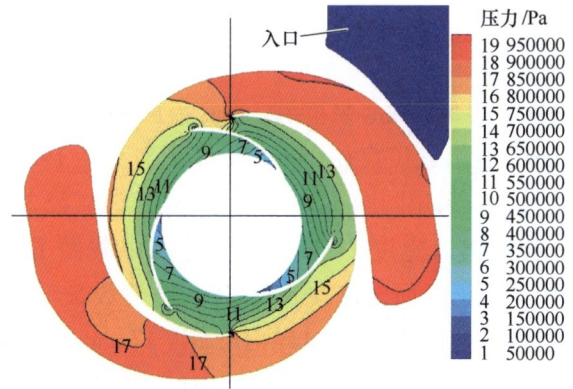

图 3-53　2T/6 首级叶轮静压等值线分布

提取该泵每级叶轮叶轮进出口位置的压力与速度边界，基于第 2 章整体流动模型，计算每级叶轮口环间隙内流体激励力及其等效动力学特性参数，结果见表 3-1 与表 3-2。随着涡动转速的升高，激励力径向分量呈下降趋势，切向分量呈上升趋势。由于后三级叶轮的设计扬程较高，相同的涡动转速下，后三级口环间隙内流体激励力径向分量与切向分量均高于首级口环内的流体激励力分量。

表 3-1　各级叶轮口环密封间隙内流体激励力

口环间隙内流体激励力/N	涡动速度/(r/min)			
	6000	8000	10000	12000
首级叶轮径向分量	−17.697383	−13.728722	−8.7123604	−1.7252197
次级叶轮径向分量	−30.689637	−26.356955	−21.662363	−16.069382
中间级叶轮径向分量	−29.08458	−24.740894	−20.121901	−14.412735
末级叶轮径向分量	−30.399672	−26.071926	−21.387417	−15.782698
首级叶轮切向分量	−7.6289015	−9.0708485	−9.8153038	−9.4829664
次级叶轮切向分量	−10.214771	−12.528106	−14.341439	−15.490298
中间级叶轮切向分量	−9.9202414	−12.137961	−13.848532	−14.855863
末级叶轮切向分量	−10.163108	−12.5	−14.255651	−15.38159

表 3-2　叶轮口环密封动力学特性参数

动特性参数	$K/(N/m)$	$k/(N/m)$	$C/(N \cdot s/m)$	$c/(N \cdot s/m)$	M/kg
首级叶轮	1.55×10^6	-2.2×10^5	459.2	−429.9	0.797
次级叶轮	2.77×10^6	-2.18×10^5	736.7	−977.1	0.27
中间级叶轮	2.70×10^6	-2.18×10^5	706.3	−1077.2	0.21
末级叶轮	2.75×10^6	-2.18×10^5	731.7	−981.3	0.27

3.2.5 两端支承式样泵 5 非定常流体激励力特性

某功率为 1500kW 的 5 级离心泵机组，额定流量 344m³/h，设计扬程 713m，额定转速 2980r/min，机组进口直径 242.8mm，出口直径 193.7mm。各级叶轮均为闭式扭曲叶片叶轮，采用同向布置，首级叶轮出口直径 371mm，首级叶轮进口直径 92mm，叶轮出口宽度 17mm，首级叶轮中截面工作面进口安放角 31.6°，首级叶轮中截面工作面出口安放角 20°，叶片数 5。次级叶轮出口直径 374mm，次级叶轮进口直径 190mm，叶轮出口宽度 17mm，次级叶轮中截面工作面进口安放角 67.1°，次级叶轮中截面工作面出口安放角 26.3°，叶片数 7。第三级叶轮、第四级叶轮和末级叶轮的几何参数和次级叶轮完全相同。所有叶片均为扭曲叶片，每级导叶都设计有 8 个流道，其中首级导叶、次级导叶、第三级导叶和第四级导叶均设有 8 个圆柱背叶片，末级导叶没有背叶片。开展该模型泵的全流场非定常数值计算，该泵全流场结构及网格划分如图 3-54、图 3-55 所示，全流场数值计算采用 LES 湍流模型，亚格子模型选用局部涡黏度的壁面自适应模型（Wall-Adapting Local Eddy-Viscosity Model，WALE），WALE 模型下的亚格子涡黏度在纯剪切流动区域自动取零，基于压力求解器，模拟计算流场的参考压力设为 101325Pa。求解控制时间步长设置为 0.000167785s，每步最大迭代 200 次，最大时间步长为 5000 步，收敛精度为 5×10^{-4}。梯度项选择基于最小二乘法（Least Squares Cell Based），压力项选择二阶精度（Second Order），动量项选择有界中心差分格式（Bounded Central Differencing），欠松弛因子皆设为 0.1，求解方法使用一阶隐式，压力速度耦合计算选用 SIMPLE 算法。

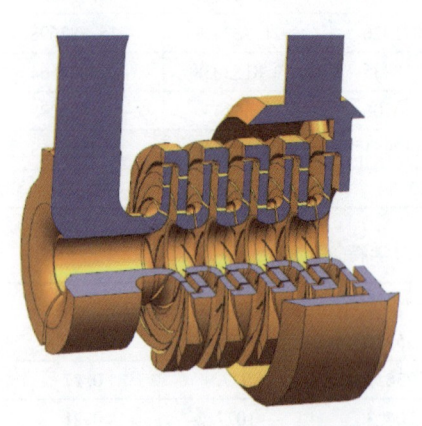

图 3-54 模型泵全流场水力结构

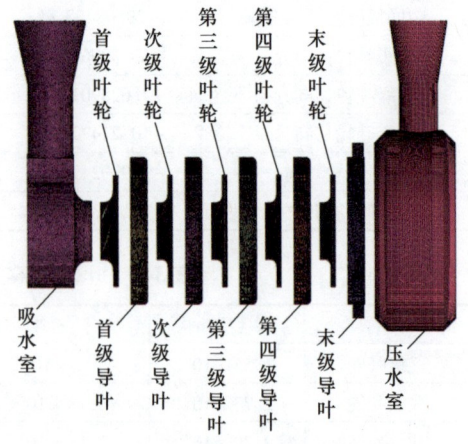

图 3-55 模型泵网格总装图

在各级首级叶轮出口变顺时针依次布置 4 个压力脉动检测点 1、2、3 和 4，如图 3-56 所示。

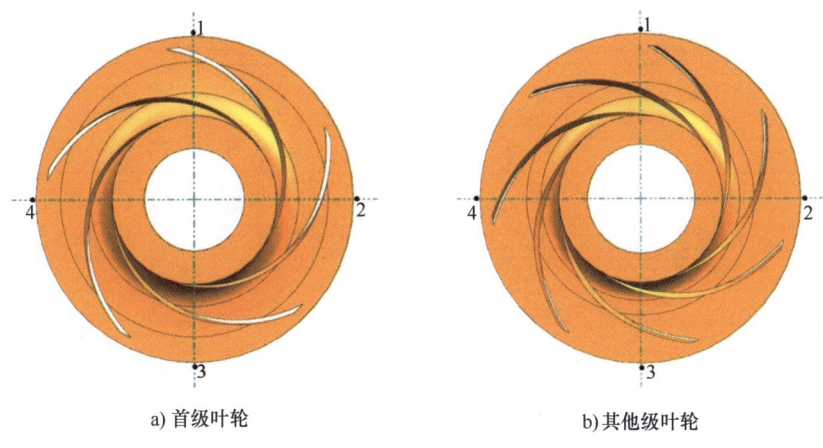

a) 首级叶轮   b) 其他级叶轮

图 3-56 多级离心泵首级叶轮监测点分布图

3.2.5.1 模型泵内流场压力脉动特性

1. 首级叶轮压力脉动特性

模型泵首级叶轮不同位置处的压力脉动时域图分别如图 3-57a、b 所示。在图 3-57a 中，a、b、c 三点表示距离多级泵入口竖直管道中心线 $Z=140.5\text{mm}$ 截面处，即首级叶轮进口的不同半径。a 点表示首级叶轮轴向进口流道内壁（$R=58.5\text{mm}$）点；c 点表示首级叶轮轴向进口流道外壁（$R=96\text{mm}$）点；b 表示首级叶轮轴向进口流道中间点，即位于 a 点和 c 点中间。在图 3-57b 中，1、2、3、4 四点表示距离多级泵入口竖直管道中心线 $Z=191.5\text{mm}$ 截面处，具体分布位置如图 3-56 所示。由图 3-57a 可知 a 点的总压幅值相对较小，而且周期性较好，在 6 个计算周期内最小值为 -26.40kPa，最大值为 28.54kPa，平均值为 -1.30kPa；首级叶轮进口 b 点在 6 个计算周期内呈现的最小值为 -63.71kPa，最大值为 124.62kPa，平均值为 -3.42kPa；首级叶轮进口 c 点在 6 个计算周期内呈现的最小值为 63.86kPa，最大值为 560.90kPa，平均值为 214.81kPa。从 a、b、c 三点各自的总压值可知，c 点的最小值最大，a 点其次，b 点最小；c 点的最大值最大，b 点其次，a 点最小；c 点的平均值最大，a 点其次，b 点最小。最大值和最小值的变化规律不同。对于 a 点，在 0.69T 时刻达到总压最大值 6.15kPa，在 0.09T 时刻达到总压最小值 -26.01kPa。对于首级叶轮进口 b 点，在 1.65T 时刻达到总压最大值 80.17kPa，在 0.65T 时刻达到总压最小值

−63.62kPa。对于首级叶轮进口 c 点，在 1.09T 时刻达到总压最大值 483.86kPa，在 0.34T 时刻达到总压最小值 102.98kPa。压力出现最大值的先后顺序依次为 a、c、b，压力出现最小值的时刻先后顺序也为 a、c、b，同步性较好。

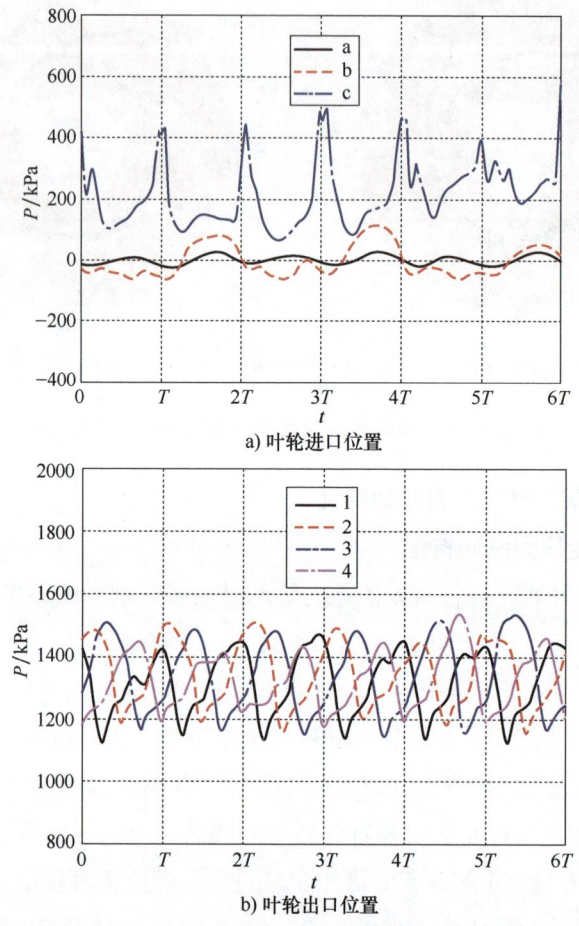

图 3-57 首级叶轮不同位置处的压力脉动时域图

由图 3-57b 可知，首级叶轮出口截面四个点处的总压幅值大小的周期性较好。首级叶轮出口截面 1 点处在 6 个计算周期内最小值为 1120.89kPa，最大值为 1480.70kPa，平均值为 1322.15kPa；首级叶轮出口截面 2 点处在 6 个计算周期内最小值为 1149.25kPa，最大值为 1523.40kPa，平均值为 1354.43kPa；截面 3 点处在 6 个计算周期内最小值为 1147.39kPa，最大值为 1548.10kPa，平均值为 1349.67kPa；首级叶轮出口截面 4 点处在 6 个计算周期内最小值为 1175.17kPa，最大值为 1552.49kPa，平均值为 1333.07kPa。从 1、2、3、4 四点各自的总压值可知，4点的最小值最大，2点其次，3点再次，1点最小；4点的最大值最大，3点其次，2点再次，1点最小；2点的平均值最大，3点其次，4点再次，1点最小。最大值和最小值的变化规律不同。对于首级叶轮出口截面1点，在初始时刻达到总压最大值1432.63kPa，在0.26T时刻达到总压最小值1122.20kPa。对于2点，在0.13T时刻达到总压最大值1494.06kPa，在0.52T时刻达到总压最小值1188.72kPa。对于首级叶轮出口截面3点，在0.35T时刻达到总压最大值1523.09kPa，在0.78T时刻达到总压最小值1164.01kPa。对于4点，在0.74T时刻达到总压最大值1460.56kPa，在1.04T时刻达到总压最小值1200.13kPa。其中，首级叶轮出口沿顺时针方向1、2、3、4点压力最大值先增大后减小，压力最小值先增大再减小再增大。压力出现最大值的先后顺序依次为1、2、3、4，同时可知4个点压力出现最小值的先后顺序也依次为1、2、3、4，由此可见首级叶轮出口不同位置处压力变化的同步性一致。

首级叶轮出口不同位置处的压力脉动频域图如图3-58所示。由图可知，首

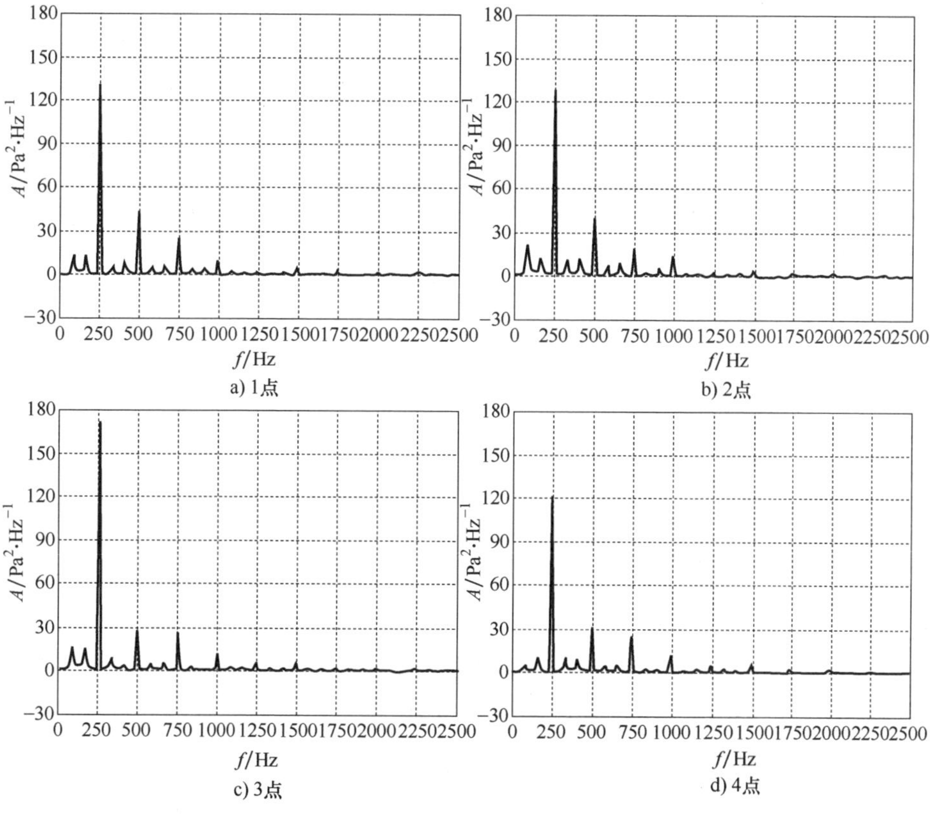

图3-58 首级叶轮出口不同位置的频域图

级叶轮中截面顺时针方向 1、2、3、4 点处的主频分别为 248.33Hz、248.33Hz、248.33Hz、248.33Hz,主频幅值分别为 129.42Pa^2 Hz^{-1}、127.79Pa^2 Hz^{-1}、169.63Pa^2 Hz^{-1}、120.80Pa^2 Hz^{-1},次主频分别为 496.67Hz、496.67Hz、496.67Hz、496.67Hz,次主频幅值分别为 43.43Pa^2 Hz^{-1}、40.60Pa^2 Hz^{-1}、27.43Pa^2 Hz^{-1}、30.62Pa^2 Hz^{-1}。其中,首级叶轮出口沿顺时针方向 1、2、3、4 点处的主频完全相等,次主频也完全相等;主频幅值先减小再增大再减小;次主频幅值先减小再增大。总之,首级叶轮出口处的频域变化呈现出频值不变而仅幅值变化的特性。

2. 次级叶轮压力脉动特性

次级叶轮不同位置处的压力脉动时域图分别如图 3-59a、b 所示。图 3-59a 所示,a、b、c 三点表示距离多级泵入口竖直管道中心线 $Z = 241.5$mm 截面处,即次级叶轮进口的不同半径。a 点表示次级叶轮轴向进口流道内壁($R = 62$mm)点;c 点表示次级叶轮轴向进口流道外壁($R = 95$mm)点;b 表示次级叶轮轴向进口流道中间点,即位于 a 点和 c 点中间。在图 3-59b 中,1、2、3、4 四点表示距离多级泵入口铅锤管道中心线 $Z = 286.5$mm 截面处。如图 3-59a 所示,c 点的总压幅值相对较大,而且周期性较好。在 6 个计算周期内最小值为 1100.24kPa,最大值为 1341.70kPa,平均值为 1249.31kPa。次级叶轮进口 b 点在 6 个计算周期内呈现的最小值为 1180.41kPa,最大值为 1257.91kPa,平均值为 1220.74kPa。次级叶轮进口 a 点在 6 个计算周期内呈现的最小值为 1202.69kPa,最大值为 1263.71kPa,平均值为 1230.02kPa。从 a、b、c 三点各自的总压值可知,a 点的最小值最大,b 点其次,c 点最小;c 点的最大值最大,a 点其次,b 点最小;c 点的平均值最大,a 点其次,b 点最小。其中 a、b、c 点最小值依次减小,最大值先减小后增大。a 点在 0.31T 时刻达到总压最大值 1257.21kPa,在 0.94T 时刻达到总压最小值 1210.48kPa。对于次级叶轮进口 b 点,在 0.31T 时刻达到总压最大值 1257.91kPa,在 0.81T 时刻达到总压最小值 1208.46kPa。对于次级叶轮进口 c 点,在 0.19T 时刻达到总压最大值 1338.83kPa,在 0.88T 时刻达到总压最小值 1100.24kPa。其中,c 点最先出现压力最大值,流道的外壁面首先承受最大压力;a 点和 b 点的压力最大值同时出现。压力出现最小值的时刻先后顺序为 c、b、a,即压力梯度的方向是从外壁面向内壁面拓展的,在该过流断面上极易发生二次流现象,从而增大水力损失,降低泵的水力输送效率。对于次级叶轮前的直管吸水室而言,简单的几何结构内部流动异常复杂,表明首级导叶对其产生了重要的影响。

如图3-59b所示，次级叶轮出口截面四个点处的总压幅值大小的周期性较好。次级叶轮出口截面1点处在6个计算周期内最小值为2502.74kPa，最大值为2747.96kPa，平均值为2594.91kPa。次级叶轮出口截面2点处在6个计算周期内最小值为2502.99kPa，最大值为2694.39kPa，平均值为2570.13kPa。截面3点处在6个计算周期内最小值为2476.33kPa，最大值为2736.78kPa，平均值为2590.20kPa。次级叶轮出口截面4点在6个计算周期内最小值为2472.77kPa，最大值为2698.09kPa，平均值为2570.26kPa。从1、2、3、4四点各自的总压值可知，2点的最小值最大，1点其次，3点再次，4点最小；3点的最大值最大，4点其次，2点再次，1点最小；1点的平均值最大，3点其次，4点再次，2点最小，且最大值和最小值的变化规律不同。

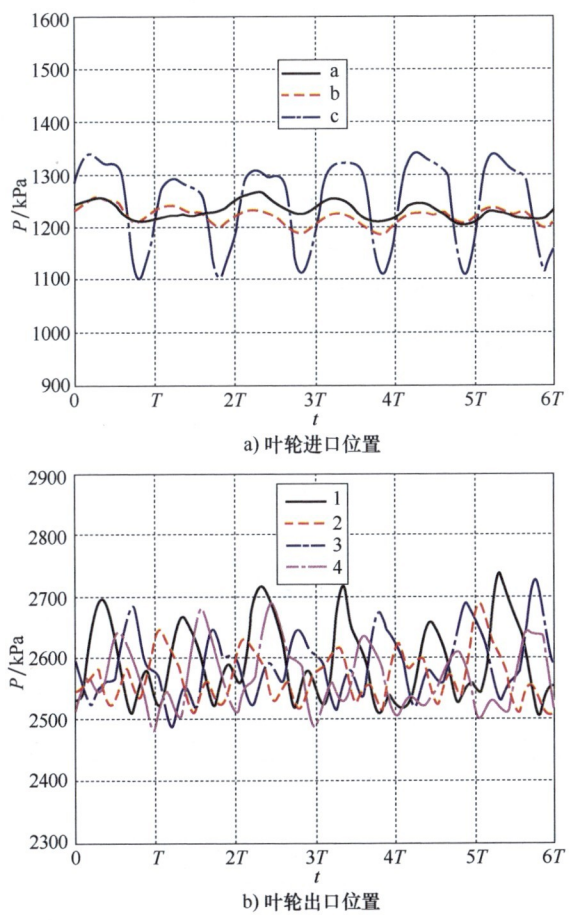

图3-59 次级叶轮不同位置处的压力脉动时域图

次级叶轮出口截面1点在0.25T时刻达到总压最大值2683.39kPa，在0.75T时刻达到总压最小值2502.74kPa。对于2点，在0.69T时刻达到总压最大值2584.88kPa，在0.44T时刻达到总压最小值2524.86kPa。对于次级叶轮出口截面3点，在0.75T时刻达到总压最大值2693.01kPa，在0.19T时刻达到总压最小值2518.41kPa。对于4点，在0.56T时刻达到总压最大值2647.13kPa，在1.0T时刻达到总压最小值2472.77kPa。其中，次级叶轮出口沿顺时针方向1、2、3、4点压力最大值先增大后减小，压力最小值先增大再减小。压力出现最大值的先后顺序依次为1、4、2、3，同时发现4个点压力出现最小值的先后顺序依次为3、2、1、4，由此可见次级叶轮出口不同位置处压力变化的同步性不一致。

本研究计算得到的模型泵次级叶轮出口不同位置处的压力脉动频域分布如图3-60所示。由图可知，次级叶轮中截面顺时针方向1、2、3、4点处的主频分别为350.59Hz、350.59Hz、350.59Hz、350.59Hz，主频幅值分别为65.61Pa² Hz⁻¹、59.22Pa² Hz⁻¹、47.90Pa² Hz⁻¹、75.96Pa² Hz⁻¹，次主频分别为701.18Hz、701.18Hz、701.18Hz、701.18Hz，次主频幅值分别为35.75Pa² Hz⁻¹、24.99Pa² Hz⁻¹、28.23Pa² Hz⁻¹、46.10Pa² Hz⁻¹，第三主频分别为1051.77Hz、1051.77Hz、1051.77Hz、1051.77Hz，第三主频幅值分别为12.09Pa² Hz⁻¹、18.20Pa² Hz⁻¹、16.68Pa² Hz⁻¹、10.17Pa² Hz⁻¹。其中，次级叶轮出口沿顺时针方向1、2、3、4点处的主频完全相等，次主频和第三主频同样完全相等；主频幅值和次主频幅值呈现先减小再增大的变化趋势，而第三主频幅值呈现先增大后减小的变化趋势。主频幅值依次递减，说明叶片转频350.59Hz时对压力脉动影响最大。叶片转频理论值由式（3-29）可得

$$f = \frac{n}{60} \cdot l = 347.67 \text{Hz} \tag{3-29}$$

式中，n是离心泵转速，单位为r/min；l是叶片数。

叶片转频模拟值与理论值基本吻合，误差在1%以内，主要是由数值计算误差导致。总之，次级叶轮出口处的频域变化呈现出频值不变而仅幅值变化的特性。

3. 末级叶轮压力脉动特性

模型泵末级叶轮不同位置处的压力脉动时域分布分别如图3-61a、b所示。图3-61a中，a、b、c三点表示距离多级泵入口竖直管道中心线$Z=526.5$mm截面处，即末级叶轮进口的不同半径。a点表示末级叶轮轴向进口流道内壁（$R=$

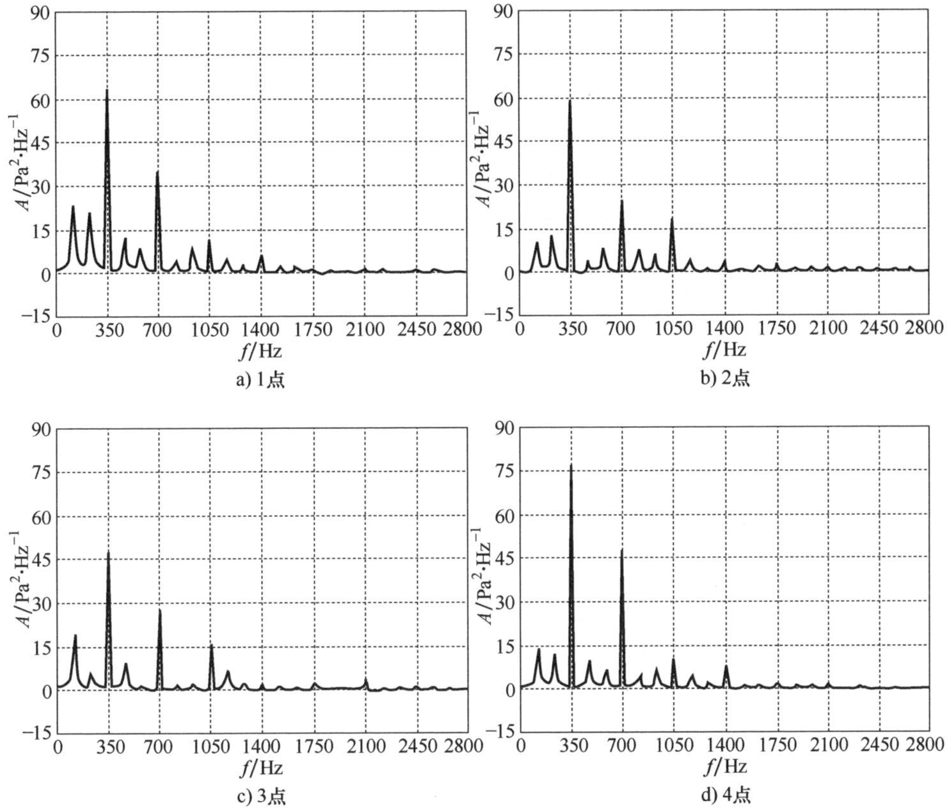

图 3-60 次级叶轮出口不同位置的频域分布

62mm）点；c 点表示末级叶轮轴向进口流道外壁（$R = 95$mm）点；b 表示末级叶轮轴向进口流道中间点，即位于 a 点和 c 点中间。在图 3-61b 中，1、2、3、4 四点表示距离多级泵入口竖直管道中心线 $Z = 571.5$mm 截面处。

由图 3-61a 可知 c 点的总压幅值相对较大，而且周期性较好。在 6 个计算周期内 c 点最小值为 4891.42kPa，最大值为 5177.16kPa，平均值为 5071.15kPa。末级叶轮进口 b 点在 6 个计算周期内呈现的最小值为 4948.19kPa，最大值为 5023.18kPa，平均值为 4996.02kPa。末级叶轮进口 c 点在 6 个计算周期内呈现的最小值为 4936.97kPa，最大值为 5014.50kPa，平均值为 4976.18kPa。从 a、b、c 三点各自的总压值可知，b 点的最小值最大，a 点其次，c 点最小；c 点的最大值最大，b 点其次，a 点最小；c 点的平均值最大，b 点其次，a 点最小。最大值和最小值的变化规律不同，而最大值和平均值变化规律相同。

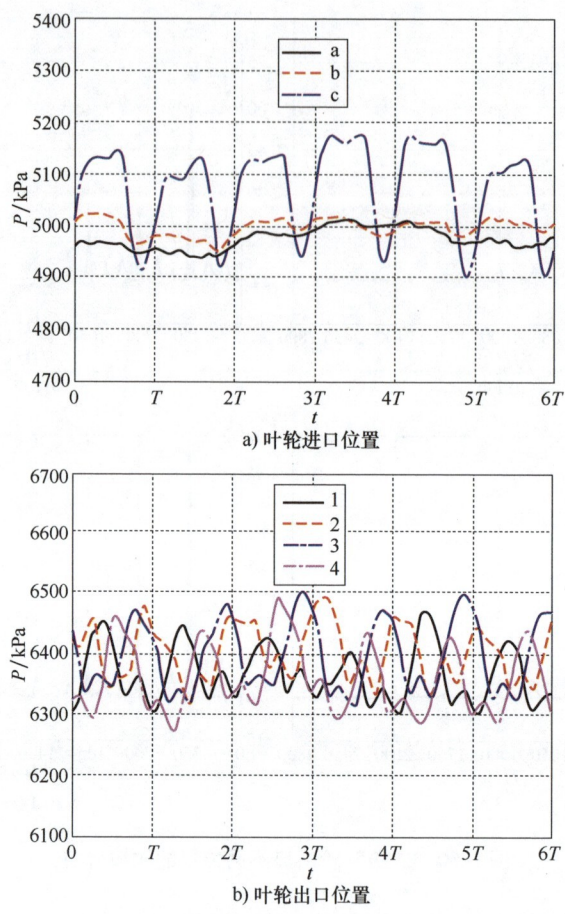

图 3-61 末级叶轮不同位置处的压力脉动时域图

a 点在 $0.06T$ 时刻达到总压最大值 4972.62kPa，在 $0.88T$ 时刻达到总压最小值 4947.94kPa。对于末级叶轮进口 b 点，在 $0.31T$ 时刻达到总压最大值 5023.18kPa，在 $0.75T$ 时刻达到总压最小值 4963.57kPa。对于末级叶轮进口 c 点，在 $0.56T$ 时刻达到总压最大值 5148.54kPa，在 $0.88T$ 时刻达到总压最小值 4909.16kPa。b 点最先出现压力最小值，a 和 c 同时出现最小值。压力出现最大值的先后顺序依次为 a、b、c，即压力梯度的方向是从内壁面向外壁面拓展的，在该过流断面上极易发生二次流现象，从而增大水力损失，降低泵的水力输送效率。由图 3-61b 可知，末级叶轮出口截面四个点处的总压幅值大小的周期性较好。末级叶轮出口截面 1 点处在 6 个计算周期内最小值为 6297.82kPa，最大值为 6471.13kPa，平均值为 6366.54kPa。末级叶轮出口截面 2 点处在 6 个计算周期内最小值为6305.28kPa，最大值为6497.36kPa，平均值为6399.52kPa。截面3点处在6个计算周期内最小值为6307.52kPa，最大值为6510.10kPa，平均值为6393.83kPa。末级叶轮出口截面4点在6个计算周期内最小值为6266.42kPa，最大值为6498.49kPa，平均值为6357.27kPa。从1、2、3、4四点各自的总压值可知，3点的最小值最大，2点其次，1点再次，4点最小；3点的最大值最大，4点其次，2点再次，1点最小；2点的平均值最大，3点其次，1点再次，4点最小。最大值和最小值的变化规律不同。末级叶轮出口截面1点在$0.44T$时刻达到总压最大值6455.78kPa，在初始时刻达到总压最小值6301.99kPa。对于2点，在$0.94T$时刻达到总压最大值6483.83kPa，在$0.5T$时刻达到总压最小值6337.30kPa。末级叶轮出口截面3点在$0.88T$时刻达到总压最大值6473.40kPa，在$0.19T$时刻达到总压最小值6329.42kPa。4点在$0.56T$时刻达到总压最大值6464.66kPa，在$0.31T$时刻达到总压最小值6287.00kPa。末级叶轮出口沿顺时针方向1、2、3、4点压力最大值先增大后减小，压力最小值先增大再减小。最大值的先后顺序依次为1、4、3、2，同时发现4个点压力出现最小值的先后顺序依次为1、3、4、2，由此可见末级叶轮出口不同位置处压力变化的同步性不一致。

末级叶轮出口不同位置处的压力脉动频域分布如图3-62所示。由图可知末级叶轮中截面顺时针方向1、2、3、4点处的主频分别为350.59Hz、350.59Hz、350.59Hz、350.59Hz，主频幅值分别为73.86Pa^2 Hz^{-1}、85.20Pa^2 Hz^{-1}、78.02Pa^2 Hz^{-1}、76.56Pa^2 Hz^{-1}，次主频分别为701.18Hz、1051.77Hz、701.18Hz、701.18Hz，次主频幅值分别为29.90Pa^2 Hz^{-1}、17.00Pa^2 Hz^{-1}、24.51Pa^2 Hz^{-1}、34.22Pa^2 Hz^{-1}。其中，末级叶轮出口沿顺时针方向1、2、3、4点处的主频完全相等，末级叶轮中截面顺时针方向2点处的次主频为1051.77Hz，而其他位置的次主频都为701.18Hz，次主频不完全相等。主频幅值先增大再减小，次主频幅值先减小再增大。总之，末级叶轮出口处的频域变化呈现出与第四级叶轮相似的变化规律，即主频值不变而次主频值变化，幅值变化的趋势。

3.2.5.2 模型泵内流场流体激励力特征

采用章节2.1所示激励力提取方法，对作用于模型泵叶轮上的流体激励力进行快速傅里叶变换获得其频率分布，锁定激励力主导频率分量进行滤波处理并分别拟合求得激励力随时间变化的解析表达，并基于傅里叶级数展开获得前三阶主导频率分量组成下的激励力模型。以该模型0.8倍额定流量工况下的Y

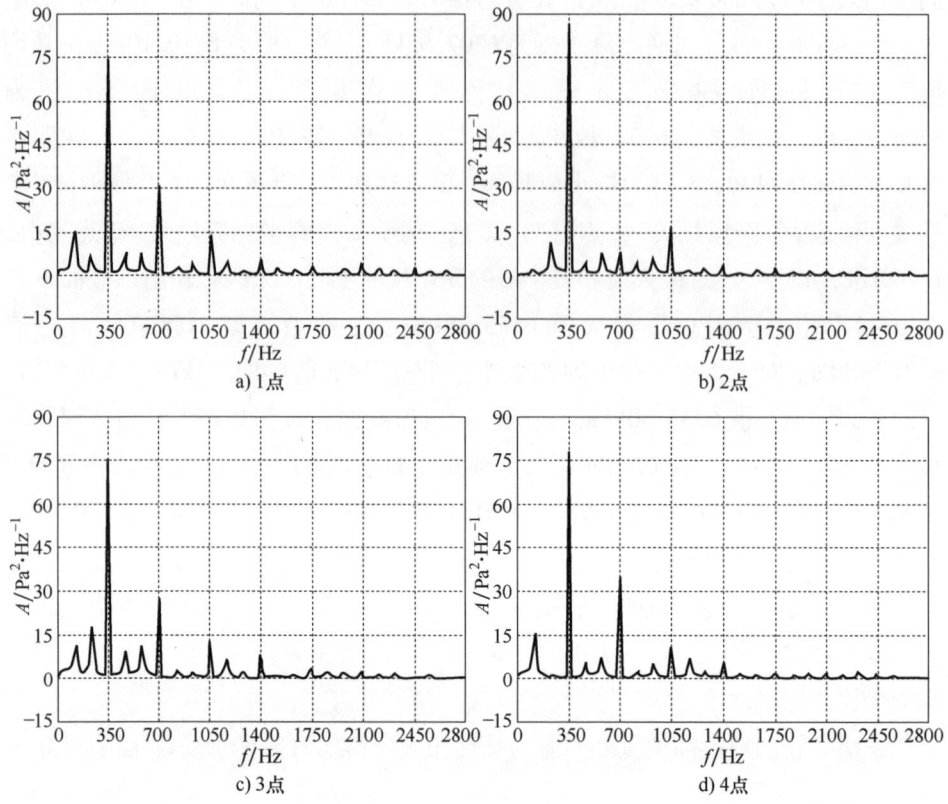

图 3-62 末级叶轮不同出口处的频域图

方向首级叶轮流体激励力分析为例,将作用于首级叶轮上的流体激励力分量 F_y 的时域监测数据进行傅里叶变换,得到对应的频域分布特性(如图 3-63)。由图可知,激励力主导频率集中于 49Hz(1 倍转频),742Hz(约为 15 倍转频),1238Hz(约为 25 倍转频),对各对应频段进行滤波操作并进行正弦函数曲线拟合及线性耦合可得流体激励力在 Y 方向的激励力近似数值模型 $F_{y1} = 106.52\sin(99\pi t + 39.2°) + 33.75\sin(1490\pi t - 213.5°) + 16.81\sin(2482.8\pi t - 215.5°)$。同理,可对次级叶轮流体激励力 Y 方向分量进行频域分布特性分析,如图 3-64 所示,其主导频率集中于 49Hz(约为 1 倍转频),346Hz(约为 7 倍转频),对各对应频段进行滤波操作并进行正弦函数曲线拟合及线性耦合可得流体激励力在 Y 方向的激励力近似数值模型 $F_{y2} = 288.67\sin(99\pi t + 4.78°) + 143.15\sin(689.66\pi t - 235.38°)$。

各级叶轮在不同流量工况下的前三阶主频及其对应的激励力频率分布、各频段对应幅值特性、初相位特性分别见表 3-3 ~ 表 3-5。

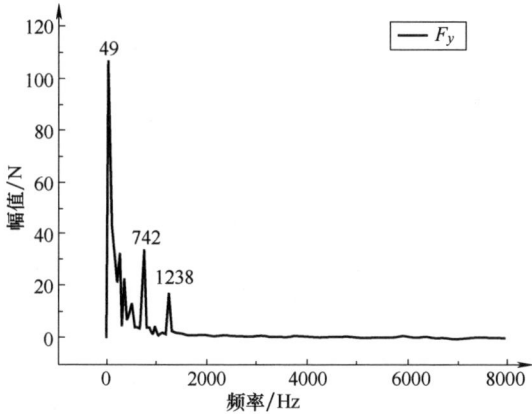

图 3-63 首级叶轮 F_y 频域分布特性

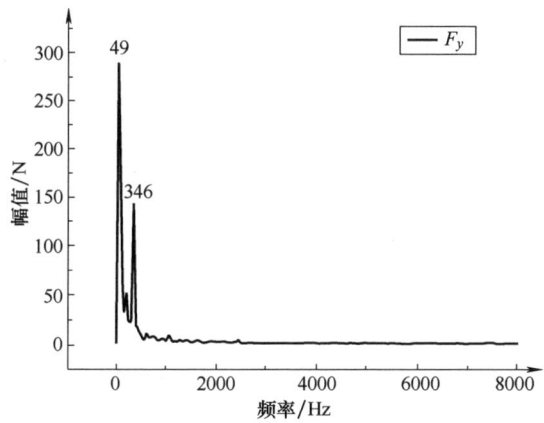

图 3-64 次级叶轮 F_y 频域分布特性

表 3-3 各级叶轮主流场激励力频率特性

流量工况	F_x 主频/Hz			F_y 主频/Hz		
	主频1	主频2	主频3	主频1	主频2	主频3
1 级叶轮						
$0.4Q$	49	248		49	248	
$0.6Q$	49	248		49	248	
$0.8Q$	49	742	1238	49	742	1238
$1.0Q$	742	1238		742	1238	
$1.2Q$	49	347		49	247	

（续）

流量工况	F_x 主频/Hz			F_y 主频/Hz		
	主频1	主频2	主频3	主频1	主频2	主频3
2 级叶轮						
0.4Q	49	347		49	347	
0.6Q	49	347		49	347	
0.8Q	49	347		49	347	
1.0Q	49	347		49	347	
1.2Q	49	347		49	347	
3 级叶轮						
0.4Q	49	347		49	347	
0.6Q	49	347		49	347	
0.8Q	49	347		49	347	
1.0Q	49	347		49	347	
1.2Q	49	347		49	347	
4 级叶轮						
0.4Q	49	347		49	347	
0.6Q	49	347		49	347	
0.8Q	49	347		49	347	
1.0Q	49	347		49	347	
1.2Q	49	347		49	347	
5 级叶轮						
0.4Q	49	347		49	347	
0.6Q	49	347		49	347	
0.8Q	49	347		49	347	
1.0Q	49	347		49	347	
1.2Q	49	347		49	347	

表 3-4 各级叶轮主流场激励力各频段对应幅值特性

流量工况	F_x 幅值/N			F_y 幅值/N		
	1 主频	2 主频	3 主频	1 主频	2 主频	3 主频
1 级叶轮						
0.4Q	222.1466	200.7349		427.92	166.25	
0.6Q	328.705	211.51		291.09	100.835	
0.8Q	49.7	27.2	17.66	106.52	33.75	16.81
1.0Q	35.76	18.698		43.876	18.88	
1.2Q	370.89	184.85		212.25	88.13	

第3章 非定常流体激励与转子系统运动模型构建

（续）

流量工况	F_x 幅值/N			F_y 幅值/N		
	1主频	2主频	3主频	1主频	2主频	3主频
2级叶轮						
0.4Q	187.39	514.48		268.25	568.52	
0.6Q	353.18	286.283		401.156	303.214	
0.8Q	315.7	205.12		288.67	143.15	
1.0Q	56.95	57.84		30.81	37.91	
1.2Q	91.26	184.85		233.529	211.03	
3级叶轮						
0.4Q	273.7	559.72		324.9885	586.15	
0.6Q	305.76	204.17		331.59	330.39	
0.8Q	185.9	70.204		555.99	147.997	
1.0Q	115.7675	45.41		139.2	74.745	
1.2Q	203.07	165.52		124.66	206.8589	
4级叶轮						
0.4Q	345.96	531.29		342.13	587.33	
0.6Q	179.56	363.76		288.76	306.81	
0.8Q	451.21	169.42		620.82	154.92	
1.0Q	82.045	37.077		53.4602	22.348	
1.2Q	124.27	160.0997		134.95	217.159	
5级叶轮						
0.4Q	268.06	497.95		386.7	563.86	
0.6Q	181.96	248.65		191.19	431.62	
0.8Q	200.076	178.88		272.25	105.919	
1.0Q	84.42	55.81		97.03	32.18	
1.2Q	468.21	213.595		70.47588	213.445	

表3-5 各级叶轮主流场激励力各频段对应初相位特性

流量工况	F_x 初相位/(°)			F_y 初相位/(°)		
	1主频	2主频	3主频	1主频	2主频	3主频
1级叶轮						
0.4Q	-86.4	30.875		6.95	-217.89	
0.6Q	-146.3	-160.299		-0.82	-80.33	
0.8Q	-48.12	-118.7	50.22	39.2	-213.5	-215.5
1.0Q	-149.65	15.47		89.54	65.56	
1.2Q	4.678	-77.19		40.81	-15.49	

(续)

流量工况	F_x 初相位/(°)			F_z 初相位/(°)		
	1 主频	2 主频	3 主频	1 主频	2 主频	3 主频
2 级叶轮						
0.4Q	54.7	-216.25		-181.78	57.05	
0.6Q	-58.28	-232.14		-23.17	-229.2	
0.8Q	-123.9	-235.38		4.78	53.96	
1.0Q	-255.2	33.7		-6.05	-28.466	
1.2Q	-224.4	-77.19		-139.72	-206.07	
3 级叶轮						
0.4Q	53.287	-212.5		-189.4	60.375	
0.6Q	4.12	-180		-174.12	86.85	
0.8Q	-87.33	0.62		7.24	46.897	
1.0Q	-200.85	-203.75		-83.4	-81.682	
1.2Q	5.573	-72.85		-1.726	-184.898	
4 级叶轮						
0.4Q	35.8	-212.5		-192.48	-60.625	
0.6Q	-197.1	-197.38		-147.39	51.14	
0.8Q	-22.81	-213.75		14.23	15.72	
1.0Q	-214.8	30.386		-81.62	28.08	
1.2Q	36.71	-84		25.485	-187.3	
5 级叶轮						
0.4Q	51.33	-212.5		-194.97	64.125	
0.6Q	-240.6	-192.4		-160.4	52.1	
0.8Q	18.178	-192.4		-44.73	6.12	
1.0Q	-217.3	11.02		-35.82	-31.313	
1.2Q	40.455	80.27		-36.7	-194.59	

3.3 离心泵转子系统动力学分析

3.3.1 转子系统的设计与校核

离心泵机组转子系统动力学分析根据振动方向又分为横向振动、轴向振动与扭转振动[214]。横向振动是指沿着旋转轴截面直径方向的振动形式，是衡量工业流程离心泵运行性能的重要指标。①横向振动超标容易导致耐磨环定子与转子发生摩擦与碰撞，影响机组稳定、安全运行。API610、GB/T 29531 等相关标准中均对工业流程离心泵的横向振动测量位置、测量方法与振动烈度评价做了具体要求。②轴向振动是指沿旋转主轴方向的振动，此类振动超标问题一般出现于运行工况范围较大的离心泵机组中，特别是航空航天类特种用泵。③扭转振动是指使转轴发生扭曲的扭转摆动。单台离心泵机组属于单跨转子，其扭转固有频率远高于运行转速，不会引发扭转振动问题，因此，扭转固有频率及振动的计算与校核未列入产品设计要求。然而，随着离心泵机组向大型化发展，由离心泵机组转子系统、透平转子系统及大型电机转子系统或工业汽轮机转子系统共同构成的多转子串联轴系的扭转固有频率及扭转振动的校核成为产品设计的重要环节，2010 年更新的 API610 中重点对扭转分析做了更改。

根据机组实际运行状态，相关设计与校核中多以横向振动分析为主，该部分分析可以确定转子的无阻尼临界转速、干态临界转速与湿态临界转速，指导转子系统的设计并保证转子系统设计转速下稳定运行；预估转子系统的振动响应，控制工作转速与特殊转速下的各轴颈处的振幅，指导转子和静子之间的间隙值的设计；确定平衡方法与平衡工艺。如图 3-65 离心泵转子系统设计流程所

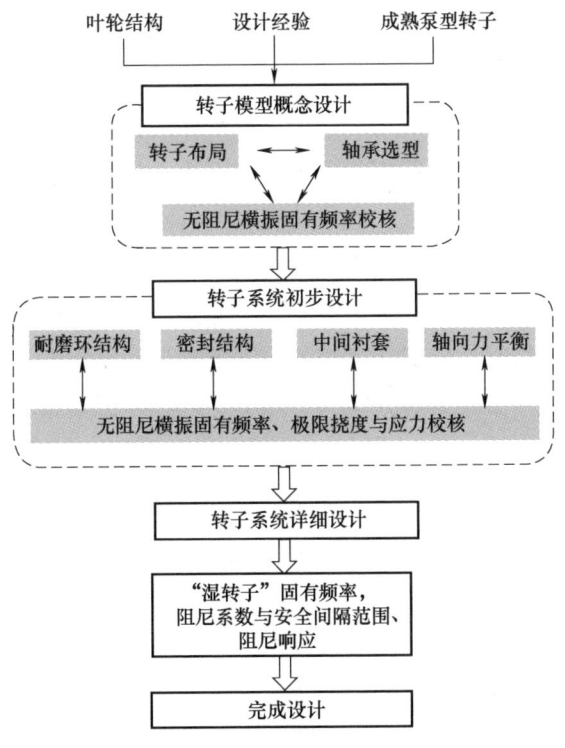

图 3-65　离心泵转子系统设计流程概念图

示，转子系统概念设计阶段，根据若干组相似机组的轴承支承刚度，分别计算转子系统的各阶无阻尼横振临界转速，确定各阶临界转速随支承刚度的变化关系。以各阶临界转速须避开工作转速的 0.8~1.2 倍区间为设计原则，确定支承刚度应当取值的范围，据此向支承与轴承设计部门提出设计要求。转子系统初步设计阶段，根据拟采用的轴承详细参数，计算仅考虑轴承支承刚度的转子系统一阶、二阶无阻尼横振临界转速及其对应振型、轴系应力分布，校验设计转速是否处于各阶无阻尼横振临界转速 0.8~1.2 倍区间之外；校验轴及各转子部件的材料强度；校核轴径、轴跨度、挠度极限是否满足 API610 的要求，并根据校核结果提出轴、转子部件的结构优化建议与耐磨环、轴承衬套的优化设计方案。转子系统详细设计阶段，计算考虑轴承刚度、轴承阻尼的转子系统干态临界转速及其对应振型、考虑轴承刚度、轴承阻尼、耐磨环、中间衬套、平衡鼓等间隙等效刚度与阻尼的坎贝尔图、湿态临界转速及其对应振型，校验系统阻尼系数是否满足安全间隔范围的要求，并进一步提出耐磨环、中间衬套的完善方案。

特别要注意的是，离心泵机组工作状态下的外部激励载荷包括由水力因素及传动因素造成的不同动载荷，如运行时轴承要承受机组转动部件的机械不平衡力、水力不平衡力及叶轮叶片与导叶之间动静干涉产生的脉动压力；偏离设计工况运行时，水力不平衡力及动静干涉脉动压力幅值增大，对机组的动力学性能影响加剧。考虑到现场运行条件与自然因素，机组动力学性能还可能受电磁力、地震载荷等因素的影响。这些动载荷按其随时间的变化规律可分为周期性载荷、冲击载荷及随机载荷。其中，周期性载荷是离心泵机组运行时最普遍的载荷方式，如转动部件的机械不平衡力、非定常流体激励力等均属于周期性载荷。阻尼响应校核时，应综合考虑各不同的周期性载荷的作用，并借助傅里叶变换将非定常流体激励力等分解为一系列主导频率的简谐分量之和，校核转子系统的阻尼响应幅值。

此外，根据转子一阶、二阶湿态临界转速及对应模态振型，将不平衡质量矩与流体激励力按振动形态比例分配数值与相位到对应叶轮位置的平衡平面内，在 0~1.2 倍转速范围内做振动响应计算，得到转子各界面的振动预估值，该预估振幅为转子与静子之间的间隙值提供设计参考。转子系统的加工与安装阶段，在动平衡台上，根据模态振型的完备性，可将校正质量依次按照各阶模态振型进行分布，完成转子系统的动平衡。此外，耐磨环、中间衬套等效动力学特性参数可作为低速与高速动平衡实验的支承加载的参考值，干态及湿态临界转速可作为参考指导实验操作。

3.3.2 不同坐标系运动的描述与转换

离心泵转子系统运动方程多建立在空间直角坐标系 $oxyz$ 下，其中 oz 轴沿转子的轴线方向，x 轴和 y 轴位于简化的叶轮中心面上。以图 2-2a 所示单级离心泵转子系统为例，由于材料不均匀、加工误差等因素，由叶轮简化的叶轮质心偏离轴线，偏心距为 ε，当转子系统以角速度 ω 转动时，偏心质量引起的离心力（不平衡力）作用在轴上，使轴弯曲。叶轮除绕轴心自转外，随轴的弯曲弹性线绕轴承连线以频率 ω_n 做公转，这种运动形式称为"涡动"[215]。一般情况下，"涡动"轨迹为椭圆，即在 x 与 y 方向振幅不同，在运动学上可以将这一沿椭圆轨迹在圆柱坐标系下的运动看成沿两个圆轨迹运动的合成。这两个分运动的圆频率（角速度）相等而转向相反，即[216]：

$$\begin{aligned}x &= X_p\cos(\omega t+\varphi_p)+X_r\cos(\omega t+\varphi_r)\\ y &= X_p\sin(\omega t+\varphi_p)-X_r\sin(\omega t+\varphi_r)\end{aligned} \quad (3\text{-}30)$$

式中，X_p 为圆频率为 ω_n 的分运动的圆轨迹的半径，即幅值；φ_p 为幅值为 X_p 的运动分量的相位角；X_r 为幅值为圆频率为 $-\omega_n$ 的分运动的圆轨迹的半径，即幅值；φ_r 为幅值为 X_r 的运动分量的相位角。

同时，该"涡动"运动也可以采用复数表示。这一描述方式常用于环形密封、径向轴承微元控制方程组、运动方程中，便于进行微积分运算与求解。引入复向量 $\tilde{x}=X_c+\mathrm{i}X_s=x_p+x_r$，$\tilde{y}=Y_c-\mathrm{i}Y_s=-\mathrm{i}(x_p-x_r)$，式（3-30）可表示为

$$\begin{aligned}x_p &= X_{pc}+\mathrm{i}X_{ps}=\frac{1}{2}(X_c-Y_s)+\mathrm{i}\left[\frac{1}{2}(X_s+Y_c)\right]=\frac{1}{2}(\tilde{x}+\mathrm{i}\tilde{y})\\ x_r &= X_{rc}+\mathrm{i}X_{rs}=\frac{1}{2}(X_c+Y_s)+\mathrm{i}\left[\frac{1}{2}(X_s-Y_c)\right]=\frac{1}{2}(\tilde{x}-\mathrm{i}\tilde{y})\end{aligned} \quad (3\text{-}31)$$

离心泵转子系统运动方程、轴承、轴承座、机架或基座以及环形密封等部件的动力特性一般采用固定坐标系进行描述，但转子系统的结构为非轴对称时，需采用与转子同步旋转的坐标系对转子涡动运动进行描述。如图 3-66 所示，固定坐标系为 oxy 中旋转坐标系 o-ζ-η 以转子的自转角速度绕 oz 轴转动，则在 o-ζ-η 坐标系中 o' 点的涡动可表示为

$$\begin{aligned}\xi &= x\cos(\Omega t)+y\sin(\Omega t)\\ \eta &= -x\sin(\Omega t)+y\cos(\Omega t)\end{aligned} \quad (3\text{-}32)$$

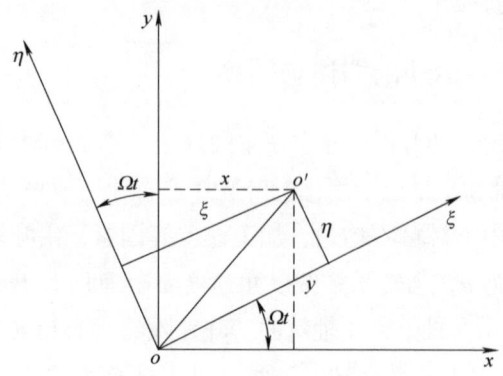

图 3-66 质点运动的固定坐标系和旋转坐标系

该点的相对速度和绝对速度间的关系可化为[216]

$$\dot{\xi} - \Omega\eta = \dot{x}\cos(\Omega t) + \dot{y}\sin(\Omega t)$$
$$\dot{\eta} + \Omega\xi = -\dot{x}\sin(\Omega t) + \dot{y}\cos(\Omega t)$$
(3-33)

相对加速度与绝对加速度为[216]

$$\ddot{\xi} - \Omega^2\xi - 2\Omega\dot{\eta} = \ddot{x}\cos(\Omega t) + \ddot{y}\sin(\Omega t)$$
$$\ddot{\eta} - \Omega^2\eta + 2\Omega\dot{\xi} = -\ddot{x}\sin(\Omega t) + \ddot{y}\cos(\Omega t)$$
(3-34)

3.3.3 转子系统运动方程的建立

离心泵转子系统通常由弹性轴和装配在轴上的叶轮、轴套等惯性原件组成，轴承及考虑"洛马金"效应的耐磨环起着支承转子和约束转子运动的作用。系统的运动方程是转子动力学特性分析的基础，可利用达朗贝尔原理、虚位移原理、哈密顿原理或能量法建立。根据泵结构形式复杂程度和计算要求的不同，用于描述振动系统的所需坐标量的数目有所不同，相应转子系统可做不同简化。如果所需独立参数只有一个，称为单自由度系统（Single Degree of Freedom），例如单级泵简化为单质点轴的横向振动系统、单叶轮轴的扭转振动系统等。如果需要用两个或两个以上独立参数确定系统的几何位置时，该系统则称为两自由度或多自由度系统（Multiple Degree of Freedom），例如多质点轴的横向振动系统、多叶轮轴的扭转振动系统。对于连续弹性体，可以看成无穷个质点组成的系统，需要用无穷个参数或一个连续函数来确定系统位置。目前，离心泵转子系统动力学特性分析中通常将转轴上的叶轮简化为刚性圆盘，视为刚性体；

旋转轴视为连续分布的弹性体结构，采用无质量弹簧与集中质量来描述其振动。

离心泵转子系统旋转时，刚性叶轮只有平动动能及转动动能，没有势能。图 3-67 给出叶轮静止时和旋转时其质心的空间位置，同静止情况相比，叶轮在轴系的弯曲和变形情况下其运动状态也会发生变化，相对于绝对坐标系 $oxyz$ 而言，不仅有平动，还包含绕三个坐标轴的转动。其运动状态可用质心坐标及相应的空间欧拉角进行表示，平移坐标系 $o_c x'y'z'$ 与叶轮质心固结，各平动坐标轴与绝对坐标轴平行，经过相应空间欧拉角变换，平移坐标系最终到达 $o_c x_3 y_3 z_3$ 的位置。

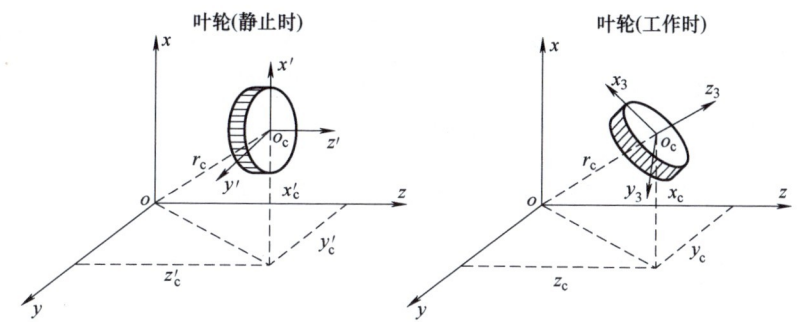

图 3-67 刚体叶轮静止及工作时空间位置

具体的空间欧拉角及坐标变换如图 3-68 所示，固结于叶轮质心的平移坐标轴首先绕 y' 轴逆时针旋转一定角度 $\theta_{y'}$，此时 x' 轴和 z' 轴分别转到 x_1 轴和 z_1 轴的位置，y' 轴和 y_1 轴重合，然后依次按照 x_1 轴和 z_2 轴逆时针分别旋转相应的 θ_{x_1} 和 θ_{z_2} 角度，最后得到 $o_c x_3 y_3 z_3$ 坐标系。

设上图中平移坐标矢量单位为 i'，j'，k'，各旋转坐标矢量单位分别为 i_n，j_n，k_n（$n=1$，2，3），其中数字 n 表示进行第 n 次旋转后的矢量单位状态。则各坐标矢量的关系可表示成以下形式：

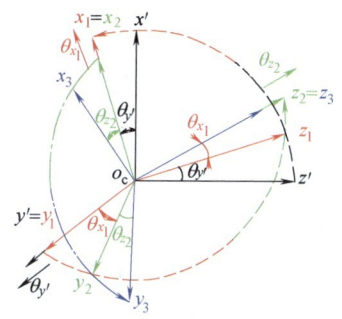

图 3-68 空间欧拉角及坐标变换示意图

$$\begin{pmatrix} i_3 \\ j_3 \\ k_3 \end{pmatrix} = A' \begin{pmatrix} i' \\ j' \\ k' \end{pmatrix} = \begin{pmatrix} \cos\theta_{z_2} & \sin\theta_{z_2}\cos\theta_{x_1} & \sin\theta_{z_2}\sin\theta_{x_1} \\ -\sin\theta_{z_2} & \cos\theta_{z_2}\cos\theta_{x_1} & \cos\theta_{z_2}\sin\theta_{x_1} \\ 0 & -\sin\theta_{x_1} & \cos\theta_{x_1} \end{pmatrix} \begin{pmatrix} i_1 \\ j_1 \\ k_1 \end{pmatrix} = \begin{pmatrix} \cos\theta_{z_2} & \sin\theta_{z_2} & 0 \\ -\sin\theta_{z_2} & \cos\theta_{z_2} & 0 \\ 0 & 0 & 1 \end{pmatrix} \begin{pmatrix} i_2 \\ j_2 \\ k_2 \end{pmatrix}$$

(3-35)

其中：$A' = \begin{pmatrix} a'_{11} & a'_{12} & a'_{13} \\ a'_{21} & a'_{22} & a'_{23} \\ a'_{31} & a'_{32} & a'_{33} \end{pmatrix}$，$a'_{11} = \cos\theta_{y'}\cos\theta_{z_2} + \sin\theta_{x_1}\sin\theta_{y'}\sin\theta_{z_2}$，$a'_{12} = \cos\theta_{x_1}\sin\theta_{z_2}$，$a'_{13} = -\sin\theta_{y'}\cos\theta_{z_2} + \sin\theta_{x_1}\cos\theta_{y'}\sin\theta_{z_2}$，$a'_{21} = -\cos\theta_{y'}\sin\theta_{z_2} + \sin\theta_{x_1}\sin\theta_{y'}\cos\theta_{z_2}$，$a'_{22} = \cos\theta_{x_1}\cos\theta_{z_2}$，$a'_{23} = \sin\theta_{y'}\sin\theta_{z_2} + \sin\theta_{x_1}\cos\theta_{y'}\cos\theta_{z_2}$，$a'_{31} = \cos\theta_{x_1}\sin\theta_{y'}$，$a'_{32} = -\sin\theta_{x_1}$，$a'_{33} = \cos\theta_{x_1}\cos\theta_{y'}$。

此时，叶轮绕质心的绝对转动角速度为

$$\boldsymbol{\omega}_d = \dot{\theta}_{x_1}\boldsymbol{i}_1 + \dot{\theta}_{y'}\boldsymbol{j}' + \dot{\theta}_{z_2}\boldsymbol{k}_2 \tag{3-36}$$

则结合式（3-35）和式（3-36），对于横向振动的叶轮，在 $o_c x_2 y_2 z_2$ 坐标系中包含平动动能和转动动能的总动能为

$$T_d = \frac{1}{2}m_d(\dot{x}^2 + \dot{y}^2) + \frac{1}{2}[J_x\dot{\theta}_{x_1}^2 + J_y\dot{\theta}_{y'}^2(\cos\dot{\theta}_{x_1})^2 + J_z(\dot{\theta}_{z_2} - \sin\theta_{x_1}\dot{\theta}_{y'})^2] \tag{3-37}$$

当 θ_{x_1} 和 $\theta_{y'}$ 较小时，$\sin\theta_{x_1} \approx \theta_{x_1} \approx \theta_x$、$\sin\theta_{y'} \approx \theta_{y'} \approx \theta_y$、$\cos\theta_{x_1} \approx \cos\theta_{y'} \approx 1$ 且 $\dot{\theta}_{z_2} \approx \omega$，对于圆柱形截面，$J_d^d = J_x = J_y$，$J_p^d = J_z$，并略去高阶项，则刚体叶轮动能可近似简化为

$$T_d = \frac{1}{2}m_d(\dot{x}^2 + \dot{y}^2) + \frac{1}{2}[J_d^d(\dot{\theta}_x^2 + \dot{\theta}_y^2) + J_p^d\omega^2 - 2J_p^d\omega\theta_x\dot{\theta}_y] \tag{3-38}$$

将式（3-38）代入式（3-39）的非保守系统的拉格朗日方程：

$$\frac{\mathrm{d}}{\mathrm{d}t}\left(\frac{\partial T_n}{\partial \dot{u}_j}\right) - \frac{\partial(T_n - V_n)}{\partial u_j} = q_j, \quad j = 1, 2, \cdots \tag{3-39}$$

其中：u_j 为广义坐标，q_j 为对应的广义力。

同时引入 $\boldsymbol{u}_1^d = (x, \theta_y)^\mathrm{T}$ 和 $\boldsymbol{u}_2^d = (y, -\theta_x)^\mathrm{T}$ 两个广义坐标矢量，即刚体叶轮运动方程组可写成以下形式[215]：

$$\begin{cases} \boldsymbol{M}_d\dot{\boldsymbol{u}}_1^d + \omega\boldsymbol{J}_d\dot{\boldsymbol{u}}_2^d = \boldsymbol{q}_1^d \\ \boldsymbol{M}_d\dot{\boldsymbol{u}}_2^d - \omega\boldsymbol{J}_d\dot{\boldsymbol{u}}_1^d = \boldsymbol{q}_2^d \end{cases} \tag{3-40}$$

其中：$\boldsymbol{M}_d = \begin{pmatrix} m_d & 0 \\ 0 & J_d^d \end{pmatrix}$，$\boldsymbol{J}_d = \begin{pmatrix} 0 & 0 \\ 0 & J_p^d \end{pmatrix}$，$\boldsymbol{q}_1^d$ 和 $\boldsymbol{q}_2^d$ 为叶轮对应的广义力。

对于考虑轴承与环形密封作用的离心泵转子-轴承-密封耦合系统而言，常采用有限元法或者传递矩阵法建立其运动方程，其中转子轴系作为各模块作用力的载体，将各模块作用整合在一起，是整个耦合系统运动模型创建中最为重要的部

分。利用有限元法将轴系进行节点划分以后，各节点均具有多个广义坐标，因此，本质上轴系是一个多自由度模块。图 3-69 所示即为典型的轴系节点微元。

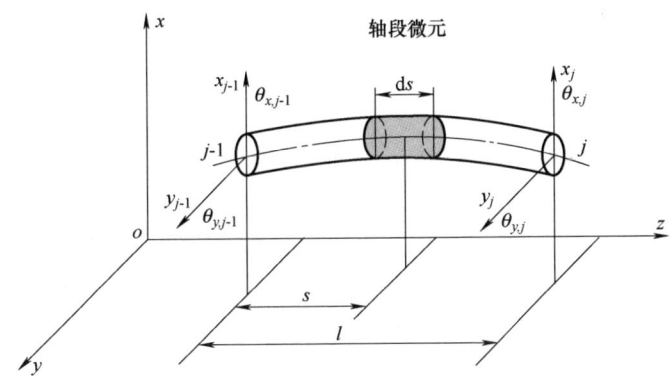

图 3-69 轴段微元示意图

对于每个独立的节点单元，其可以看作是由众多的轴段微元组成的整体。如图 3-69 所示，某轴段左右两节点号分别为 $j-1$ 和 j，两节点中间 s 处的轴段微元坐标可以用两端节点的广义坐标进行表示，同刚体叶轮一致，每个节点对应有四个自由度，引入下列两个广义坐标矢量 $\boldsymbol{u}_1^e = (x_{j-1}, \theta_{y,j-1}, x_j, \theta_{y,j})^T$ 和 $\boldsymbol{u}_2^e = (y_{j-1}, -\theta_{x,j-1}, y_j, -\theta_{x,j})^T$，则中间微元体的广义坐标可表示为[17,215]：

$$\begin{pmatrix} x \\ y \end{pmatrix} = \begin{pmatrix} \boldsymbol{N} & \boldsymbol{0} \\ \boldsymbol{0} & \boldsymbol{N} \end{pmatrix} \begin{pmatrix} \boldsymbol{u}_1^e \\ \boldsymbol{u}_2^e \end{pmatrix}, \begin{pmatrix} \theta_y \\ -\theta_x \end{pmatrix} = \begin{pmatrix} \boldsymbol{N}' & \boldsymbol{0} \\ \boldsymbol{0} & \boldsymbol{N}' \end{pmatrix} \begin{pmatrix} \boldsymbol{u}_1^e \\ \boldsymbol{u}_2^e \end{pmatrix} \quad (3-41)$$

其中：$\boldsymbol{N}'$ 为矢量 $\boldsymbol{N}$ 对 s 的导数，$\boldsymbol{N} = (N_1, N_2, N_3, N_4)$，$N_1 = 1 - 3(s/l)^2 + 2(s/l)^3$，$N_2 = s \cdot [1 - 2(s/l) + (s/l)^2]$，$N_3 = (s/l)^2[3 - 2(s/l)]$，$N_4 = (s^2/l) \cdot [-1 + (s/l)]$。

轴段微元可以单独看作是刚体圆盘，参考式（3-38），轴段微元动能为：

$$\mathrm{d}T_e = \frac{1}{2}\mu^e(\dot{x}^2 + \dot{y}^2)\mathrm{d}s + \frac{1}{2}[j_d^e(\dot{\theta}_x^2 + \dot{\theta}_y^2) + j_p^e\omega^2 - 2j_p^e\omega\theta_x\dot{\theta}_y]\mathrm{d}s \quad (3-42)$$

结合式（3-41），则式（3-42）可转化为以矢量 $\boldsymbol{u}_1^e$ 和 $\boldsymbol{u}_2^e$ 表示的形式：

$$\mathrm{d}T_e = \frac{1}{2}\left(\begin{pmatrix} \boldsymbol{N}\dot{\boldsymbol{u}}_1^e \\ \boldsymbol{N}'\dot{\boldsymbol{u}}_1^e \end{pmatrix}^T \begin{pmatrix} \mu^e & 0 \\ 0 & j_d^e \end{pmatrix} \begin{pmatrix} \boldsymbol{N}\dot{\boldsymbol{u}}_1^e \\ \boldsymbol{N}'\dot{\boldsymbol{u}}_1^e \end{pmatrix} + \begin{pmatrix} \boldsymbol{N}\dot{\boldsymbol{u}}_2^e \\ \boldsymbol{N}'\dot{\boldsymbol{u}}_2^e \end{pmatrix}^T \begin{pmatrix} \mu^e & 0 \\ 0 & j_d^e \end{pmatrix} \begin{pmatrix} \boldsymbol{N}\dot{\boldsymbol{u}}_2^e \\ \boldsymbol{N}'\dot{\boldsymbol{u}}_2^e \end{pmatrix}\right)\mathrm{d}s$$

$$+ \omega \begin{pmatrix} \boldsymbol{N}\dot{\boldsymbol{u}}_1^e \\ \boldsymbol{N}'\dot{\boldsymbol{u}}_1^e \end{pmatrix}^T \begin{pmatrix} 0 & 0 \\ 0 & j_p^e \end{pmatrix} \begin{pmatrix} \boldsymbol{N}\boldsymbol{u}_2^e \\ \boldsymbol{N}'\boldsymbol{u}_2^e \end{pmatrix}\mathrm{d}s + \frac{1}{2}j_p^e\omega^2\mathrm{d}s \quad (3-43)$$

进一步地，对上式进行积分即可得到两节点间的轴段动能：

$$T_e = \int_0^l dT_e = \frac{1}{2} \begin{pmatrix} \dot{u}_1^{eT} \\ \dot{u}_2^{eT} \end{pmatrix}^T \begin{pmatrix} M_{eT} + M_{eR} & 0 \\ \hline 0 & M_{eT} + M_{eR} \end{pmatrix} \begin{pmatrix} \dot{u}_1^e \\ \dot{u}_2^e \end{pmatrix} + \omega \dot{u}_1^{eT} J_e \dot{u}_2^e + \frac{1}{2} j_{pe} l \omega^2 \quad (3-44)$$

其中：$M_{eT} = \int_0^l \mu^e N^T N ds$，$M_{eR} = \int_0^l j_d^e N'^T N' ds$，$J_e = \int_0^l j_p^e N'^T N' ds$。

另外，由材料力学可知，对于图 3-69 所示的弯曲轴系，其弹性势能为

$$dV_e = \frac{1}{2} \left[EI_x \left(\frac{d^2 y}{ds^2} \right)^2 + EI_y \left(\frac{d^2 x}{ds^2} \right)^2 \right] ds \quad (3-45)$$

其中：$\frac{d^2 x}{ds^2} = N'' u_1^e$，$\frac{d^2 y}{ds^2} = N'' u_2^e$。

对于圆形轴段截面 $I = I_x = I_y$，对式（3-45）进行积分得到两节点间的轴段势能：

$$V_e = \int_0^l dV_e = \begin{pmatrix} u_1^{eT} \\ u_2^{eT} \end{pmatrix}^T \begin{pmatrix} K_e & 0 \\ \hline 0 & K_e \end{pmatrix} \begin{pmatrix} u_1^e \\ u_2^e \end{pmatrix} \quad (3-46)$$

其中：$K_e = EI \int_0^l N''^T N'' ds$。

将轴段节点单元的动能和势能代入式（3-39）的拉格朗日方程中，即可得到轴段节点单元的运动方程[215]：

$$\begin{cases} M_e \ddot{u}_1^e + \omega J_e \dot{u}_2^e + K_e u_1^e = q_1^e \\ M_e \ddot{u}_2^e - \omega J_e \dot{u}_1^e + K_e u_2^e = q_2^e \end{cases} \quad (3-47)$$

其中：$M_e = M_{eT} + M_{eR} = \begin{pmatrix} m_{11}^e & m_{12}^e \\ m_{21}^e & m_{22}^e \end{pmatrix}$，$J_e = \begin{pmatrix} j_{11}^e & j_{12}^e \\ j_{21}^e & j_{22}^e \end{pmatrix}$，$K_e = \begin{pmatrix} k_{11}^e & k_{12}^e \\ k_{21}^e & k_{22}^e \end{pmatrix}$，各矩阵中的子矩阵均是 2×2 阶矩阵形式。

由前面建模可知，相较于刚体叶轮，轴系具有更多的广义坐标，因此整个转子系统的运动模型需要以轴系运动方程为基础进行耦合。对于总节点为 n 的转子-轴承-密封系统，其可以划分为 $n-1$ 个轴段，设任何 j 节点处安装有刚体叶轮，则在仅考虑刚体叶轮和轴段的转子系统可以整合为

$$\begin{cases} M' \ddot{u}_1 + \omega J' \dot{u}_2 + K' u_1 = q_1 \\ M' \ddot{u}_2 - \omega J' \dot{u}_1 + K' u_2 = q_2 \end{cases} \quad (3-48)$$

其中：$\boldsymbol{u}_1 = (x_1, \theta_{y1}, x_2, \theta_{y2}, \cdots, x_j, \theta_{yj}, \cdots, x_n, \theta_{yn})^\mathrm{T}$，$\boldsymbol{u}_2 = (y_1, -\theta_{x1}, y_2, -\theta_{x2}, \cdots, y_j, -\theta_{xj}, \cdots, y_n, -\theta_{xn})^\mathrm{T}$。

式（3-48）的各系数矩阵为刚体叶轮系数矩阵和轴段系数矩阵的整合矩阵，图3-70所示为两者质量系数矩阵的整合关系，图中不同颜色的矩形框表示不同类型的节点的连接情况，对于总节点为n的多级离心泵转子-轴承-密封耦合系统，最后可得到$2n \times 2n$阶的整合质量系数矩阵。此外，刚体叶轮和轴段的刚度系数矩阵和阻尼系数矩阵可采用相同的方法进行整合，在此就不再赘述。

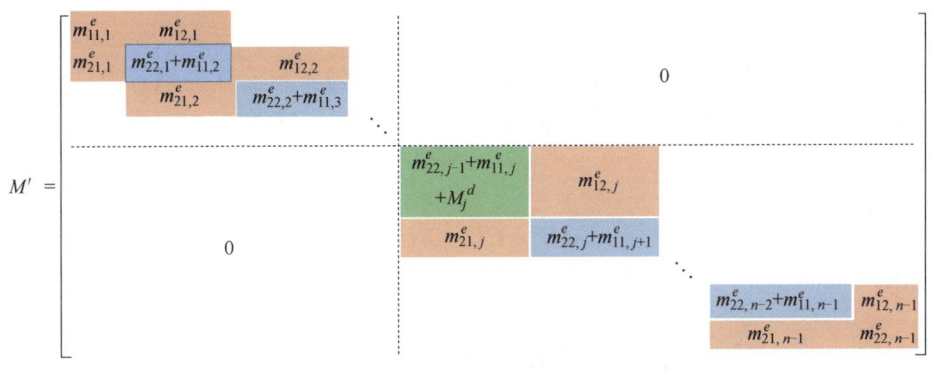

图3-70　刚体叶轮与轴系横向运动方程质量系数矩阵的整合

式（3-48）可转化成以下形式：

$$\tilde{\boldsymbol{M}}\ddot{\boldsymbol{U}} + \tilde{\boldsymbol{C}}\dot{\boldsymbol{U}} + \tilde{\boldsymbol{K}}\boldsymbol{U} = \boldsymbol{Q} \tag{3-49}$$

其中：$\tilde{\boldsymbol{M}} = \begin{pmatrix} \boldsymbol{M}' & 0 \\ 0 & \boldsymbol{M}' \end{pmatrix}$，$\tilde{\boldsymbol{C}} = \begin{pmatrix} 0 & \omega \boldsymbol{J}' \\ -\omega \boldsymbol{J}' & 0 \end{pmatrix}$，$\tilde{\boldsymbol{K}} = \begin{pmatrix} \boldsymbol{K}' & 0 \\ 0 & \boldsymbol{K}' \end{pmatrix}$，$\boldsymbol{U} = \begin{bmatrix} \boldsymbol{u}_1 \\ \boldsymbol{u}_2 \end{bmatrix}$，$\boldsymbol{Q} = \begin{Bmatrix} \boldsymbol{q}_1 \\ \boldsymbol{q}_2 \end{Bmatrix}$。

对于轴承和密封流体力与转子系统的耦合作用可采用矩阵运算的方法[160,217]进行整合。设口环密封作用于j节点，则多级离心泵转子耦合系统j节点位移为：

$$\begin{pmatrix} x_j \\ y_j \end{pmatrix} = \begin{pmatrix} \boldsymbol{e}_j^s & 0 \\ 0 & \boldsymbol{e}_j^s \end{pmatrix} \begin{pmatrix} \boldsymbol{u}_1 \\ \boldsymbol{u}_2 \end{pmatrix} = \boldsymbol{L}_j^s \boldsymbol{U} \tag{3-50}$$

其中：$\boldsymbol{e}_j^s = (\underbrace{0, 0, \cdots, 0}_{2 \times j - 2}, 1, \underbrace{0, \cdots, 0}_{2 \times (n-j)+1})$。

由密封流体激励力定义得到：

$$-\boldsymbol{Q}^s = \boldsymbol{L}_j^{s\mathrm{T}} \boldsymbol{K}_j^s \boldsymbol{L}_j^s \boldsymbol{U} + \boldsymbol{L}_j^{s\mathrm{T}} \boldsymbol{C}_j^s \boldsymbol{L}_j^s \dot{\boldsymbol{U}} + \boldsymbol{L}_j^{s\mathrm{T}} \boldsymbol{M}_j^s \boldsymbol{L}_j^s \ddot{\boldsymbol{U}} \tag{3-51}$$

其中：$\boldsymbol{K}_j^s$、$\boldsymbol{C}_j^s$ 和 $\boldsymbol{M}_j^s$ 分别为环形密封间隙节点处的密封刚度系数矩阵、阻尼系

数矩阵和质量系数矩阵。

将上式代入式（3-49），即可得到包含 j 节点处密封流体力的耦合系统运动方程：

$$(\tilde{M} + L_j^{s\mathrm{T}} M_j^s L_j^s) \ddot{U} + (\tilde{C} + L_j^{s\mathrm{T}} C_j^s L_j^s) \dot{U} + (\tilde{K} + L_j^{s\mathrm{T}} K_j^s L_j^s) U = Q \quad (3\text{-}52)$$

对于 n_s 个环形间隙密封作用的转子耦合系统而言，上式进一步可表示为：

$$\left(\tilde{M} + \sum_{n=1}^{n_s} L_n^{s\mathrm{T}} M_n^s L_n^s\right) \ddot{U} + \left(\tilde{C} + \sum_{n=1}^{n_s} L_n^{s\mathrm{T}} C_n^s L_n^s\right) \dot{U} + \left(\tilde{K} + \sum_{n=1}^{n_s} L_n^{s\mathrm{T}} K_n^s L_n^s\right) U = Q$$

$$(3\text{-}53)$$

最后将轴承作用力考虑到转子耦合系统中，与密封流体力耦合方法相同，对式（3-53）进一步完善，得到最终的稳态多级离心泵转子-轴承-密封耦合系统的运动方程：

$$M\ddot{U} + C\dot{U} + KU = Q \quad (3\text{-}54)$$

其中：

$$M = \tilde{M} + \sum_{n=1}^{n_s} L_n^{s\mathrm{T}} M_n^s L_n^s + \sum_{n=1}^{n_b} L_n^{b\mathrm{T}} M_n^b L_n^b, C = \tilde{C} + \sum_{n=1}^{n_s} L_n^{s\mathrm{T}} C_n^s L_n^s + \sum_{n=1}^{n_b} L_n^{b\mathrm{T}} C_n^b L_n^b,$$

$K = \tilde{K} + \sum_{n=1}^{n_s} L_n^{s\mathrm{T}} K_n^s L_n^s + \sum_{n=1}^{n_b} L_n^{b\mathrm{T}} K_n^b L_n^b$，$K_n^b$、$C_n^b$ 和 M_n^b 分别为轴承节点处的轴承刚度系数矩阵、阻尼系数矩阵和质量系数矩阵，n_b 为耦合系统中轴承个数。Q 为包括考虑不平衡质量与作用于叶轮及诱导轮等转动部件上的非定常流体激励力两部分。

3.3.4　转子系统动力学特性求解

坎贝尔图是旋转机械设计和运行中振动评价的重要手段之一，也是旋转机械转子系统动力学特性求解的重要环节。该图主要用于预测不同转速下，轮盘和叶片不同阶固有频率发生过大振动的可能性。该图以叶片转速（r/min）为水平坐标，以叶片固有频率为纵坐标。将计算或实验得到的不同转速下转子系统固有频率与外激激励频率绘在该图中，当转子系统固有频率等于激励力频率时，即图中固有频率线与激励力线交叉时，表明转子系统会发生共振。因此，坎贝尔图也称之为干涉图，反映了受分析对象振动应力水平可能所处的一个程度。由于大多数转子系统故障起源于超标振动及由此引发的过大应力、应变，坎贝尔图对于叶片的安全评价是至关重要的。振动应力除了和频率比相关外，还取决于激励力的大小、系统主振型、激励力和系统振型的相位差，以及转子系统的阻尼。若转子系统不存在阻尼，则一旦进入共振区域，转子系统振动幅值会不断增大，直到发生破坏性失效，因此提高系统的有效阻尼将有效提高叶片的抗振能力，因此坎贝尔图的最重要的应用在于使离心泵等转动机械工作转速较大地避开了转子系统的共振区，考虑到制造偏差和装配差异仍可能导致固有频率有±10%的变化，设计转速应至少避开共振区转速±10%以上。

坎贝尔图由系统运动方程的特征值计算得出，该特征值通常是与自转角速度 Ω 有关的复数，其实部与系统的阻尼有关，实部值的正负表明了系统是否稳定，而通过复数的虚部则可以求解轴系的涡动频率，进而得到轴系的临界转速。对于总节点个数为 n 的转子-轴承-密封耦合系统，其稳态运动方程为 $4n$ 个二阶微分方程，为求解其特征值，需要将建立的 $4n$ 个二阶微分方程转化成 $8n$ 个一阶微分方程。引入以下矢量和矩阵：

$$V = \begin{pmatrix} \dot{U} \\ U \end{pmatrix}, \quad A = \begin{pmatrix} M & 0 \\ 0 & K \end{pmatrix}, \quad B = \begin{pmatrix} C & K \\ -K & 0 \end{pmatrix} \tag{3-55}$$

由于耦合系统的特征值计算与外力无关，则转子式-轴承-密封耦合系统的运动方程式（3-54）可以改写成：

$$A\dot{V} + BV = 0 \tag{3-56}$$

上式则是由 $8n$ 个一阶线性运动微分方程组成的线性方程组，其解可设为：

$$V = V_0 e^{vt} \tag{3-57}$$

将上式代入式（3-56），并且进一步将化为标准特征值问题：

$$(D - vI) \cdot V_0 = 0 \tag{3-58}$$

其中：I 为单位矩阵，$D = \begin{pmatrix} -M^{-1}C & -M^{-1}K \\ I & 0 \end{pmatrix}$。

通过求解矩阵 D 的特征值，即可得到转子-轴承-密封耦合系统的特征值，进而绘制不同工况和模型下的坎贝尔图求解相应的临界转速。由矩阵 D 可知，随着轴系节点数的增加，矩阵呈现 8 倍大小增长，计算量将大大增加，因此在保证计算精度的要求上应该合理选择节点数以提高计算速度。

3.3.5 外部激励载荷下转子系统的振动响应

离心泵机组工作状态下，受到的外部激励载荷包括由水力因素及传动因素造成的多种动载荷，其中，周期性载荷是离心泵机组运行时最普遍的载荷方式，如转动部件的机械不平衡力、水力不平衡力及脉动压力等均属于周期性载荷等是本节关注的重点，这类载荷在运动方程描述中可借助傅里叶变换分解为一系列主导频率的简谐分量之和，并进一步求解转子系统在此类周期性载荷的动力学响应。

在线性振动体系中，利用模态振型表示响应，即模态叠加法是广泛应用的求解方法。振型构成了 n 个独立的位移模式，其幅值可以作为广义坐标来表示任意形式的响应，类似于傅里叶级数展开，且模态的正交特性简化了矩阵方程。加之，转子系统的前几阶振型起主要作用，高阶振动的参与量较小，故简化的矩阵方程依然有较高的响应精度。转子系统振动响应可以由各振型分量的代数和求取，如下：

$$X = \varphi_1 Y_1 + \varphi_2 Y_2 + \cdots + \varphi_n Y_n + \cdots + \varphi_N Y_N = \sum_{i=1}^{N} \varphi_i Y_i \qquad (3\text{-}59)$$

用矩阵形式表达为

$$X = \boldsymbol{\Phi} Y \qquad (3\text{-}60)$$

几何坐标通过振型矩阵由广义坐标 Y 表示，代表振型的幅值，又称为正规坐标。利用振型的正交性，每个正规坐标 $Y_i = \dfrac{\boldsymbol{\varphi}_m^\mathrm{T} M X}{\boldsymbol{\varphi}_m^\mathrm{T} M \boldsymbol{\varphi}_i}$。

基于模态振型的正交性，对于刚性支承的转子系统的运动方程左乘第 i 阶振型矢量的转置，强迫振动方程可化为：

$$M_i Y_i + K_i Y_i = P_i(t) \qquad (3\text{-}61)$$

式中，$M_i = \boldsymbol{\varphi}_i^\mathrm{T} M \boldsymbol{\varphi}_i$、$K_i = \boldsymbol{\varphi}_i^\mathrm{T} K \boldsymbol{\varphi}_i$、$P_i = \boldsymbol{\varphi}_i^\mathrm{T} P(t)$ 分别为第 i 阶振型的广义质量、广义刚度和广义载荷矩阵。若第 i 阶无阻尼自由振动频率为 ω_i，则 $K_i = \omega_i^2 M_i$。利用振型的正交性，可将多自由度问题转化为独立的单自由度方程，并计算出每个正规坐标 Y_i 之后，利用式（3-59）可得原始坐标下的响应。

当考虑轴承、环形密封等部件阻尼构成的阻尼矩阵时，转子系统运动方程不能利用振型进行解耦时，可以采用逐步积分法，且对少量耦合的正规坐标方程求积，或在本书 3.3.4 部分求解复特征值基础上，根据复特征矢量进行振型叠加解耦。

第4章 离心泵机组的结构动力与转子动力分析实例

离心泵机组运行过程中,以不平衡质量及流体激励力为主的动态载荷对转子系统振动性能影响显著。在转子动力学理论与工程实践经验的指导下,进行非定常流体激励效应的转子系统结构动力特性分析、转子系统模态分析、综合考虑不平衡质量与非定常流体激励下的振动响应幅值计算、环形间隙与最大振幅的校核和修正都是离心泵机组设计流程中不可或缺的重要环节。本章着重论述不同支承形式、结构形式的离心泵机组在非定常流体激励下的转子系统结构动力特性、转子动力特性与振动响应分析实例。

4.1 悬臂式离心泵流体激励下的转子动力学特性

4.1.1 OH 1 型离心泵流体激励下的转子动力学特性

工业应用中,把端进、顶出,单级径向剖分,采用地脚安装的单级悬臂式泵统称为 OH 1 型卧式悬臂泵。该泵型产品适合输送清洁或稍有污染、化学中性或腐蚀性介质。最大设计流量可达 $2400\text{m}^3/\text{h}$,扬程 H 可达 250m,设计温度 t 范围约为 $-60 \sim +200$℃,该型号泵主要应用于炼油厂、石油化学工业、煤加工、海水淡化、造纸、纸浆业等行业的一般工位。

某 7.5kW 的 OH 1 型流程离心泵机组,设计扬程 80m,转速 2950r/min,叶轮进口及出口直径分别为 40mm、130mm,8 叶片叶轮后盖板均布 8 个平衡孔,转子系统结构如图 4-1 所示。该泵内流场、压力脉动及流体激励力分析详见本书 3.2 节。为校核该离心泵运行中的振动性能是否满足安全运行的要求,采用 ANSYS APDL 语言与 CFX 双向耦合方法完成,计算中实现流体压力与固体结构变形之间的数据传递。双向耦合计算将达到收敛条件的非定常流场结果作为初始条件,采用 HHT(Hilber-Hughes-Taylor)离散方法,通过定义数值阻尼来提高求解时的数值稳定性;转子结构以 ANSYS APDL 程序语言的形式导入到 ANSYS Solver 求解器中进行运算,两种求解器之间设置合理的松弛因子和收敛精度,松弛因子为 0.75,收敛精度为 10^{-2},每个迭代步数最大为 100,最小为 1。收敛条件包括流场收敛、结构场收敛以及两者之间的数据传递的收敛。通过双向流固耦合,对该泵转子系统非定常激励下的转子振动特性进行分析,如图 4-1 所示。根据轴承厂家提供的刚度数据,对转子系统轴承位置进行径向约束,叶片不加载预应力。提取叶轮叶片出口中截面与转轴的交点处监测点位移,如图 4-2 所示。

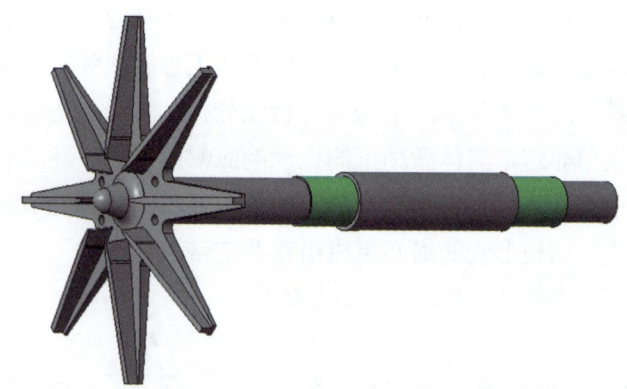

图 4-1 叶轮转子系统结构示意图

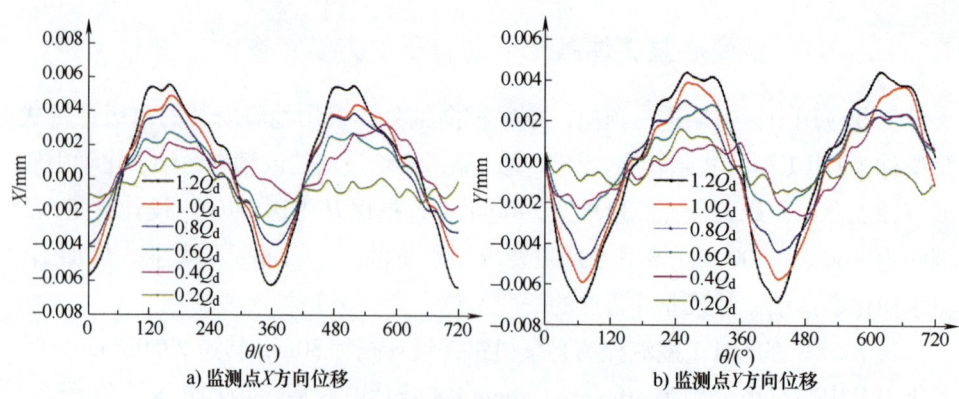

a) 监测点 X 方向位移   b) 监测点 Y 方向位移

图 4-2 不同工况下监测点的振动位移

图 4-2a、b 分别为 X、Y 方向的振动位移,由图 4-2 可知,不同流量下的振动位移幅值随着流量的增加而增加。在 $0.2Q_d$ 工况下叶轮振动位移最小,在 $1.2Q_d$ 工况下叶轮振动位移达到最大。大流量下振动位移的曲线平滑,随着流量的减小,振动位移曲线波动剧烈,转子系统振动特性不稳定。由于计算中仅考虑流体激励力,因此叶轮振动位移与叶轮上径向力的曲线基本一致。

图 4-3 所示为叶轮监测点单周期内径向振动位移矢量图。由图中可知,不同流量工况下的转子系统振动特性初始相位各不相同,整体上振动位移幅值随流量增加而变大。在 $0.6Q_d$ 到 $1.2Q_d$ 流量工况下监测点轴心轨迹是规则的封闭曲线,$0.2Q_d$ 和 $0.4Q_d$ 流量工况下监测点轴心轨迹呈不规则带状分布,流体激励力诱导振动体现明显的不稳定特征。

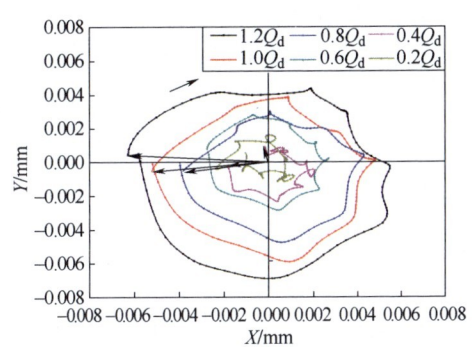

图 4-3 叶轮径向振动位移矢量图

基于双向耦合计算方法下的叶轮结构在额定流量 Q_d 及 $1.2Q_d$ 工况下的变形如图 4-4 所示。从叶轮中心到叶片顶端,变形越来越大,最大变形位于叶片出口处,且随着流量的增加叶轮总体的变形增大,叶轮中心位置的最小变形区域偏离叶轮中心。

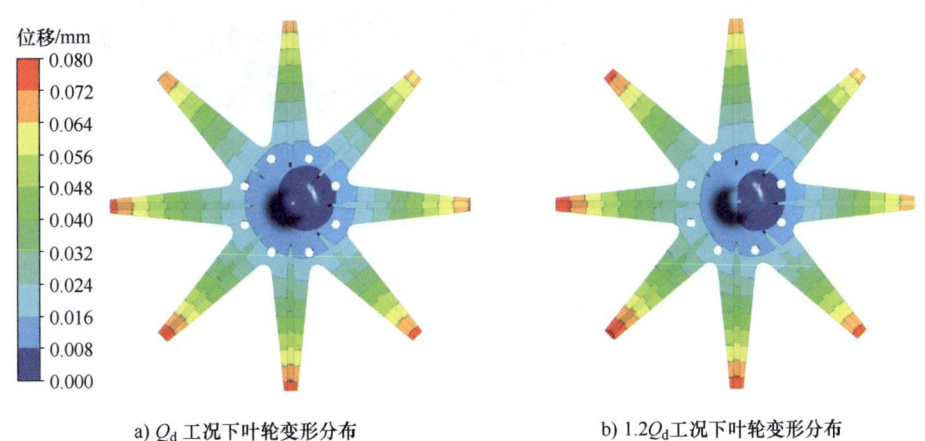

a) Q_d 工况下叶轮变形分布　　　　b) $1.2Q_d$ 工况下叶轮变形分布

图 4-4 叶轮结构变形图

4.1.2　OH 2 型离心泵非定常流体激励下的结构及转子动力特性

工业应用中，把中心线安装、具有单独轴承箱承受施加在泵轴上的力的卧式泵统称为 OH 2 型泵，该泵型安装在底座上且由挠性联轴器连接到其驱动机上。最大设计流量可达 2400m³/h，扬程可达 250m，设计温度 t 在 $-80 \sim +450$℃ 之间，该型号泵主要应用于炼油厂、石油化学工业、煤加工、海水淡化、造纸、纸浆业等行业的一般工位。

某功率为 20kW 的 OH 2 离心泵机组（见图 4-5），额定流量为 10m³/h，设计扬程为 39m，叶轮进、出口直径分别为 50mm、160mm。分别针对叶型一致的 6 叶片闭式叶轮、半开式叶轮及闭式叶轮模型泵，开展基于单向耦合方法的机组结构动力与转子动力特性、振动响应计算及实验验证。流场计算中，湍流模型采用 SST（Shear Stress Transport）$k\text{-}\omega$，交界面采用冻结转子（Frozen Rotor）方法，单位时间步长为 5.56×10^{-5}，速度和压力的耦合采用 SIMPLEC 算法实现，迭代计算中所有变量均采用默认的亚松弛因子。利用流固耦合求解器 System Coupling，采取载荷传递方法在方程上进行流场与固体场的耦合传递求解。

图 4-5　离心泵测试系统实物图

图 4-6 所示为模型泵三种转子系统结构图，主要包括叶轮和泵轴等转动部件。其中，闭式叶轮转子系统主要包括叶片、轮毂、前盖板、后盖板以及转轴；半开式叶轮转子系统主要包括叶片、轮毂、后盖板以及转轴；开式叶轮转子系统则主要包括叶片、轮毂以及转轴。转子系统结构模型基于有限元方法，采用六面体非结构化网格进行网格划分。表 4-1 为设计工况点模型离心泵转子系统网格无关性验证结果，不同网格数对泵转子系统动力学特性影响较小。综合考虑计算效率及计算资源，本文采用的三种叶轮转子系统网格节点数分别为闭式叶轮 180228、半开式叶轮 162150，开式叶轮 151036。图 4-7 所示为三种叶轮离心泵转子系统网格划分图。

a) 闭式叶轮　　　　　　b) 半开式叶轮　　　　　　c) 开式叶轮

图 4-6　三种叶轮离心泵转子系统结构

表 4-1　设计工况点模型离心泵转子系统网格无关性验证

闭式叶轮		半开式叶轮		开式叶轮	
网格数	$t=0.2s$ 叶轮径向力/N	网格数	$t=0.2s$ 叶轮径向力/N	网格数	$t=0.2s$ 叶轮径向力/N
135126	13.298	125358	11.568	121077	10.963
180228	13.516	162150	11.782	151036	10.968
255065	13.535	220518	11.799	216552	10.973
3065826	13.465	289685	11.773	283517	10.979

a) 闭式叶轮　　　　　　b) 半开式叶轮　　　　　　c) 开式叶轮

图 4-7　三种叶轮离心泵转子系统网格划分

根据模型实验泵材料设置转子系统的材料为结构钢，其密度为 7850kg/m³，弹性模量为 206GPa，泊松比为 0.31。转子系统的支承根据实验泵轴承设置为圆周约束（Cylindrical Support），轴承约束具体位置如图 4-8 所示。转子系统的转速为 3000r/min，其转动方向与流场计算中叶轮的转动方向一致。在转子系统瞬态结构场计算中，时间步长的选取与全流场计算中一致，即叶轮每旋转 1°设置为一个步长，时间步长为 5.56×10^{-5}。

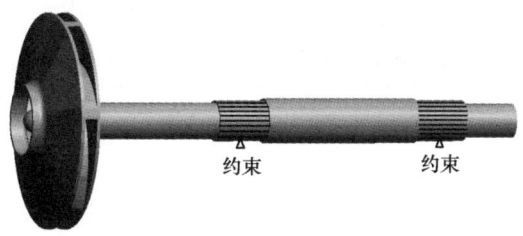

图 4-8　模型泵转子系统约束示意图

为建立模型泵全流场计算与转子系统结构场计算之间的数据传递，本文将叶轮与流体接触的壁面（"湿"表面）均设置为流固耦合交界面（Fluid-Structure Interface）。在流固耦合交界面设置中，对于闭式叶轮主要将叶片表面、叶轮前盖板内外壁面以及叶片后盖板内外壁面设置为流固耦合交界面；对于半开式叶轮则主要将叶片表面、叶轮后盖板壁面内外壁面设置为流固耦合交界面；而对于开式叶轮离心泵主要将叶片表面设置成流固耦合交界面。

4.1.2.1 模型泵转子系统模态分析

针对三种不同叶轮形式（见图4-9）的模型泵转子系统进行了模态求解。表4-2～表4-4为三种叶轮转子系统前6阶模态固有频率。从表4-2～表4-4可知，闭式叶轮的第1阶固有频率为510.31Hz，半开式叶轮的第1阶固有频率为611.36Hz，而开式叶轮的第1阶固有频率为647.34Hz。而模型泵的理论叶频为300Hz，三种叶轮的第1阶固有频率均远大于叶频，因此三种叶轮模型离心泵在运行过程中转子系统与蜗壳之间动静干涉作用产生的周期性流动激励不会引起模型泵共振现象。三种叶轮模型泵第1阶和第2阶的模态频率相近。闭式叶轮第4和第5阶、第7和第8阶固有频率差别不大；半开式叶轮离心泵的第4和第5阶、第6和第7阶固有频率差别不大；开式叶轮离心泵的第4～第7阶固有频率均差别不大。

a) 闭式叶轮　　　　b) 半开式叶轮　　　　c) 开式叶轮

图4-9　离心泵叶轮实物图

表4-2　闭式叶轮模型离心泵转子前6阶模态固有频率

阶数	频率/Hz	阶数	频率/Hz
1	510.31	4	2689.8
2	668.18	5	5141.1
3	1422.4	6	6076.7

表 4-3　半开式叶轮模型离心泵转子前 6 阶模态固有频率

阶数	频率/Hz	阶数	频率/Hz
1	611.36	4	1815.2
2	818.32	5	1989.2
3	1529.2	8	2818.1

表 4-4　开式叶轮模型离心泵转子前 6 阶模态固有频率

阶数	频率/Hz	阶数	频率/Hz
1	647.34	4	1706.1
2	939.62	5	1823.9
3	1696	6	2098.7

图 4-10 所示为闭式叶轮离心泵转子系统前 4 阶模态振型图。从图中可知，闭式叶轮离心泵转子系统前两阶模态振型相似，均为叶轮某两个对称位置的振动最大，此时叶轮主要以摆动变形为主。第 3 阶模态振型则是叶轮沿着旋转轴进行的扭动变形。第 4 阶和图中未出现的第 5 阶模态振型同样比较相似，都是以摆动变形为主，不同的是两者的摆动方向不一样，正好相差 90°，即第 4 阶振型沿着 x 轴方向摆动，而第 5 阶振型则是沿着 y 轴方向摆动。

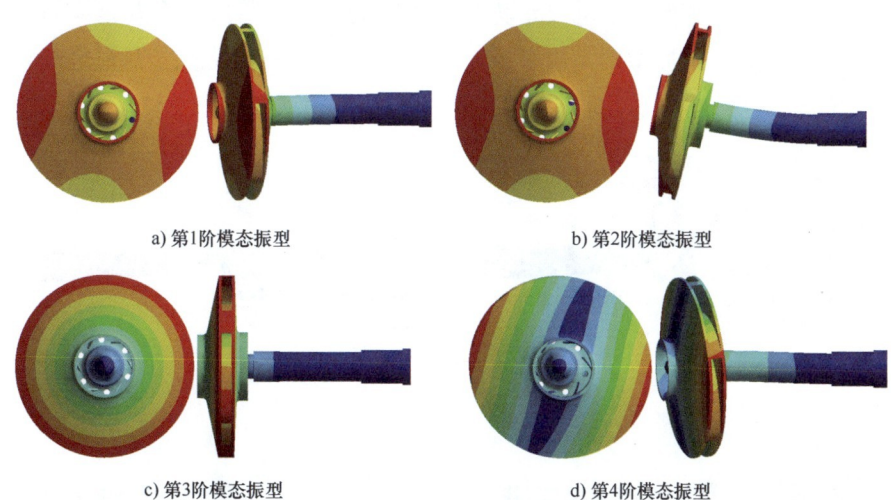

a) 第1阶模态振型　　　　　　　　b) 第2阶模态振型

c) 第3阶模态振型　　　　　　　　d) 第4阶模态振型

图 4-10　闭式叶轮离心泵转子系统前 4 阶模态振型

图 4-11 所示为半开式叶轮离心泵转子系统前 4 阶模态振型图。从图中可知，半开式叶轮离心泵转子系统前两阶模态振型相似，均为叶轮某两个对称位置的振动最大，此时叶轮主要以摆动变形为主，不同的是第 1 阶振型主要是沿

着 x 轴方向摆动,而第 2 阶振型则是沿着 y 轴方向摆动。第 3 阶模态振型则是叶轮沿着旋转轴 z 轴进行的扭动变形,第 4 阶模态振型以摆动变形为主。

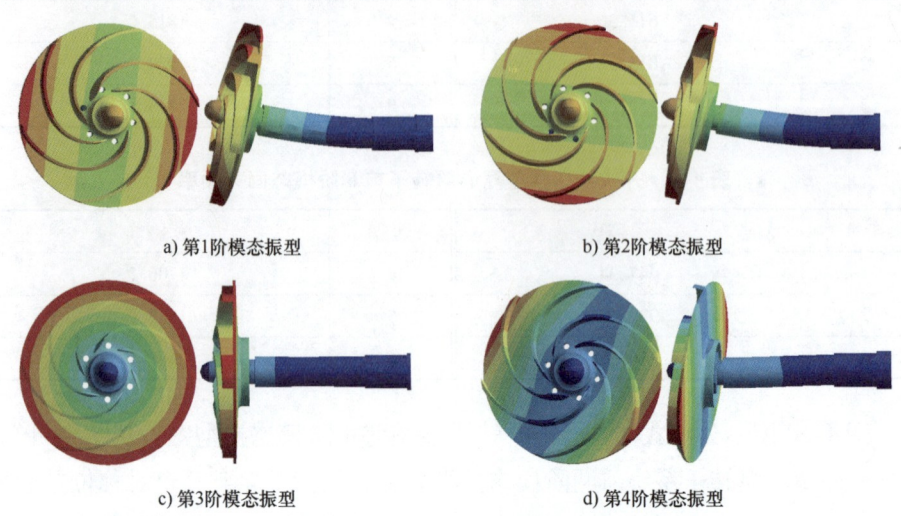

a) 第1阶模态振型　　　　　　　　b) 第2阶模态振型

c) 第3阶模态振型　　　　　　　　d) 第4阶模态振型

图 4-11　半开式叶轮离心泵转子系统前 4 阶模态振型

图 4-12 所示为开式叶轮离心泵转子系统前 4 阶模态振型图。从图中可知,开式叶轮离心泵转子系统前两阶模态振型相似,均为叶轮某两个对称位置的振动最大,此时叶轮主要以摆动变形为主,不同的是第 1 阶振型主要是沿着 x 轴方向摆动,而第 2 阶振型则是沿着 y 轴方向摆动。第 3 阶模态振型则是叶轮沿着旋转轴 z 轴进行的扭动变形,第 4 阶模态振型以摆动变形为主。

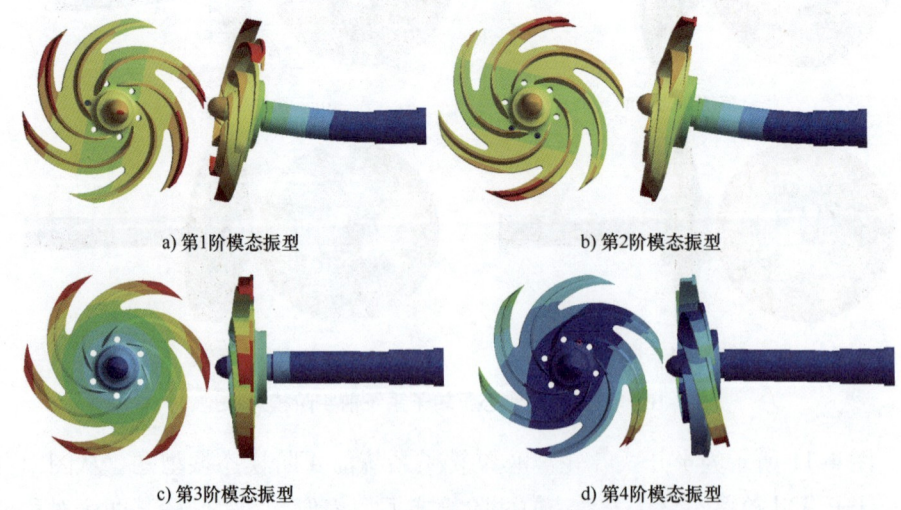

a) 第1阶模态振型　　　　　　　　b) 第2阶模态振型

c) 第3阶模态振型　　　　　　　　d) 第4阶模态振型

图 4-12　开式叶轮离心泵转子系统前 4 阶模态振型

4.1.2.2 模型泵转子系统非定常激励下的结构动力学分析

在离心泵流固耦合计算时，叶轮受到非定常流体瞬态激励力而产生动应力。在叶轮结构表面的动应力会引起叶轮结构的疲劳破坏，进而对叶轮结构的可靠性产生威胁。因此对该模型离心泵进行流固耦合分析时非常有必要对其结构动应力进行分析。在动力分析中引入等效应力 σ_{eq}，即 Von Misesstress，具体定义如下[180]：

$$\sigma_{eq} = \sqrt{\frac{1}{2}\left[(\sigma_x - \sigma_y)^2 + (\sigma_y - \sigma_z)^2 + (\sigma_z - \sigma_x)^2\right]} \quad (4-1)$$

式中，σ_x、σ_y、σ_z 分别为第一主应力、第二主应力以及第三主应力。

图 4-13 所示为 $t=0.2s$ 时刻额定流量下不同叶片形式离心叶轮的等效应力分布。由图 4-13a 可知，闭式叶轮中，叶轮口环处的等效应力最大，达到了 6940kPa；在叶轮出口处也存在较大的等效应力，应力值达到了 3470kPa；同时在叶轮前缘和尾缘处的等效应力则达到了 4000kPa。由此可见，在闭式叶轮中，结构容易发生疲劳破坏的部位集中在口环处，其次是在叶片前缘、尾缘以及叶轮出口处。如图 4-13b 所示，半开式叶轮叶片前缘、尾缘处的等效应力较大，达到了 3500kPa，而在叶轮出口处等效应力也达到了 3000kPa。由此可见，在半

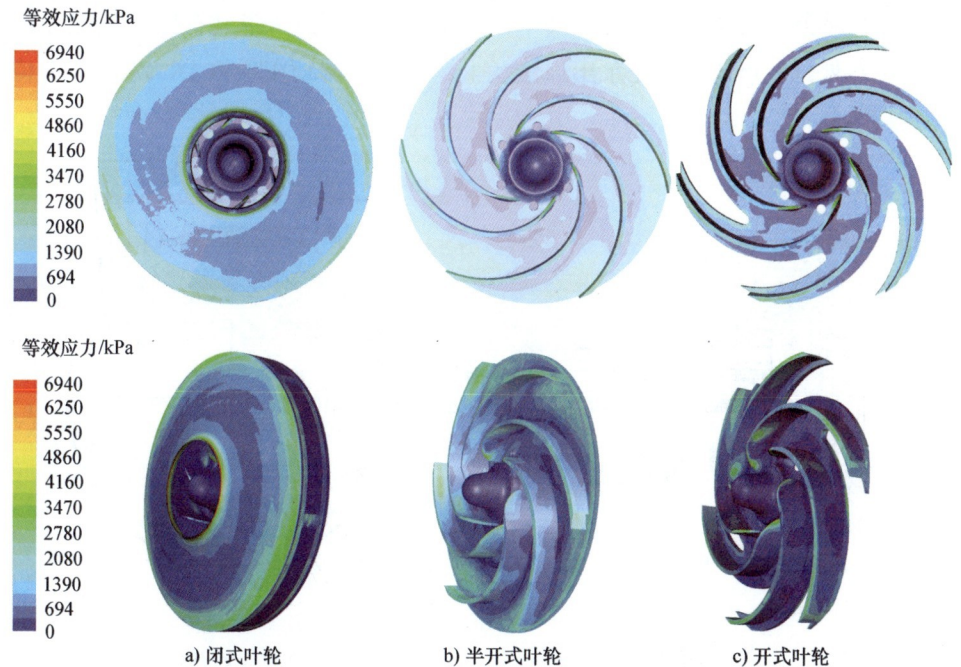

a) 闭式叶轮　　　b) 半开式叶轮　　　c) 开式叶轮

图 4-13　$t=0.2s$ 时刻额定流量下不同叶片形式离心叶轮的等效应力分布

开式叶轮中，结构容易发生疲劳破坏的部位集中在叶片前缘、尾缘，其次是叶轮出口处，并且半开式叶轮的等效应力整体上小于闭式叶轮等效应力。此外，图4-13c所示开式叶轮叶片前缘处的等效应力明显高于半开式叶轮，最大等效应力达到了5550kPa；在叶片中间部位同样存在等效应力较大区域，等效应力达到了3500kPa；叶轮出口及叶片尾缘处，等效应力也较大。由此可见，在开式叶轮中，结构容易发生疲劳破坏的部位集中在叶片前缘、尾缘以及叶片中间位置，同时，开式叶轮的等效应力整体上小于闭式叶轮等效应力，但是局部区域明显大于半开式叶轮，尤其是叶片前缘处。

4.1.2.3 振动性能实验

1. 振动测试系统

对该模型泵机组的振动特性进行监测，振动测试系统主要由离心泵机组、加速度传感器、电涡流位移传感器和数据采集系统等组成。采用压电式三轴加速度传感器测量模型泵对应测点的振动加速度，灵敏度为$10mV/g$，测量范围$500g$，响应频率为$0.5\sim6kHz$，安装谐振频率为$15kHz$，最大输出信号（峰值）$\leqslant 8V$，工作温度范围为$-40\sim+120℃$，输出方式为BNC。模型泵振动加速度传感器主要安装在泵进口、泵出口、蜗壳隔舌区、泵体上。图4-14为模型泵振动加速度传感器安装位置示意图，其中，振动加速度测点1安装在距离蜗壳隔舌最近位置处，测点2安装在泵出口法兰上，测点3安装在泵体上，测点4安装在进口法兰上沿。

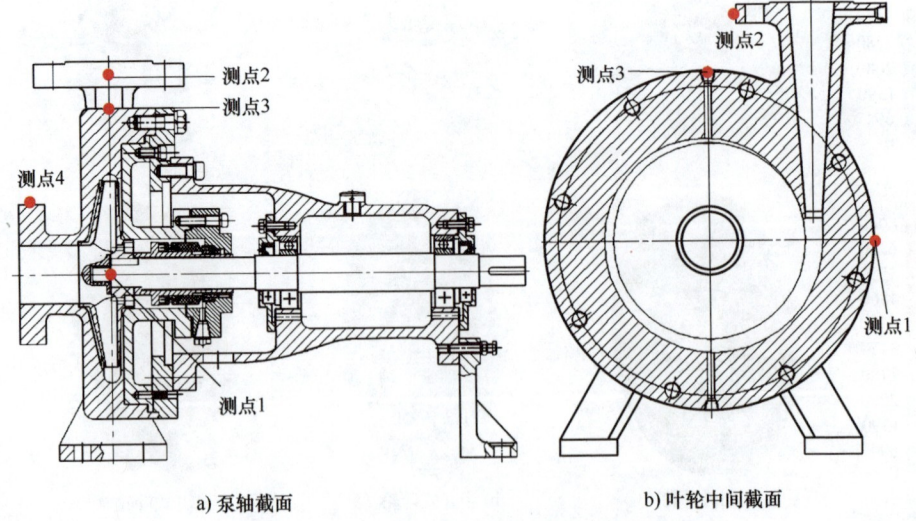

a) 泵轴截面　　　　　　b) 叶轮中间截面

图4-14　模型泵振动加速度传感器安装位置

采用电涡流振动位移传感器测量对应监测点的振动位移，所用传感器灵敏度为4mV/μm，电涡流探头有效测量距离是0～2mm，频率响应为0～5kHz，探头直径为5mm；电荷放大器型号为YE5852；输入电压为±10V；输出电压为±10V；输入方式L5，输出方式BNC。模型泵电涡流振动位移传感器安装位置如图4-15所示，定义水平方向为x方向，竖直方向为y方向。

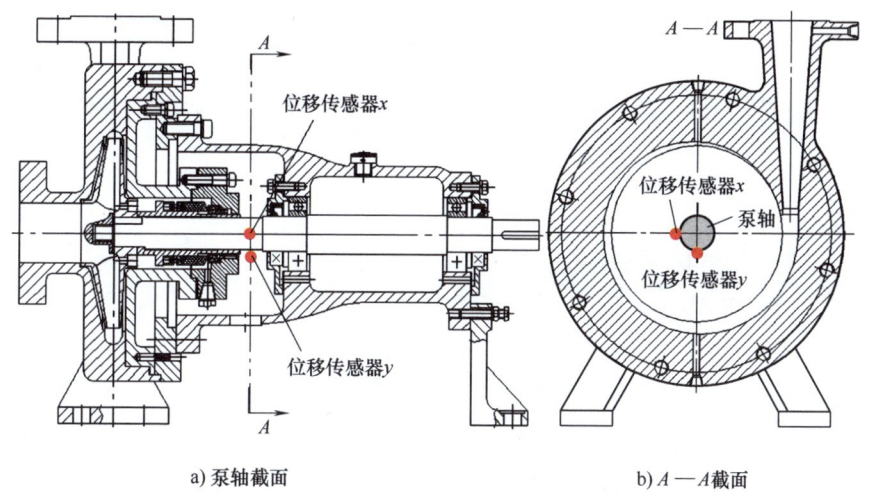

a) 泵轴截面　　　　　　　　　　b) $A—A$截面

图4-15　模型泵电涡流振动位移传感器安装位置

数据采集系统为16通道数据采集仪，型号为AVANT MI-7016，最高采样频率为204.8kHz，各通道并行同步采样，幅值精度为0.1% FS（1V输入，≤10kHz），频率精度为0.001%，4个模拟电压输出通道。

2. 振动性能测试结果分析

测定不同流量工况下三种不同形式叶轮的转子模型振动位移以及振动加速度。图4-16所示为额定流量工况闭式叶轮振动加速度测点1（对应蜗壳隔舌区位置，如图4-14所示）x、y、z三个方向振动加速度时域分布。由图4-16可知，该区域x方向的振动加速度最大。图4-17所示为额定流量工况闭式叶轮不同测点x方向振动加速度时域分布。在图4-17中，四个振动加速度测点处，测点1处的振动加速度最大，由此可见，泵体表面加速度振动受蜗壳隔舌的影响最大，此处流动最复杂。通过对不同位置和不同方向的加速度分析可知，在模型泵泵体振动中，蜗壳隔舌区x方向的振动加速度最大。着重对加速度测点1处x方向上的振动加速度进行分析。

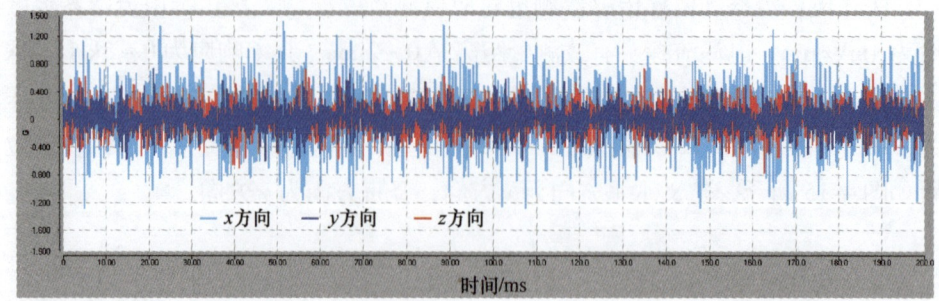

图 4-16 设计工况闭式叶轮振动测点 1 处 x、y、z 方向振动加速度时域分布

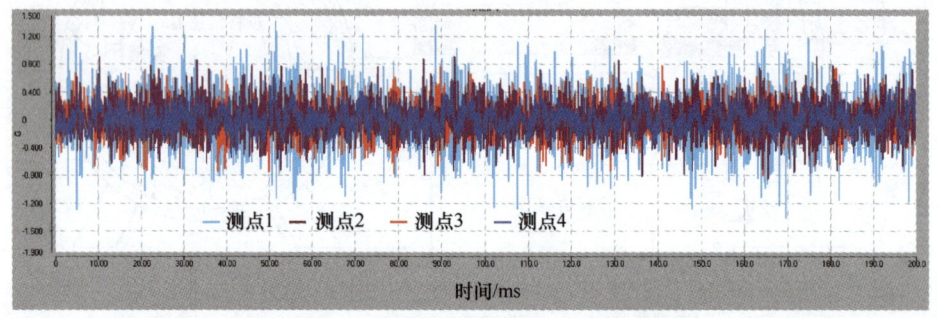

图 4-17 额定流量工况闭式叶轮不同测点 x 方向振动加速度时域分布

图 4-18 所示为额定流量工况下不同叶轮模型泵蜗壳隔舌处振动加速度时域分布。由图 4-18 可知，模型泵在仅电动机转动时振动加速度数值较小，且波动微小，可见电动机产生的振动对泵的振动影响可以忽略。模型泵在干转子运行（即泵空转）时，振动加速度在数值上比仅电动机转动时大且波动程度也更大，但远小于泵在设计流动工况时。由于泵在空转时，泵流道内不存在流体，其振动主要由泵与电动机转子对中、泵转子系统动平衡以及电动机振动等引起。根据泵空转与仅电动机转动和额定流量时的振动对比分析可知，模型泵转子对中、转子动平衡以及电动机本身的振动对泵的振动有一定的影响，但是影响程度远小于由内部非定常流动引起的流体激振。

图 4-18 对比了三种叶轮在额定流量工况时的振动加速度。由图中可知，闭式叶轮离心泵的振动加速度波动最小，开式叶轮离心泵的振动加速度波动最大。由此可见，当输送清水介质时，闭式叶轮具有最稳定的振动特性，而开式叶轮振动最剧烈。这也说明了：三种叶轮中，闭式叶轮内部流动状态最稳定，由内部非定常流动产生的流体激振问题最小，而开式叶轮内部流动状态最紊乱，流体激振问题突出。

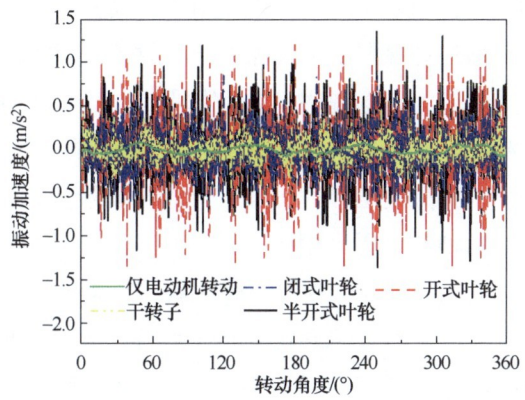

图 4-18 额定流量工况时不同叶轮离心泵蜗壳壁面振动加速度时域分布

图 4-19 所示为额定流量工况下不同叶轮形式模型泵蜗壳隔舌处振动加速度频域分布图。由图 4-19 可见，实验测得的振动加速度转频为 49.53Hz，叶频为 296.77Hz。实验与理论转频（50Hz）之间的误差为 0.94%，实验与理论叶频（300Hz）之间的误差为 1.07%。

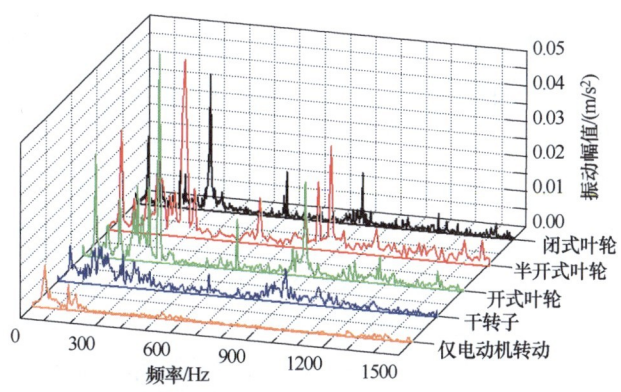

图 4-19 额定流量工况下不同叶轮形式模型泵蜗壳隔舌处振动加速度频域分布

仅电动机转动时振动加速度主频在转频处，同时在转频倍频处也存在一定的振动加速度脉动；泵空转时，其在转频及其倍频处均存在一定的加速度脉动幅值。额定流量下，三种叶轮离心泵振动加速度主频均为叶频，并在转频及其倍频处也存在明显的脉动幅值。三种叶轮中，开式叶轮振动加速度脉动幅值最大，其次是半开式叶轮，闭式叶轮振动加速度脉动幅值最小。开式叶轮主频（叶频）处振动加速度脉动幅值最大，约为 0.046m/s²，半开式振动加速度脉动幅值为 0.039m/s²，闭式叶轮振动加速度脉动幅值为 0.035m/s²。转频处，开式叶轮振动加速度脉动幅值为 0.026m/s², 半开式叶轮为 0.025m/s², 而闭式叶轮仅为 0.015m/s²。

通过对不同叶轮形式对模型泵壳体振动稳定性影响的研究可见：隔舌区的振动加速度较其他区域更大，这说明在泵壳体振动中，隔舌振动占比最大，也说明蜗壳隔舌区的流动最不稳定，直接影响了泵的壳体振动；三种叶轮中，闭式叶轮壳体振动最小，其次是半开式，开式叶轮振动最大，这说明了闭式叶轮隔舌区流动相对其他两种叶轮更为稳定；三种叶轮的振动主频均在叶频，这说明泵内叶轮与隔舌间的动静干涉作用对泵壳体振动影响最大。

对额定流量工况下，三种叶轮形式下转子系统在泵转轴振动的径向位移进行了测量。图 4-20 为额定流量工况下不同叶轮形式模型离心泵泵轴径向振动位移在一个旋转周期内的分布图。图 4-20 中，x 和 y 方向振动位移具有相似的分布形态，存在 90°相位差。当电动机空转时，转轴在 x、y 方向上的位移分量均在 $-0.008 \sim 0.012$mm 之间波动，波动微小。可见，模型泵电动机转轴的动平衡性能较好。泵空转时，x 方向上模型泵转轴在 $-0.025 \sim 0.045$mm 之间波动；y 方向上泵转轴在 $-0.041 \sim 0.028$mm 之间波动。可见，模型泵转轴与电动机转轴之间由于转子对中而存在一定范围的转轴振动位移偏差，使得泵空转时振动位移大于电动机空转时的振动位移。从图 4-20 中可见，三种叶轮形式模型泵的振动位移 x 方向分量与 y 方向分量均具有相似的分布形态。不同的是，闭式叶轮转子系统转动中心与泵空转时更为接近，均离轴心距离较近；而半开式和开式叶轮离心泵转轴的转动中心与轴心有较大的偏离。额定流量下，闭式叶轮蜗壳周向压力分布较为均匀，呈现缓慢上升的趋势；开式叶轮、半开式叶轮蜗壳周向压力在隔舌附近突然下降，压力的骤降可能导致该区域作用在叶轮上的流体力骤减，并进一步造成泵轴旋转中心发生偏移。

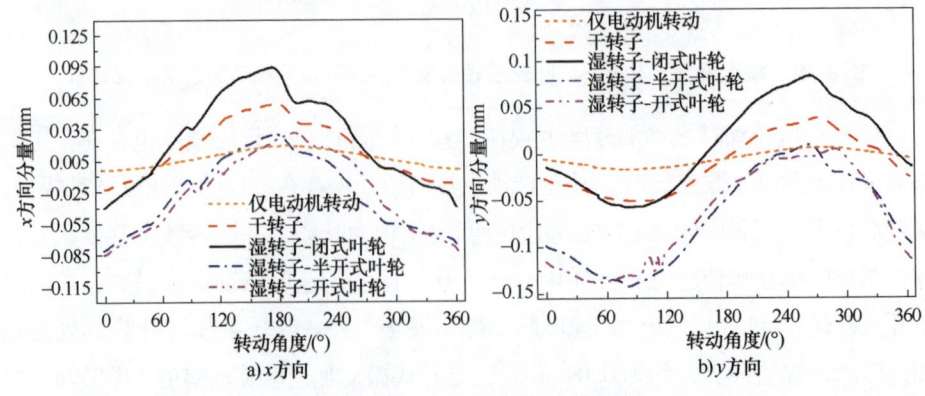

图 4-20 额定流量工况下不同叶轮形式的振动位移分布

图 4-21 为额定流量工况下不同叶轮形式的模型离心泵转轴径向振动位移在一个旋转周期内的频域分布图。由图 4-21 可知，电动机空转和泵空转时，模型泵振动位移在 x 方向和 y 方向分量上的脉动主频均在转频，并且泵空转时主频处的振动位移脉动幅值大于电动机空转时，在主频处空转振动位移脉动幅值约为 0.013mm，而电动机空转时振动位移脉动幅值只有 0.004mm。在额定流量时，三种叶轮振动位移脉动主频均在转频，且脉动幅值远大于泵空转时。由此可见，泵内非定常流体激励力对泵转子系统的振动有显著影响。同时，闭式叶轮在主频处的振动位移脉动幅值小于其他两种叶轮，开式叶轮脉动幅值最大。

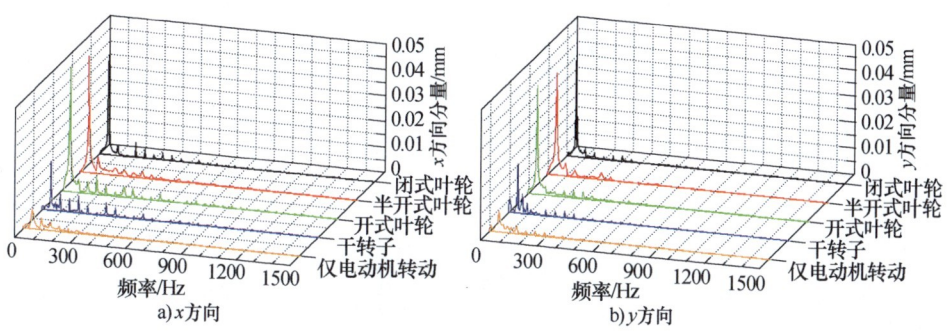

图 4-21 在额定流量工况和设计转速下不同叶轮形式的模型离心泵转轴径向振动位移频域分布

通过对不同叶轮形式模型离心泵转子系统的振动稳定性研究可见：闭式叶轮转子系统振动稳定性最佳，半开式和开式叶轮的转子振动稳定性相差不大；泵内转频处压力脉动和流体激励力是影响泵转子振动稳定性的主导因素；电动机振动对转子的振动稳定性影响较小，而泵与电动机间转子对中问题对转子振动稳定性影响较大。图 4-22 为不同流量下闭式叶轮泵转轴径向振动位移在 x、y 方向分量的分布图。由图 4-22 可知，x、y 方向振动位移均随着流量的增加而增加，并且位移增幅也逐渐增强。小流量 $0.2Q_{des}$ 时 x 方向位移在 $-0.051 \sim 0.056$ mm 之间波动；随着流量的增加，转轴转动中心逐渐偏移并且位移波动范围增加，在 $1.0Q_{des}$ 时，x 向位移在 $-0.04 \sim 0.092$ mm 之间波动；而在 $1.4Q_{des}$ 时，x 向位移在 $-0.028 \sim 0.125$ mm 之间波动。

图 4-23 为不同流量下闭式叶轮 x、y 方向振动位移频域分布图。不同流量下，振动位移脉动主频均在转频，同时叶频处也存在脉动幅值。随着流量的增加，转频处的位移脉动幅值逐渐增加。当流量为 $0.2Q_{des}$ 时，转频处的位移脉动幅值为 0.038mm，当流量为 $1.0Q_{des}$ 时，位移脉动幅值为 0.051mm，而在大流量 $1.4Q_{des}$ 时，位移脉动幅值则为 0.067mm。可见，流量变化对泵转子系统的振动

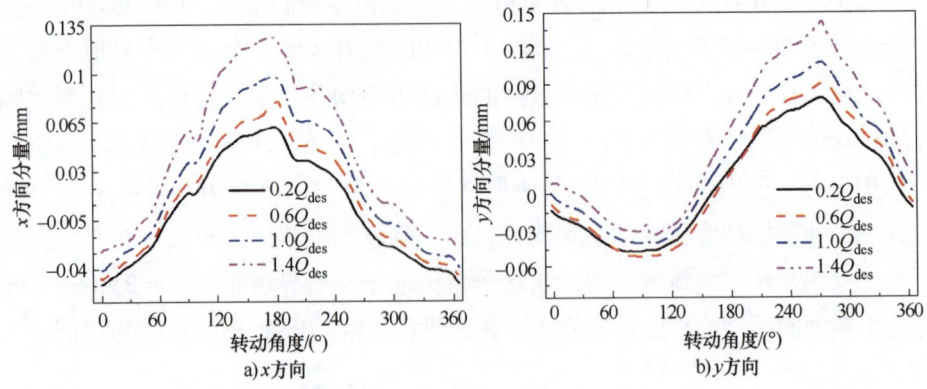

图 4-22 不同流量下闭式叶轮泵转轴的振动位移分布

影响显著,且随着流量的增加,流量对转子振动的影响加强,同时位移波动程度也随之加剧。

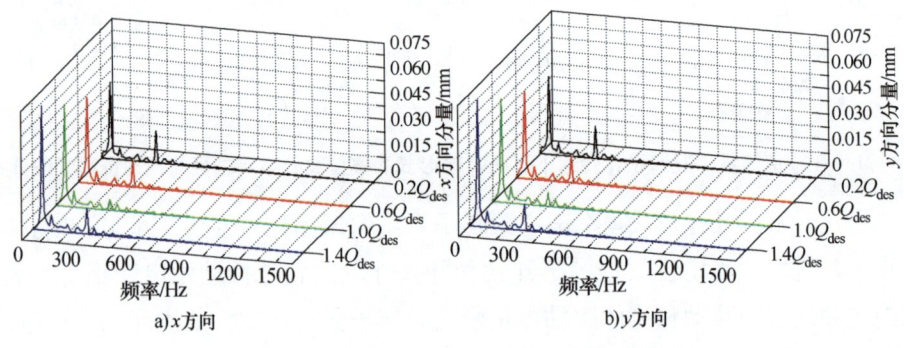

图 4-23 不同流量下闭式叶轮振动位移频域分布

图 4-24 为不同流量下闭式叶轮离心泵蜗壳隔舌区振动加速频域分布图。将频域分成低频段（0~600Hz,即 2 倍叶频以内）、中频段（600~1200Hz,即 2 倍叶频到 4 倍叶频）以及高频段（1200~5000Hz,即 4 倍叶频以上）。由图 4-24 可见,不同流量下中高频段处振动加速度脉动幅值差别不大;而在低频段内,振动加速度对流量的变化较为敏感,同时在低频段内振动加速度的脉动集中在叶频,且随着流量的增加在叶频处的振动加速度脉动幅值逐渐减小,转频处的振动加速度脉动幅值则逐渐增加。通过对闭式叶轮模型不同流量下转子振动稳定性和泵壳体振动稳定性的分析可知：工况变化与转子振动的稳定性正相关,即随着流量的增加,模型泵转子系统振动加强,且工况变化主要影响转子振动转频处的脉动量;工况变化对泵壳体振动稳定性的影响正好相反,即随

着流量的增加，壳体振动稳定性逐渐好转，并在额定流量点振动最小，流量变化的影响主要集中在壳体振动叶频处的脉动量。

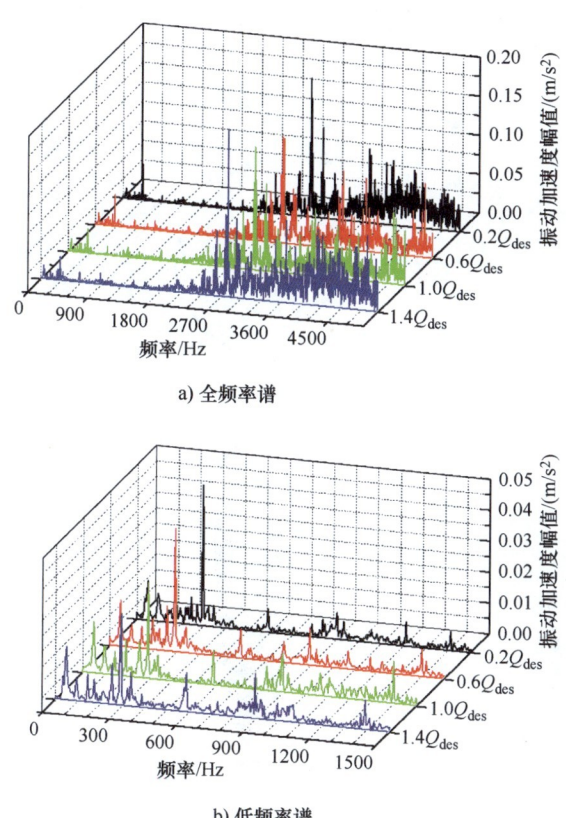

图 4-24 不同流量下闭式叶轮离心泵蜗壳隔舌区振动加速度频域分布

4.1.2.4 模型泵转子系统径向力及振动特性分析

1. 不同结构形式的叶轮转子系统径向力及振动特性分析

下面对比分析一下额定流量工况下三种叶轮结构的模型泵动力学特性。图 4-25 为 $t = 0.2s$ 时刻额定流量下不同叶片形式离心叶轮振动速度分布。由图 4-25 可知，闭式叶轮中，靠近叶轮出口位置处振动速度较大，达到了 $5.54 \times 10^{-4} m/s$，而在叶轮中心位置处振动速度最小，同时在口环处振动速度也较大，达到了 $6.65 \times 10^{-4} m/s$。在半开式叶轮中，叶轮出口处振动速度较大，振动速度达到了 $6 \times 10^{-4} m/s$，尤其在叶轮尾缘处，振动速度达到了 $8.87 \times 10^{-4} m/s$，而叶轮中心位置处振动速度最小。在开式叶轮中，同样的在叶轮出口处振动速度较大，达到了 $7.76 \times 10^{-4} m/s$，而在叶片尾缘处速度则达到了 $8.87 \times 10^{-4} m/s$；同时，在叶片前缘位置处振动速度也较大，振动速度达到了 1.11×10^{-3} m/s，而在叶轮中心位置处振动速度最小。由此可见，三种叶轮中，开式叶轮的振动速度值最大，其次是半开式叶轮，而闭式叶轮振动速度最小。

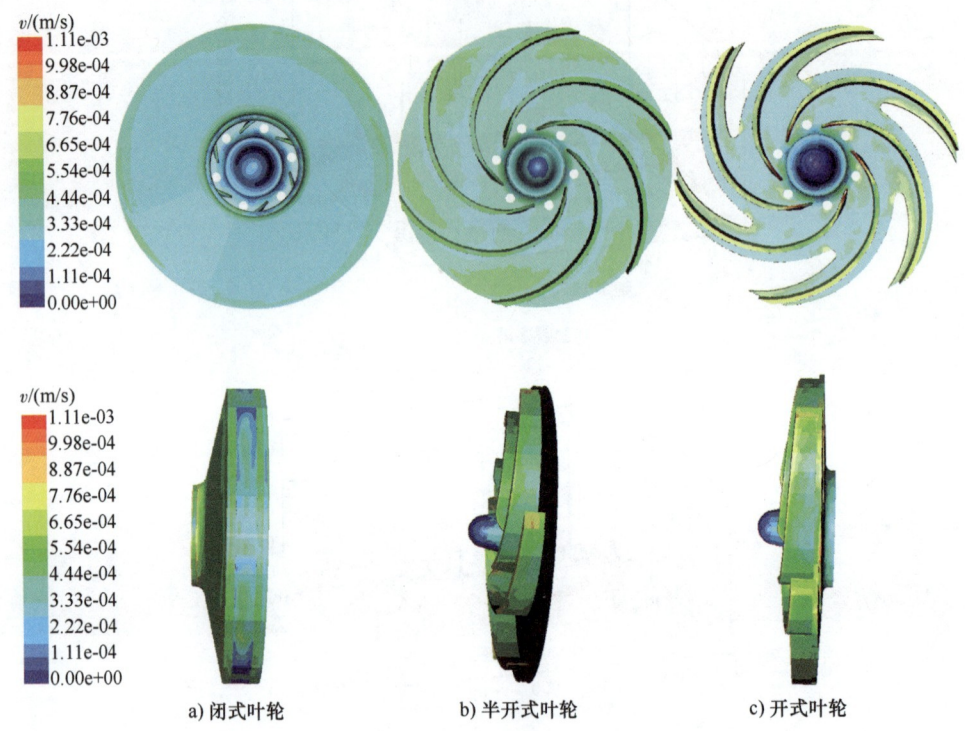

a) 闭式叶轮　　　　　　b) 半开式叶轮　　　　　　c) 开式叶轮

图 4-25　$t = 0.2$s 时刻额定流量下不同叶片形式离心叶轮振动速度分布

2. 闭式叶轮模型泵在不同工况下的径向力及振动特性分析

下面对比分析一下不同流量工况下闭式叶轮模型泵的动力学特性。图 4-26 为 $t = 0.2$s 时不同流量工况下闭式叶轮振动速度云图。由图 4-26 可知，0.2 倍额定流量时叶轮振动速度最大，并且在叶轮出口处靠近隔舌区振动速度达到最大值，最大振动速度为 7.76×10^{-4} m/s；产生这一现象的原因是 0.2 倍额定流量时在叶轮出口隔舌附近叶轮流道内的高压区和低压区作用下产生的不稳定流动结构加剧了叶轮径向力的波动，从而进一步导致叶轮振动速度增加。随着流量的增加，该区域的振动速度逐渐减小，在 0.6 倍额定流量时该区域最大振动速度下降为 6.65×10^{-4} m/s 左右；而在 1.0 倍额定流量时该区域最大振动速度下降为 4.44×10^{-4} m/s 左右；在大流量 1.4 倍额定流量时该区域最大振动速度只有 3.33×10^{-4} m/s 左右，同时，叶轮进口处的振动速度有所增加。产生这一现象的原因是大流量时流体速度增加,在叶轮进口处流体碰撞叶轮壁面的能量增加,进而导致该区域振动速度变大,该区域的最大振动速度达到了 6.65×10^{-4} m/s。

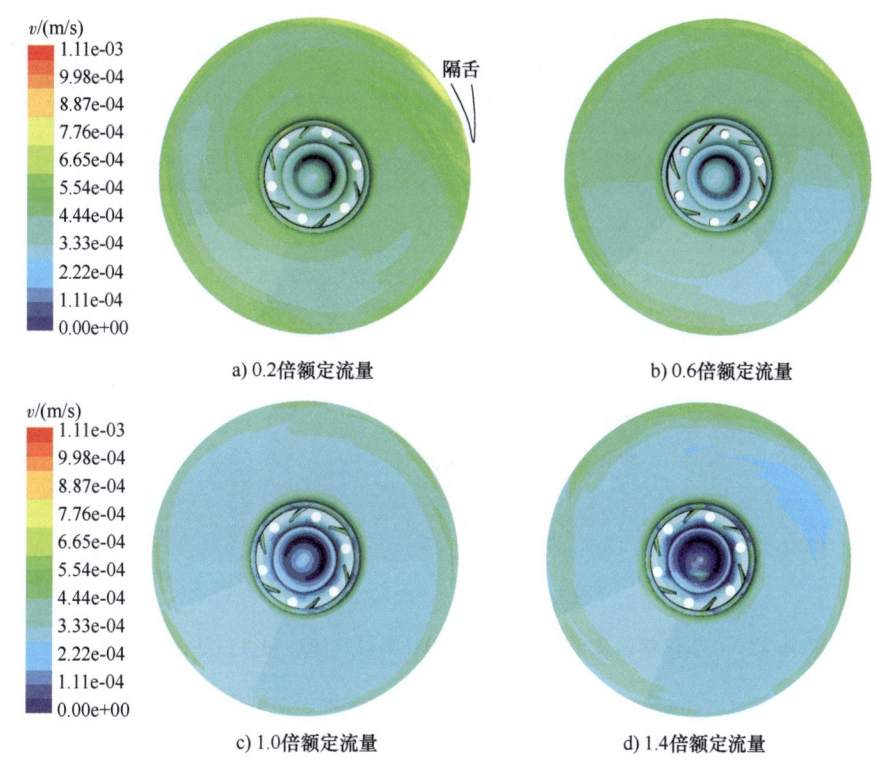

图 4-26　$t=0.2$ s 时不同流量工况下闭式叶轮振动速度云图

3. 间隙流动特性与振动特性分析

口环间隙内不稳定流动产生的瞬态流体激励力直接作用在离心泵叶轮口环上,对离心泵转子系统的振动具有较大的影响。图 4-27 为 0.2 倍额定流量时,闭式叶轮口环间隙处单位体积熵产(EGR)随时间的变化。从图中可知,在口环附近存在大面积高熵产区,产生这一现象的原因是叶轮出口处部分流体通过泵前腔进入口环间隙中,随后再回流至泵进口区;同时,由于口环间隙处过流面积狭小,使得该处的流体速度激振,在流向进口时会形成射流,从而加剧流动损失。

图 4-28 为 0.2 倍额定流量时,闭式叶轮口环间隙处速度流线随时间的变化。由图中可见,在 $T/6$ 时刻,泵进口靠近口环间隙处涡流面积较小,此时叶片刚扫掠过蜗壳隔舌;随着叶轮的转动,该区域涡流逐渐变大,并且流向叶轮

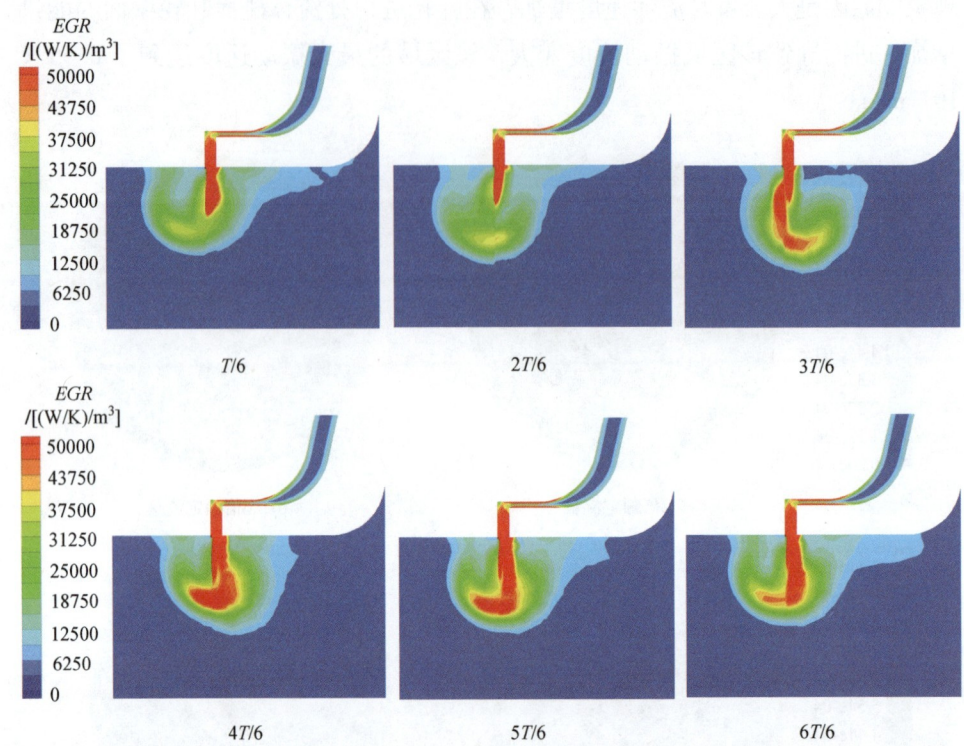

图 4-27 0.2 倍额定流量下闭式叶轮离心泵口环间隙和进口处熵产的变化

进口；当大涡流靠近叶轮进口时，较大面积的涡流逐渐分离成两个较小的涡流，其中一个涡流进入叶轮流道，而另一个涡流则回流至口环间隙处；随后回流至口环间隙附近的涡流受到口环射流的作用再次发展变大，进一步流向叶轮进口，从而形成一个周期性运动。由于口环间隙内不稳定流动产生的非定常流体径向力直接作用在叶轮上，从而使得叶轮振动加剧，所以口环间隙内压力脉动在很大程度上会影响离心泵叶轮径向力以及叶轮的振动。

图 4-29 为不同流量工况下闭式叶轮离心泵口环间隙内数值计算压力脉动、叶轮瞬态径向力和实验叶轮振动位移在频域上的分布，口环压力测点位置如图 4-14 所示。由图 4-29 可见，小流量 0.2 倍额定流量时主频（转频）处压力脉动幅值约为 2.25kPa，径向力脉动幅值为 3.6N 左右，位移脉动幅值为 0.04mm 左右；其中径向力脉动与振动位移脉动在频域上吻合较好，而压力脉动在 3 倍转频处还具有较大的脉动幅值。当流量为 0.6 倍额定流量时，主频（转频）处压力脉动幅值约为 1.8kPa，径向力脉动幅值为 2.2N 左右，位移脉动幅值为 0.05mm 左右，此时压力脉动、径向力和振动位移在频域上分布规律几

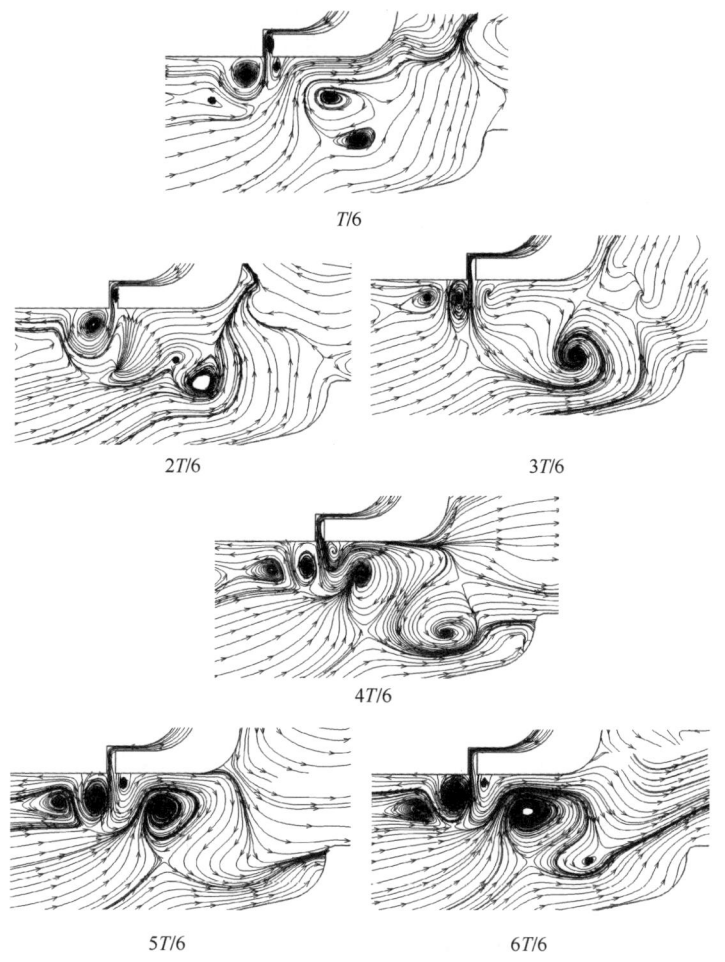

图 4-28 0.2 倍额定流量下闭式叶轮离心泵口环间隙和进口处流线变化

乎一致。当流量为 1.0 倍额定流量时,主频(转频)处压力脉动幅值约为 2.35kPa,径向力脉动幅值为 1.35N 左右,位移脉动幅值为 0.056mm 左右,此时压力脉动、径向力和振动位移在频域上分布相一致。当流量为 1.4 倍额定流量时,主频(转频)处压力脉动幅值约为 3.05kPa,径向力脉动幅值为 2.6N 左右,位移脉动幅值为 0.072mm 左右,此时压力脉动、径向力和振动位移在频域具有相同的分布形态。在图 4-29 中,不同流量工况时口环间隙内非定常压力、叶轮瞬态径向力和叶轮振动位移均具有相同的脉动主频,即都以转频为主频,同时三者在转频倍频、叶频处均具有一定的脉动幅值。对比可知,口环间隙处的压力脉动与叶轮径向力和叶轮转子系统振动成正相关,口环间隙内不稳定流动在一定程度上决定了径向力及叶轮振动的变化趋势。

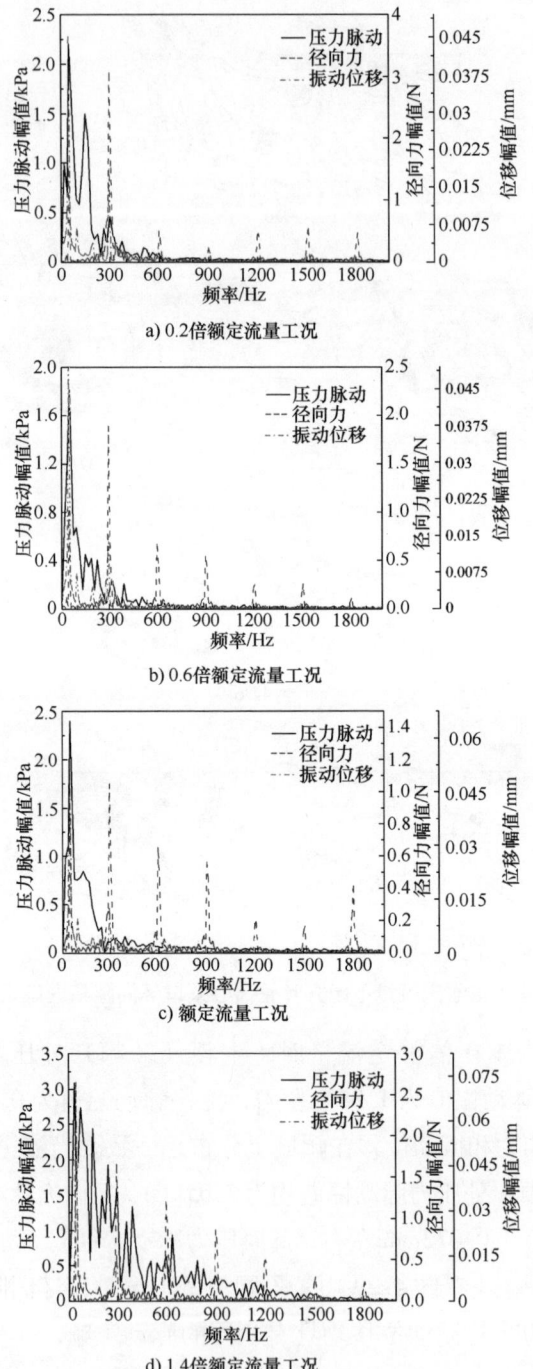

图 4-29 不同工况下闭式叶轮离心泵口环间隙内压力脉动幅值、叶轮瞬态径向力及振动位移的频域分布

蜗壳隔舌间隙内的非定常流动产生的瞬态流体径向力直接作用于蜗壳壁面，隔舌间隙区的不稳定流动对模型泵蜗壳受力及泵壳体振动的影响较大。图 4-30 为不同流量工况下闭式叶轮蜗壳径向力及蜗壳隔舌区压力脉动时域分布。由图中可知，在小流量时（尤其在 0.2 倍额定流量时），蜗壳隔舌区的压力脉动与蜗壳所受径向力在时域上的变化趋势几乎一致，随着流量的增加，压力脉动与蜗壳所受径向力在时域上的分布形态逐渐出现差异，吻合度下降。小流量时由于蜗壳隔舌区存在局部高压区和低压区以及回流，使得该区域内的不稳定流动主导了蜗壳所受的径向力，此时隔舌内压力脉动与径向力分布高度一致；随着流量的增加，在隔舌区的不稳定流动减弱甚至消失，而在泵出口处出现大面积低压区和回流，此时泵出口处的不稳定流动主导了蜗壳所受的径向力，从而造成了图 4-30 中大流量时蜗壳隔舌区压力脉动与径向力脉动之间分布形态上的差异，吻合度下降。

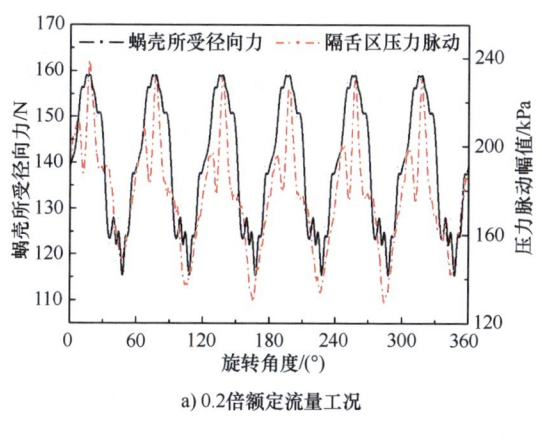

a) 0.2 倍额定流量工况

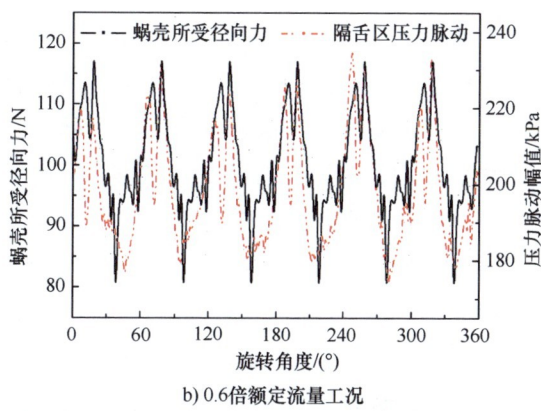

b) 0.6 倍额定流量工况

图 4-30　不同流量工况下闭式叶轮蜗壳径向力及蜗壳隔舌区压力脉动时域分布

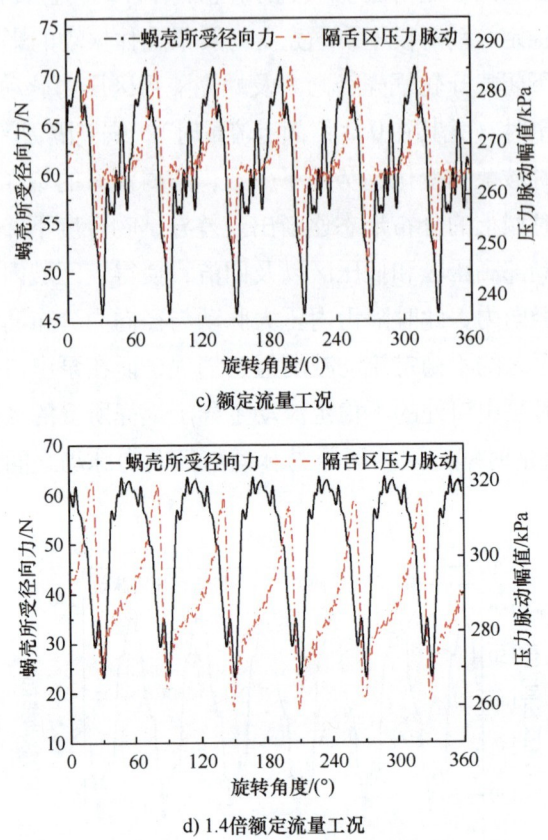

图 4-30 不同流量工况下闭式叶轮蜗壳径向力及蜗壳隔舌区压力脉动时域分布（续）

图 4-31 为不同流量工况下闭式叶轮离心泵蜗壳径向力、隔舌区压力脉动幅值以及壳体振动加速度频域分布。由图中可知，小流量及额定流量工况时压力脉动、径向力和振动加速度的主频均在叶频处；而在大流量 1.4 倍额定流量时蜗壳隔舌处压力脉动主频在 2 倍叶频处，径向力脉动主频在转频处，振动加速度脉动主频在叶频处。在小流量 0.2 倍额定流量时压力脉动、蜗壳径向力以及振动加速度在频域上均具有相似的分布规律，分布形态上高度一致。随着流量的增加，压力脉动与径向力及振动加速度的分布形态出现差异，而径向力与振动加速度的分布形态依旧相似。由此可见，模型泵壳体振动分布主要由泵蜗壳所受的径向力主导。而在小流量工况时，蜗壳隔舌区的压力脉动主导了径向力及壳体振动的变化，随着流量的增加，隔舌区压力脉动对径向力和振动加速的影响逐渐减小，此时，泵出口处低压区内的不稳定流动对径向力和振动加速度的影响逐渐递增。

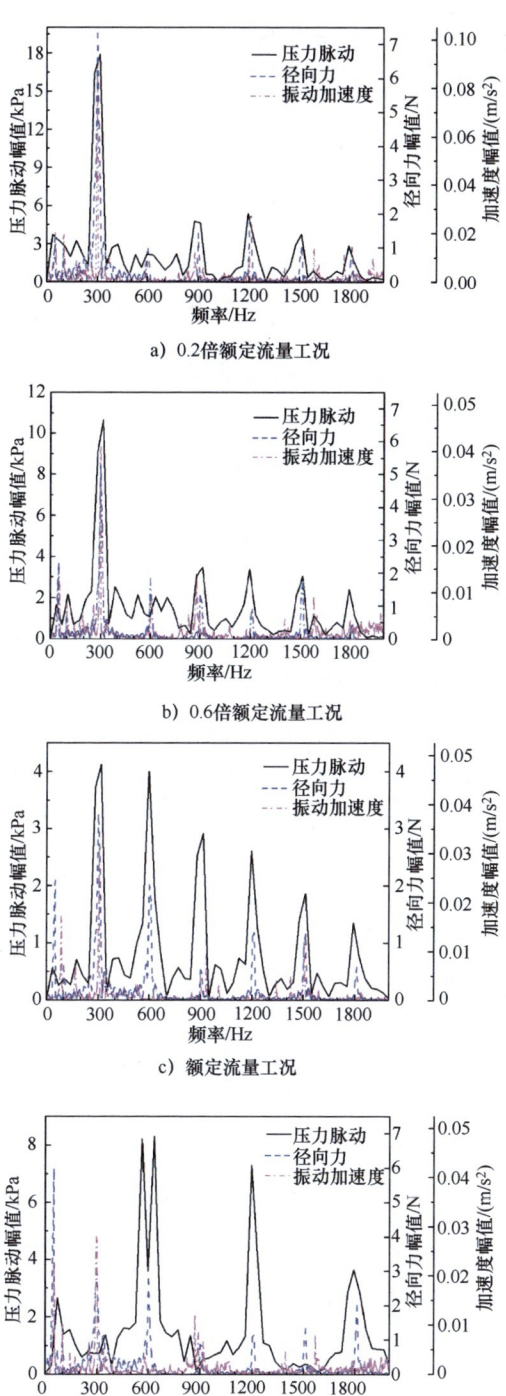

图 4-31 不同流量工况下闭式叶轮离心泵蜗壳径向力、
隔舌区压力脉动幅值及壳体振动加速度的频域分布

4.1.2.5 振动能量与内部流动损失分析

将模型泵实测振动功率谱信号划分为低频段（0~600Hz，即两倍叶频以下）、中频段（600~1200Hz，即两倍叶频至四倍叶频）以及高频段（1200~5000Hz，即四倍叶频以上）[218]。对振动功率谱信号进行均方根，并将其定义为振动能量 RMS，见式（4-2）。

$$RMS = \sqrt{\frac{1}{n}\sum_{i=1}^{n}(G_i - \overline{G})^2} \qquad (4-2)$$

G_i 表示振动加速度功率谱上的脉动幅值，而 $\overline{G}$ 是振动加速度功率谱上的平均幅值，即

$$\overline{G} = \frac{1}{n}\sum_{i=1}^{n}G_i \qquad (4-3)$$

图 4-32 为闭式离心泵叶轮三种不同频段内振动能量随流量工况变化的分布图。由图 4-32 可知，不同流量下高频振动能量最大，并在 135dB 左右波动；中频段振动能量最小，并在 28dB 左右波动；低频段振动能量从关死点（0 倍额定流量）开始随着流量的增加振动能量逐渐下降，在额定流量工况点达到最小，在大流量时低频振动能量又逐渐增加。根据不同频段振动能量随流量的变化趋势可见，模型泵中低频段振动能量对流量的变化最敏感，而中高频段振动能量随着流量的变化几乎不变。在模型泵中，泵内非定常流动诱导产生的振动主要集中在低频段。

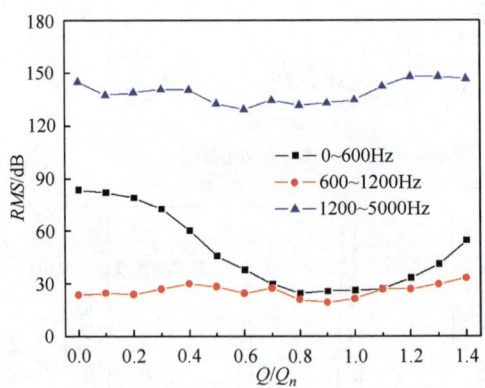

图 4-32 不同流量下闭式叶轮离心泵振动测点 1 的振动能量分布

图 4-33 为四个振动加速度传感器在低频段的振动能量分布图。由图中可见，四个振动传感器测得的模型泵振动加速度在低频段的能量分布相似，均是在小流量工况振动能量最大，随着流量的增加，低频振动能量逐渐下降，并在

额定流量点附近达到最小值，随着流量进一步增加，低频振动能量又逐渐上升。其中，对于振动测点 1 而言，其在关死点处低频振动能量最大，达到了 82dB；而在额定流量点附近最小，只有 28dB 左右，随后在大流量点 1.4 倍额定流量时又增加到 51dB。四个振动传感器中，振动测点 1 处的振动能量明显高于其他几个振动测点（见图 4-14）。

从图 4-14 的传感器布置位置可知，振动测点 1 位于蜗壳隔舌区，由此可见，在模型泵泵体处，蜗壳隔舌区的复杂不稳定流动加剧了泵的低频振动，从而导致该区域处的低频振动能量最大。

根据加速度振动测点 1 的低频振动能量曲线变化规律得到了振动能量曲线与流量之间的映射关系，如图 4-34 所示。在图中，该振动能量-流量曲线主要由 RMS_1、RMS_2 和 RMS_3 三部分组成。其中，RMS_1 对应的流量工况是 0～0.8 倍额定流量，RMS_2 对应的流量工况是 0.8～1.1 倍额定流量，RMS_3 对应的流量工况是 1.1～1.4 倍额定流量。振动能量与流量的具体映射关系见式（4-4）～式（4-6）。

$$RMS_1 = a_1 (Q/Q_n)^4 + b_1 (Q/Q_n)^3 + c_1 (Q/Q_n)^2 + d_1 (Q/Q_n) + e_1 \quad (4-4)$$

$$RMS_2 = a_2(Q/Q_n) + b_1 \quad (4-5)$$

$$RMS_3 = a_3 (Q/Q_n)^2 + b_3 (Q/Q_n) + c_3 \quad (4-6)$$

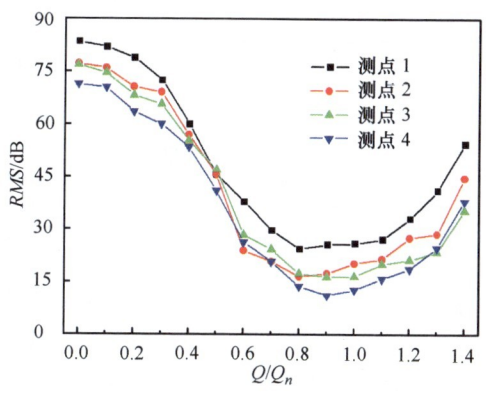

图 4-33　不同流量下测点低频段的振动能量分布

从式（4-4）可见，在小流量（0～0.8 倍额定流量）时，模型泵低频振动能量与流量之间呈现 4 次多项式关系；从式（4-5）可见，在额定流量点附近（0.8～1.1 倍额定流量）时，模型泵低频振动能量与流量之间呈现 1 次多项式关系；由式（4-6）可知，在大流量工况（1.1～1.4 倍额定流量）时，模型泵低频振动能量与流量之间呈现的是 2 次多项式关系。图 4-35 为不同流量工况下

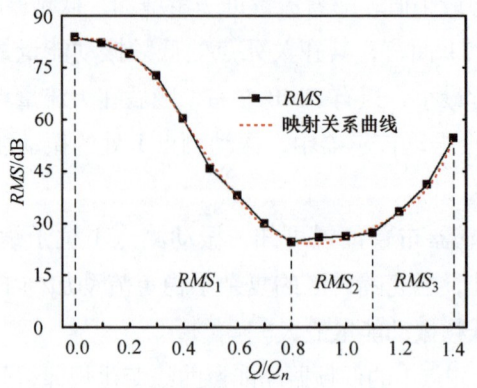

图 4-34　不同流量下振动能量与工况的关系

闭式叶轮离心泵总熵产与单位体积熵产（EGR）的分布。由图中可见，模型泵内的总熵产与 EGR 随着流量工况的变化呈现相似的变化规律，均在关死点处达到最大值，且随着流量的增加，两者均逐渐减小，并都在额定流量点处达到最小值，随着流量进一步增加，两者均逐渐上升。由此可见，泵内总能量损失与单位体积能量损失均在小流量时最大，并随着流量的增加逐渐减小，在设计点处最小，而在大流量时能量损失又逐渐增加。这一分布规律与模型泵低频振动能量随流量变化的规律相一致。

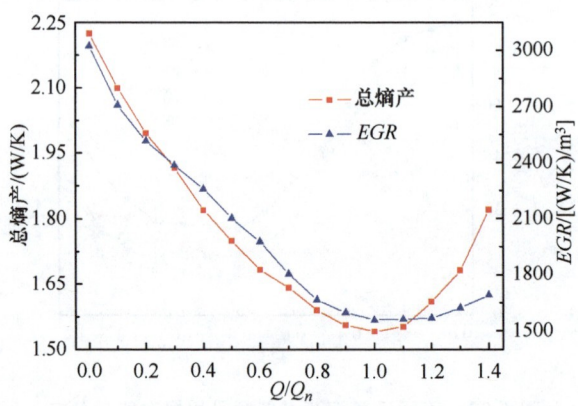

图 4-35　不同流量工况下闭式叶轮离心泵总熵产与单位体积熵产（EGR）的分布

图 4-36 为不同流量下闭式叶轮离心泵各流动部件总熵产的分布。由图中可见，在小流量工况时叶轮内总熵产值明显高于其他流动部件，说明小流量工况时叶轮流道内的复杂流动是引起泵内部流速损失的主导因素；而随着流量的增加，叶轮内流动状态得到改善，从而使得叶轮内的流动损失减小，熵产值逐渐

下降；同时，在大流量时，蜗壳内的流动变得复杂，尤其是隔舌区，而隔舌区的复杂流动进一步加剧了蜗壳内的流动损失，此时泵内流动损失主要以蜗壳内的流动损失为主。

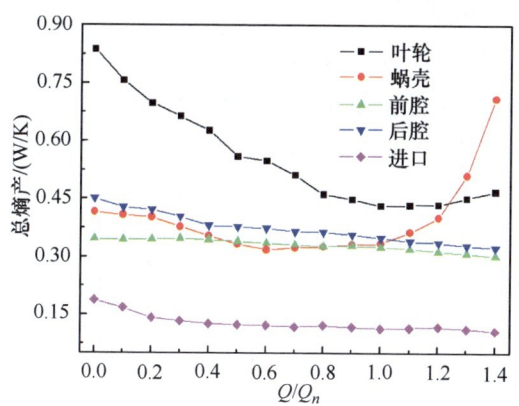

图 4-36 不同流量下闭式叶轮离心泵各流动部件总熵产的分布

由此可见，在小流量时泵叶轮内强烈的压力脉动加剧了模型泵内的流动损失，同时加剧了模型泵在低频段的振动；随着流量的增大，模型泵叶轮内的流动状态得到改善，压力脉动减弱，流动损失减小，而低频段振动也随之减弱，并在额定流量点叶轮流道内的流动状态最佳，效率最高，内部流速损失最小，而低频段振动能量也达到最小值；但是，当流量进一步增加到达大流量工况时，由于蜗壳隔舌区压力脉动增强，同时隔舌区局部低压区与大面积回流的作用，使得流量变得复杂，内部流动损失增加，而低频段振动也随之加强。

4.2 悬臂式高速离心泵非定常流体激励下转子系统动力学特性

工业应用中，把中心线安装、具有单独轴承箱承受施加在泵轴上的力的卧式泵统称为 OH6 型泵，该泵型机组具有一个与泵成一体的增速齿轮箱，叶轮直接安装到齿轮箱输出轴上；适用于输送酸类、碱类、盐类、醇类、苯类、烷类、药液类及水类等可含少量固体颗粒的液态介质。最大设计流量可达 $120\text{m}^3/\text{h}$，扬程 H 可达 1920m，设计温度 t 范围约在 $-120 \sim +340$℃ 之间，该型号泵主要应用于石化、烃加工、炼油厂等行业的高压工位。

某功率为280kW的OH6型高速流程离心泵机组（见图3-23），额定流量为132m³/h，设计扬程为400m，额定转速为9680r/min，叶轮为闭式叶轮，具有6个长叶片、6个短叶片，进、出口直径分别为98mm、172mm。3叶片诱导轮导程为52.5mm，叶尖直径为100mm，叶片轴向长度为70mm，前缘包角为120°。该泵全流场结构如图3-24所示，全流场数值计算采用LES湍流模型，亚格子模型选用局部涡黏度的壁面自适应模型（Wall-Adapting Local Eddy-Viscosity Model，即WALE），WALE模型下的亚格子涡黏度在纯剪切流动区域自动取零，基于压力求解器，模拟计算流场的参考压力设为101325Pa。基于该模型泵的全流场非定常数值计算（详见3.2节）、Bulk-flow模型及有限元法，进行该模型泵转子动力学特性分析及非定常流体激励下的转子动力学特性分析。根据API610横振分析的要求，基于有限元法对该模型泵转子系统（见图4-37）进行"干态"与"湿态"临界转速的计算，并针对流体激励力作用下的振动响应进行计算。根据轴承厂家提供的轴承支承数据，对转子系统的"干态"（仅考虑轴承支承）、"湿态"（考虑轴承支承与各级叶轮口环间隙流体激励力）下的动力学特性与行为进行计算。两种计算模型下的转子系统坎贝尔图分别如图4-38和图4-39所示，读取三种计算模型前两阶临界转速可得，"干态"计算模型下，转子系统一阶及二阶临界转速约为14641r/min、17077r/min，"湿态"计算模型下，转子系统一阶及二阶临界转速约为15094r/min、17634r/min。

图4-37　模型泵的转子系统模型

对比"干态"与"湿态"模型下转子系统的各阶振型（见图4-40与图4-41）可知，转子系统在两种计算模型下的各阶模态振型基本相同，"湿态"计算模型考虑了叶轮口环间隙内流体激励力的刚度与阻尼效应，对应一阶及二阶模态振型弯曲振动幅度均明显小于"干态"模型下的转子系统各阶振型。

第 4 章
离心泵机组的结构动力与转子动力分析实例

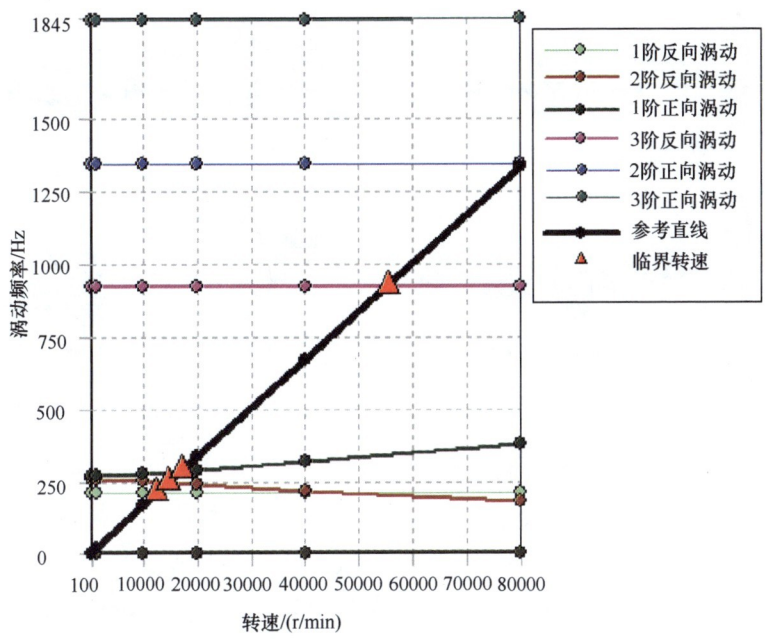

图 4-38　转子系统干态坎贝尔（Campbell）图

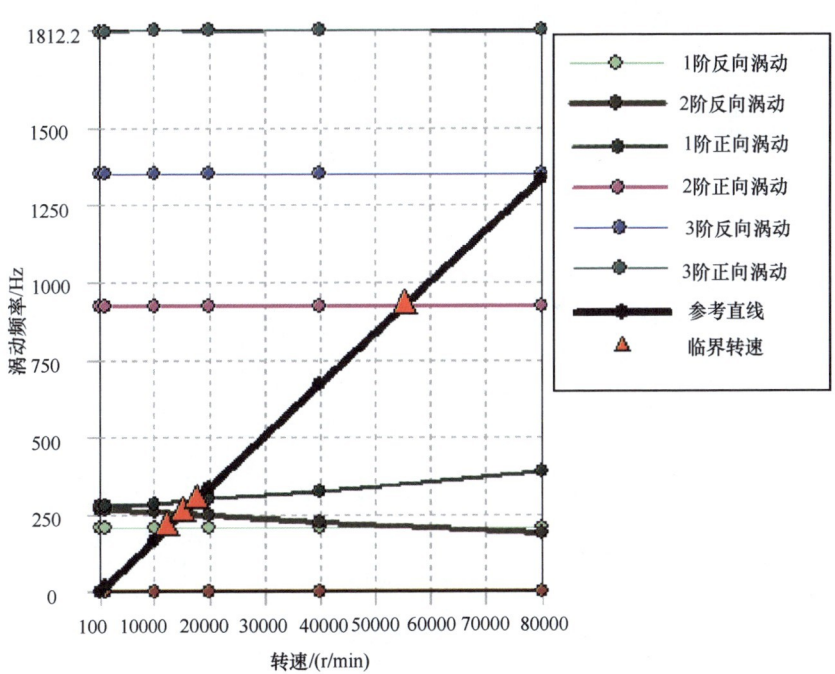

图 4-39　转子系统湿态坎贝尔（Campbell）图

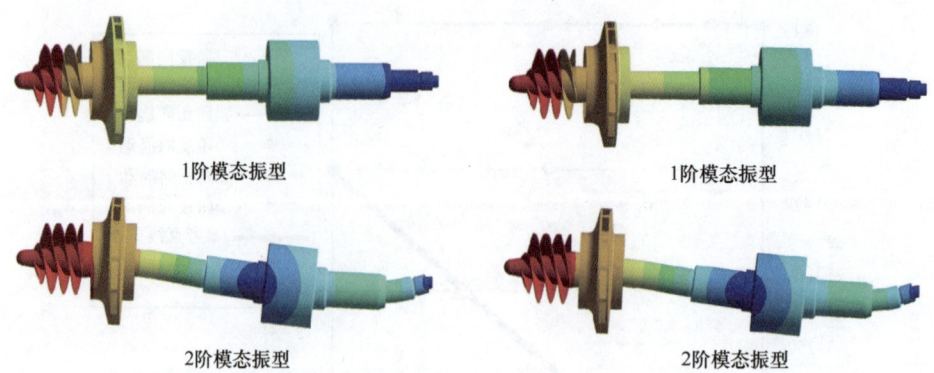

图 4-40 "湿态"模型下转子系统的各阶振型　　图 4-41 流固耦合模型下转子系统的各阶振型

将全流场数值计算结果所得叶轮主流场激励力模型（见图 4-42）以作用于集中质量点的外激激励力的形式代入转子系统运动方程中，可得各流量工况与不同预旋工况下转子系统在轴承位置的时域振动位移曲线。对比同一工况下的驱动端与非驱动端轴承位移可知，由于该泵型驱动端与高速齿轮共轴，该侧轴承、联轴器等约束较多，振动响应幅值较小。对比不同流量工况下双侧轴承处振动位移（见图 4-43）可知，额定流量工况下振动性能最好，小流量工况下振动幅值较大，以高频段振动分量为主，这与各级叶轮在低流量工况下流体激励力频率特性分布对应，周期性规律不明显。额定流量及大流量工况下振动周期明显，以转频、6 倍转频及 12 倍转频为主。

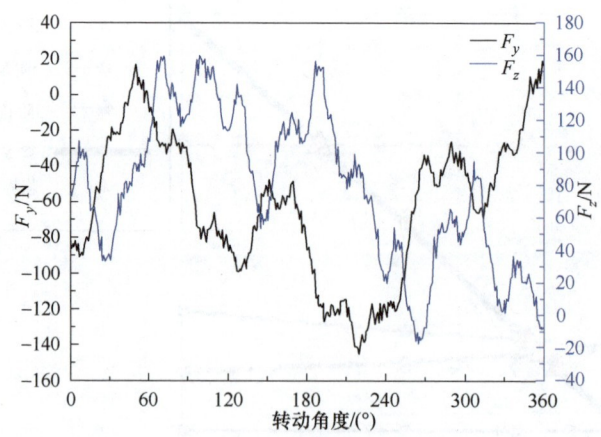

图 4-42　额定工况下叶轮主流场激励力模型

对比不同预旋工况下的振动位移（见图 4-44）可得，预旋工况对转子系统最大振幅影响较小，这与不同预旋工况下流体激励力与压力脉动特性基本一致，

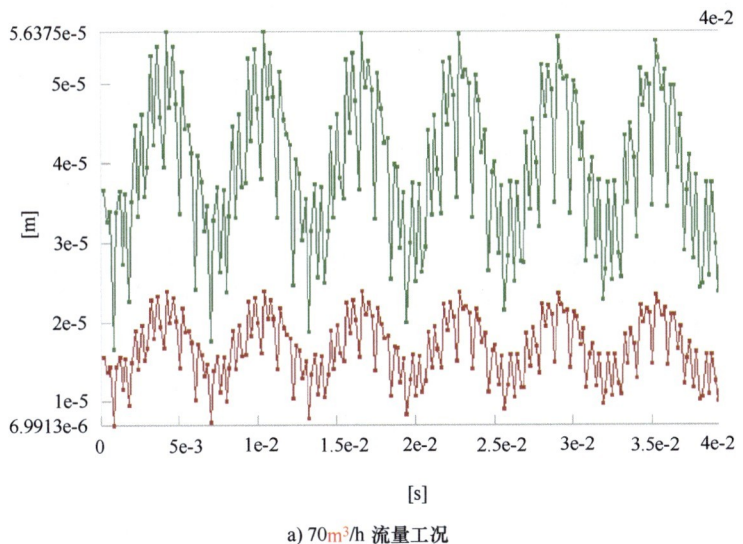

a) 70m³/h 流量工况

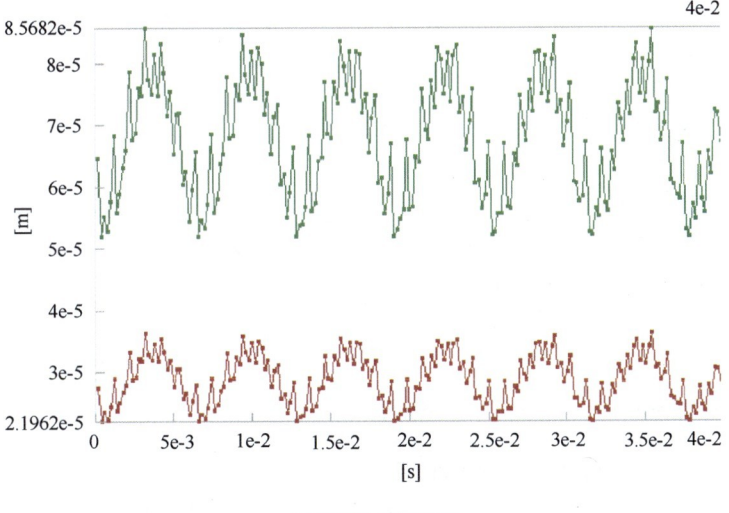

b) 90m³/h 流量工况

图 4-43 不同流量工况下的模型泵轴承振动位移时域分布

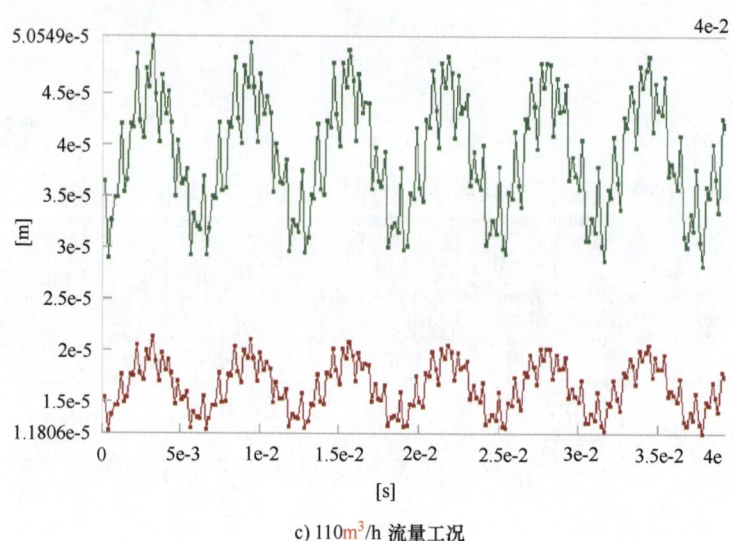

c) 110m³/h 流量工况

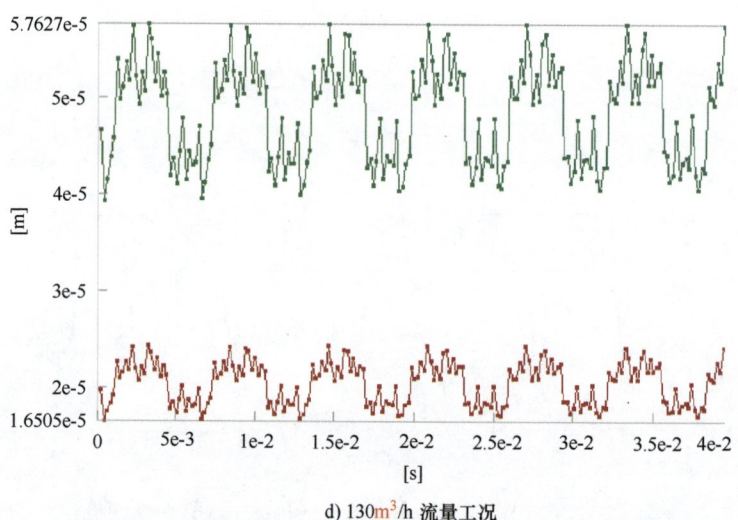

d) 130m³/h 流量工况

图4-43 不同流量工况下的模型泵轴承振动位移时域分布（续）

流体激励力转频分量的幅值随正向预旋增强而减小，反向预旋较强时流体激励力转频分量幅值较大。随着预旋强度的增大，3叶片诱导轮对作用于叶轮上的流体激励力影响逐渐增大，对应的3倍转频分量在激励力中逐渐占主导地位，特别是正向0.5倍预旋工况下，流体激励力主导频率由小预旋工况下的转频转变为3倍转频分量。

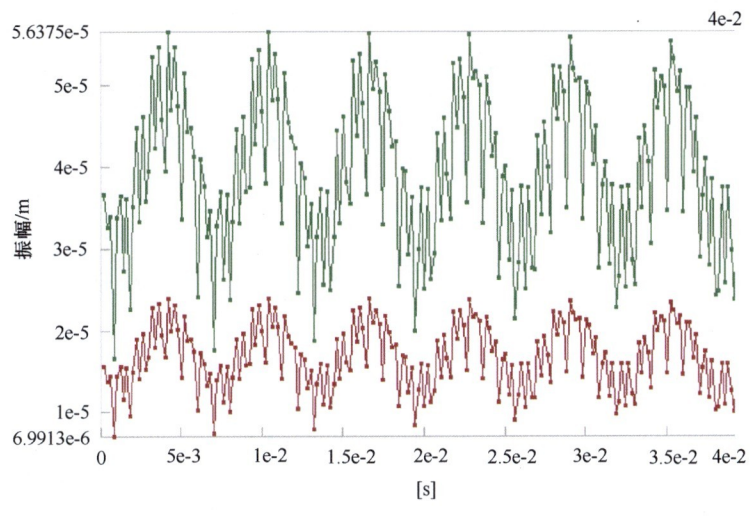

a) 反向预旋0.25倍周向速度

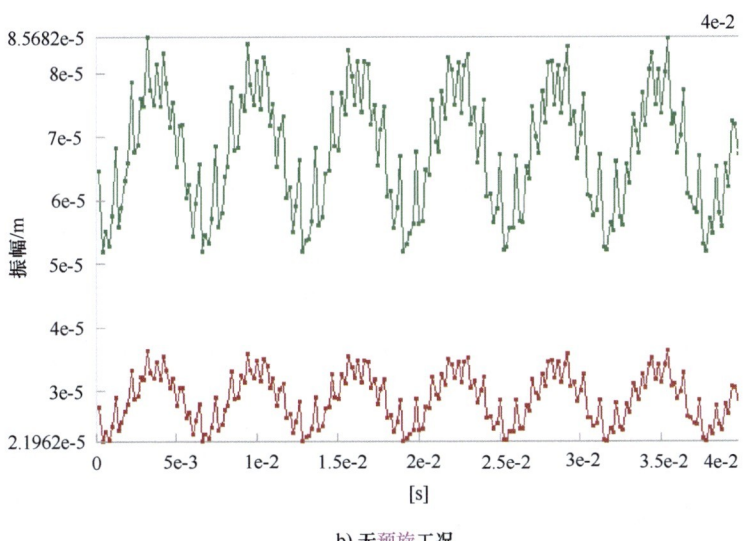

b) 无预旋工况

图 4-44　不同预旋工况下的模型泵轴承振动位移时域分布

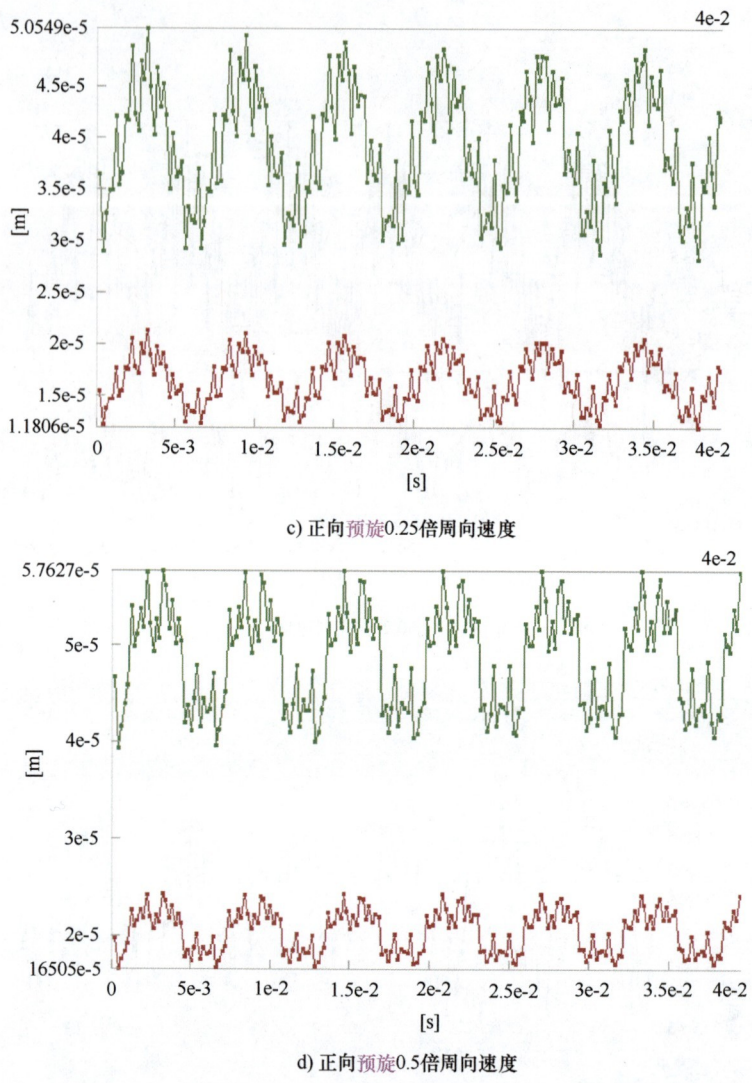

图 4-44 不同预旋工况下的模型泵轴承振动位移时域分布（续）

4.3 两端支承式多级离心泵非定常流体激励下的转子动力特性分析

4.3.1 BB3 型 4 级离心泵非定常流体激励下的转子动力特性分析

工业应用中，把轴向剖分多级两端支承式泵统称为 BB3 型泵，该泵型机组是轴向剖分、叶轮对称布置、蜗壳式、卧式、多级、首级单吸或双吸离心泵；适用于输送各种清洁或含有微量颗粒的、中性或有腐蚀性的介质，特别是在输送含有固体颗粒的介质时表现尤为稳定。最大设计流量可达 $1400m^3/h$，扬程 H 可达 2000m，设计温度 t 范围约在 $-60 \sim +200°C$ 之间，该型号泵主要应用于化工、煤化工、管线输送、海上平台、石油开采、海水淡化、电厂等，也可用于化工行业的高压液力能量回收透平。典型产品包括煤化工行业的灰水泵、贫甲醇输送泵、原油输送行业的管线输送主泵及支线泵、化肥及合成氨装置中的贫液泵及富液泵、电厂锅炉给水泵、油田注水泵、海上平台用泵等。

某功率为 150kW 的 BB3 型 4 级离心泵机组（见图 4-45），额定流量为 $242.5m^3/h$，设计扬程为 442m，机组进口直径为 200mm，出口直径为 D_o = 150mm。各级叶轮均为闭式扭曲叶片叶轮，首级叶轮为 3 叶片双吸叶轮，其余各级为 5 叶片单吸叶轮，采用"背靠背"布置，各级涡室均采用对称布置的双蜗壳结构，基于流固耦合求解器 System Coupling 对该机组运行状态下的非定常流体激励力作用下的转子动力学特性及振动响应进行校核。

图 4-45 BB3 型 4 级离心泵机组

4.3.1.1 转子系统动力学特性分析

根据 API610 横振分析的要求，基于有限元法对转子系统（见图 4-46）进行"干态"与"湿态"临界转速的计算，并针对流体激励力作用下的振动响应进行计算。根据轴承厂家提供的轴承支承数据，对转子系统的"干态"（仅考虑轴承支承）、"湿态"（考虑轴承支承与各级叶轮口环间隙流体激励力）及如图 4-47 所示的基于单向流固耦合（考虑轴承支承、各流固耦合交界面的流体压力）下的动力学特性与行为进行计算。三种计算模型下的转子系统坎贝尔图分别如图 4-48、图 4-49 及图 4-50 所示，读取三种计算模型前 4 阶的临界转速，见表 4-5。

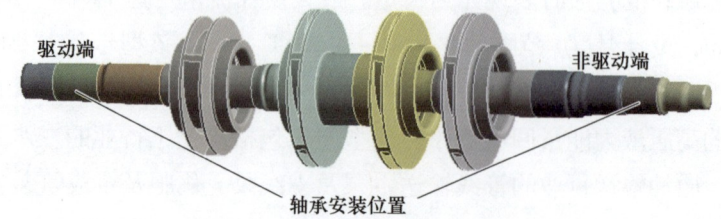

图 4-46　模型泵转子系统布置图

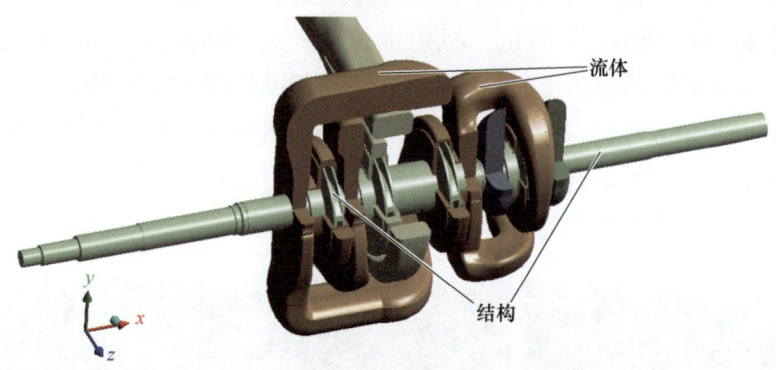

图 4-47　流场和转子结构耦合示意图

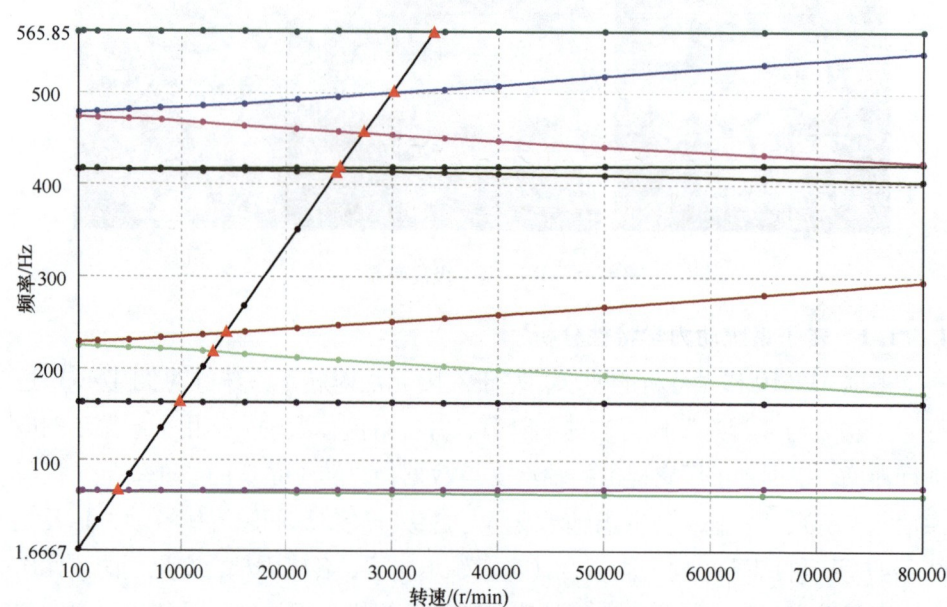

图 4-48　"干态"转子的坎贝尔图

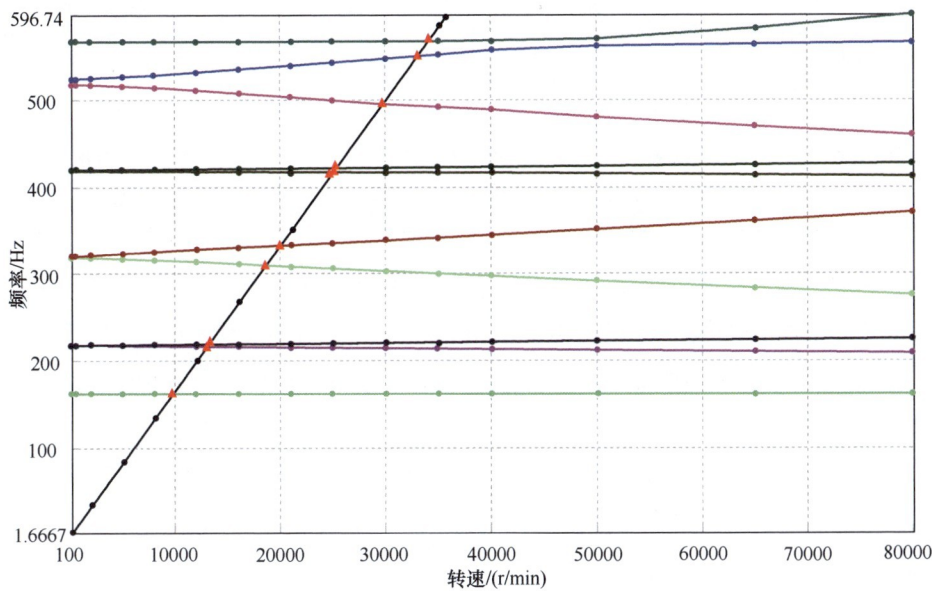

图 4-49 "湿态"转子的坎贝尔图

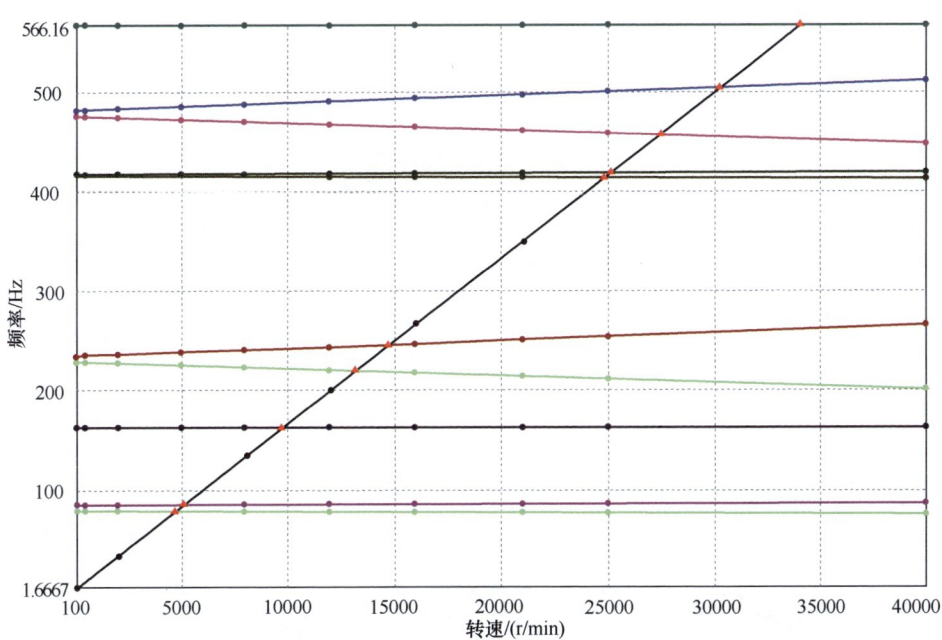

图 4-50 基于流固耦合的转子系统坎贝尔图

表 4-5 转子系统临界转速　　　　　　　　　（单位：r/min）

条件	第1阶	第2阶	第3阶	第4阶
干态	3880.6	3926.4	9714.5	12974
湿态	4714.8	5079.6	9707.6	13148
流固耦合	4711.5	5078.2	9714.9	13148

对比"湿态"模型下转子系统的各阶振型（见图 4-51）与流固耦合模型下转子系统的各阶振型（见图 4-52）可知，转子系统在两种计算模型下的各阶模态振型相同，流固耦合模型考虑了叶轮交界面处流体预应力的作用，且间隙流体激励力不以集中作用点的形式而是以压力的形式均匀地作用于转子部件上，转子系统的各阶振动位移起到了阻尼作用，其表现为与无预应力刚性支承转子系统"湿态"时的振型相比，转子系统的各阶弯曲振动幅度均明显减小。

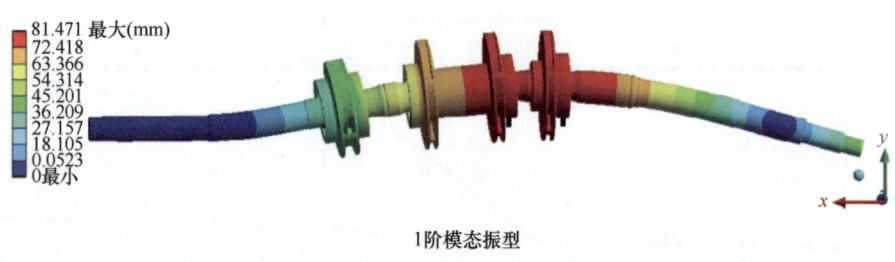

1阶模态振型

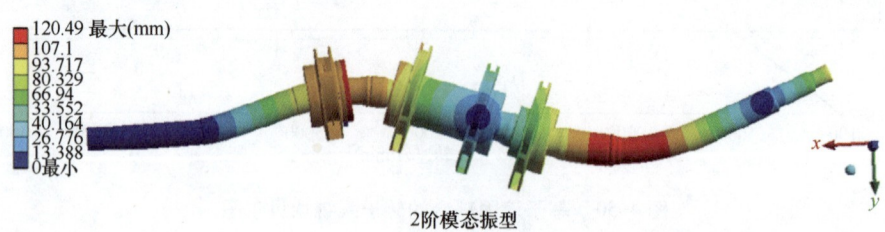

2阶模态振型

图 4-51 "湿态"模型下转子系统的各阶振型

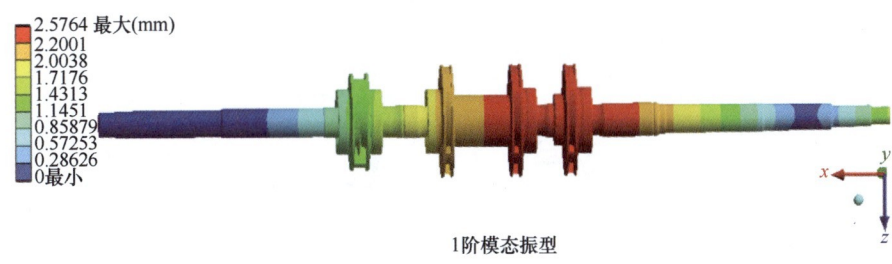

1阶模态振型

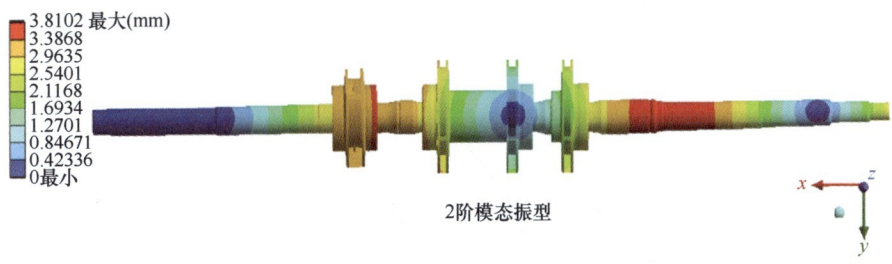

2阶模态振型

图4-52　流固耦合模型下转子系统的各阶振型

4.3.1.2　应力特性分析

图4-53及图4-54为不同操作工况下离心泵转子结构的等效应力与切应力最大值随时间的变化特性。如图4-53和图4-54所示,在一个完整的旋转周期内,叶轮转子的等效应力随时间呈周期性变化,不同流量下其等效应力的波动规律一致,当流量越小时等效应力的峰值越大,且波动越明显;单周期内叶轮切应力呈周期性变化,各工况变化规律一致,额定流量工况下切应力幅值最小。

4.3.1.3　振动特性分析

1. 不同流量时非驱动端振动分析

提取模型泵转子系统 $140m^3/h$、$242m^3/h$、$290m^3/h$ 流量时非驱动端轴承处的振动速度,将傅里叶变换后振动速度的频域分布与实测振动幅值和频率进行对比,对比结果如图4-55~图4-57及表4-6、表4-7所示。

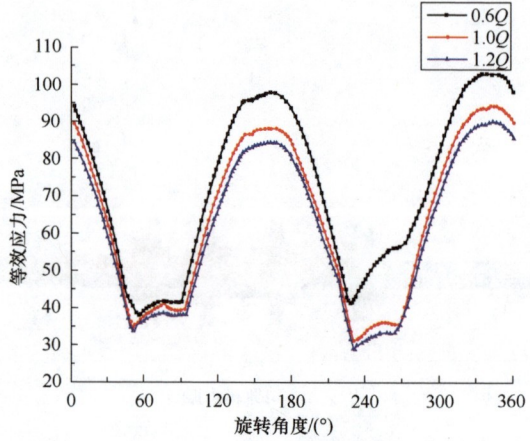

图 4-53　转子等效应力变化图

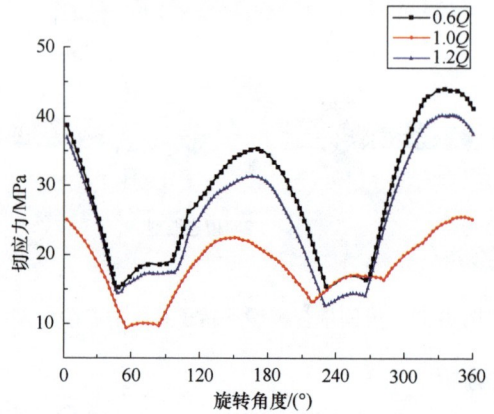

图 4-54　转子 xy 方向切应力最大值变化图

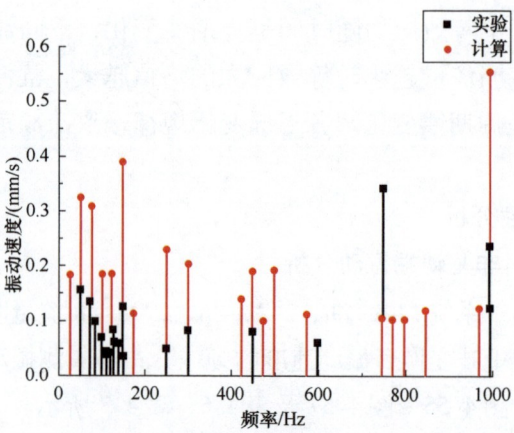

图 4-55　140m³/h 非驱动端振动速度对比

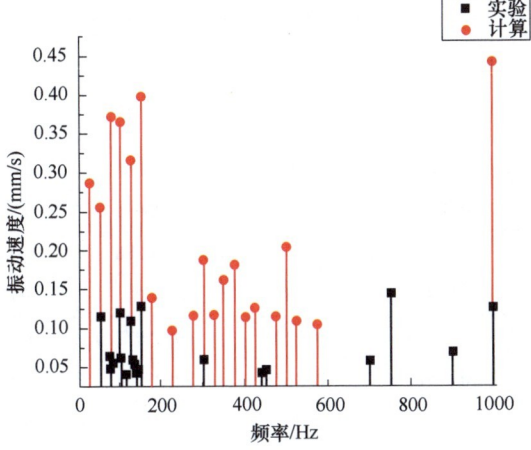

图 4-56 242m³/h 非驱动端振动速度对比

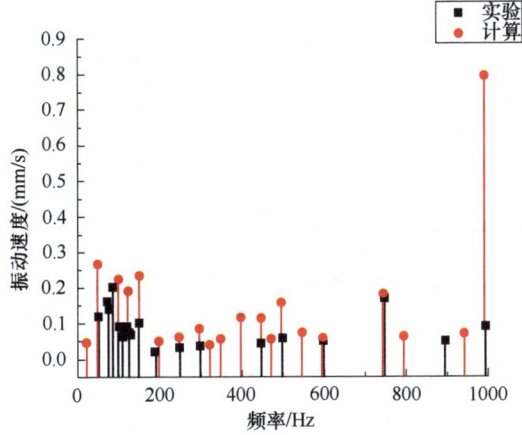

图 4-57 290m³/h 非驱动端轴向振动速度对比

表 4-6 振动实验频谱图中的振动速度参数

振动分量标号	140m³/h		242m³/h		290m³/h	
	频率/Hz	振动速度/(mm/s)	频率/Hz	振动速度/(mm/s)	频率/Hz	振动速度/(mm/s)
1	747.5	0.3428	748.25	0.1442	85	0.2032
2	998.25	0.2384	995	0.1261	746.5	0.1684
3	50	0.1566	96.25	0.1195	71.25	0.1633
4	71.25	0.1353	50.0	0.1151	75.0	0.1399
5	150	0.1274	148.75	0.1274	50.0	0.1181

(续)

振动分量标号	140m³/h		242m³/h		290m³/h	
	频率/Hz	振动速度/(mm/s)	频率/Hz	振动速度/(mm/s)	频率/Hz	振动速度/(mm/s)
6	997.5	0.1268	122.5	0.1094	148.75	0.1022
7	85	0.1004	895	0.06939	120.0	0.0948
8	127.5	0.0852	70	0.06268	100.0	0.09278
9	298.75	0.08447	100	0.06226	995.0	0.09076
10	448.75	0.08117	696.25	0.05977	123.75	0.07441
11	100.0	0.0702	298.75	0.05938	116.25	0.07438
12	131.25	0.06237	127.5	0.05914	127.5	0.06818
13	597.5	0.06203	130	0.0546	110.0	0.06433
14	135.0	0.06132	80	0.05306	497.5	0.05828
15	138.75	0.06018	73.75	0.04927	895.0	0.05144
16	248.75	0.0502	447.5	0.04662	598.25	0.05047
17	110.25	0.04522	136.75	0.04522	447.5	0.04264
18	120	0.0431	135	0.04253	298.75	0.0385
19	112.5	0.04018	437.5	0.04160	248.75	0.033
20	152.5	0.03708	113.75	0.04101	190.25	0.0203

表4-7 流固耦合计算振动频谱图中的振动速度参数

振动分量标号	140m³/h		242m³/h		290m³/h	
	频率/Hz	振动速度/(mm/s)	频率/Hz	振动速度/(mm/s)	频率/Hz	振动速度/(mm/s)
1	993.30512	0.55582	993.30512	0.44237	993.30512	0.79747
2	148.99577	0.38964	148.99577	0.39925	49.66526	0.26719
3	49.66526	0.32509	74.49788	0.37193	148.99577	0.23392
4	74.49788	0.30918	99.33051	0.36576	99.33051	0.225686
5	248.32628	0.23101	124.16314	0.31686	124.16314	0.191536
6	297.99154	0.20515	24.83263	0.28633	744.97884	0.1844
7	496.65256	0.19377	49.66526	0.25649	496.65256	0.16047
8	446.98731	0.19111	496.65256	0.20395	397.32205	0.11784
9	124.16314	0.18645	297.99154	0.18776	446.98731	0.11536
10	99.33051	0.185326	372.48942	0.18207	297.99154	0.08718
11	24.83263	0.18454	347.65679	0.16238	546.31782	0.0773

（续）

振动分量标号	140m³/h		242m³/h		290m³/h	
	频率/Hz	振动速度/(mm/s)	频率/Hz	振动速度/(mm/s)	频率/Hz	振动速度/(mm/s)
12	422.15468	0.14128	173.8284	0.13791	943.63987	0.07343
13	968.4725	0.1238	422.15468	0.12675	794.6441	0.06494
14	844.30935	0.12009	322.82417	0.11653	471.81993	0.05886
15	571.15045	0.11524	273.15891	0.11636	347.65679	0.05823
16	173.8284	0.11397	471.81993	0.11593	595.98307	0.05806
17	769.81147	0.10465	397.32205	0.11458	248.32628	0.0568
18	794.6441	0.1037	521.48519	0.10911	198.66102	0.05097
19	744.97884	0.10325	571.15045	0.10474	24.83263	0.0482
20	471.81993	0.10107	223.49365	0.09729	322.82417	0.04372

由实验结果可知，非驱动端轴承位置的振动速度主频分量集中于747.5Hz，约为15倍转频，即首级叶轮叶片通过频率（3倍转频）与后三级叶轮叶片通过频率（5倍转频）的最小公倍数，说明该频段振动主要由各级叶轮主流道内流体激励力诱导振动引起。实测振动速度次主频集中于998.25Hz，约为20倍的转频，说明后三级叶轮主流道内流体激励力对转子系统振动具有重要影响。其他影响因素包括转子系统机械不平衡力（对应50Hz转频分量）及首级叶轮主流道内的流体激励力（对应150Hz，3倍转频分量）。

对比图4-55～图4-57，非驱动端振动速度由低于200Hz的低频分量占据主导。结合表4.6与表4.7可知，在0～1000Hz的频率范围内，其振动速度频域的波形较为相似。对比主要振动峰值的频率，额定流量下，计算结果中振动速度峰值最高处对应的频率为993.3Hz，基本对应20倍转频，振动速度为0.44237mm/s，该计算结果与实测结果中的2号分量0.1261mm/s对应；次高峰值对应频率为148.99577Hz，基本对应3倍转频频率，振动速度为0.39925mm/s，与实测结果中的5号分量0.1274mm/s对应；第五峰值处对应频率为124.16314Hz，与实测结果中的6号分量接近。小流量工况下，计算结果中振动速度峰值最高处对应的频率为993.3Hz，对应20倍转频，振动速度为0.535mm/s，该计算结果对应实测结果中的2号分量0.2384mm/s对应；次高峰值对应频率为148.99577Hz，基本对应3倍转频频率，振动速度为0.395mm/s，与实测结果中的5号分量0.1274mm/s接近；15倍转频（约747.5Hz）分量计算值为0.13mm/s，与实测结果中的1号分量 0.3428mm/s 对应。大流量工况下，计算结果中的振动速度峰值最高处对应的频率为 993.3Hz，基本对应 20 倍转频，振动速度为 0.78mm/s，该计算结果与实测结果中的 2 号分量 0.1684mm/s 对应；次高峰值对应频率为 50Hz，基本对应 1 倍转频频率，振动速度为 0.275mm/s，与实测结果中的 5 号分量 0.1181mm/s 对应；15 倍转频（约 747.5Hz）分量计算值为 0.19mm/s，与实测结果中的 1 号分量 0.2032mm/s 对应。由于该泵振动实测取点与计算监测点位置略有偏差，振动信号在传导过程中存在较大衰减，故频谱分布较为一致，但各频带分量幅值较实测值存在一定误差。对比三种流量工况下的振动速度误差可知，大流量工况的振动速度预测精度较高，特别是低频分量在频谱分布及各分量幅值上吻合度较高，12 倍转频及 15 倍转频分量幅值的计算误差均小于 5%。

2. 额定流量时非驱动端振动特性与激励力的关联性分析

对比模型泵额定流量（$242m^3/h$）下的径向力分量 F_y 及 F_z 的频域分布特性与转子系统非驱动端振动实测速度分量 v_y 及 v_z 的频域分布，如图 4-58 至图 4-61 所示。对比可知，F_y 与 v_y 频谱分布基本一致，主导频率均集中于 150Hz 附近，但实测振动在转频处有较大速度分量，计算激励力在转频处分量较小，这说明机械不平衡量以转频为主，且其影响小于主流道流体激励力的影响。F_z 与 v_z 频谱分布基本一致，主导频率仍集中于 150Hz 附近，但机械不平衡力对 z 向振动分量影响较小，各级叶轮主流道内流体激励力在主导频率段（转频、3 倍转频、5 倍转频、15 倍转频等）内的分布规律与实测振动频率分布不一致。

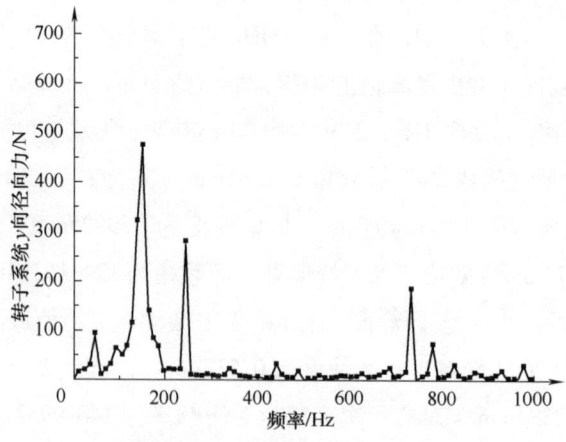

图 4-58 转子系统径向分量 F_y 频域分布

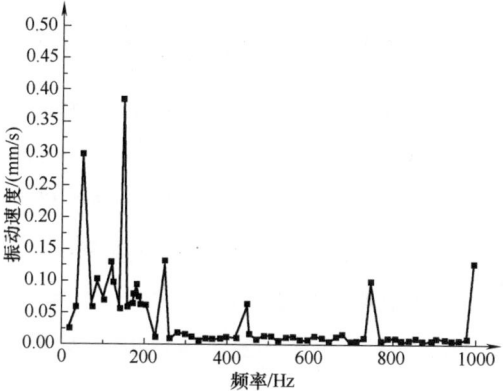

图 4-59　实测非驱动端振动速度分量 v_y 频域分布

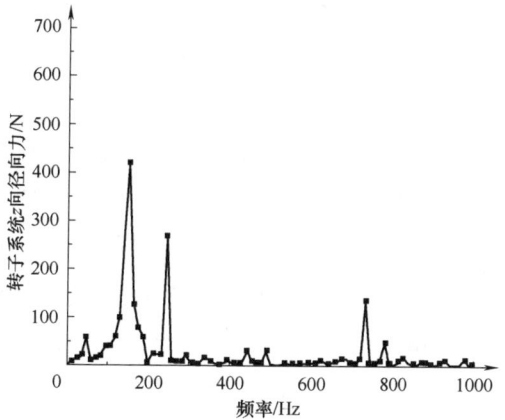

图 4-60　转子系统径向分量 F_z 频域分布

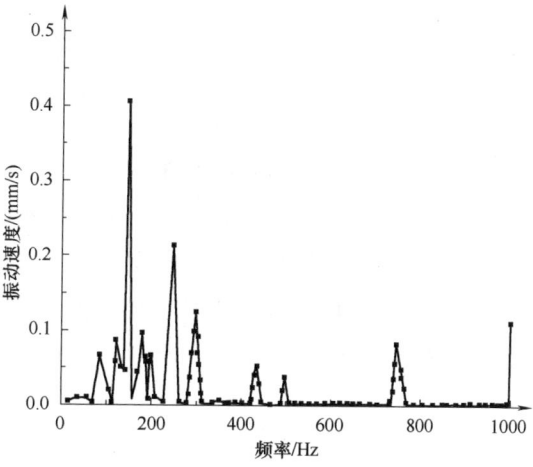

图 4-61　实测非驱动端振动速度分量 v_z 频域分布

4.3.2　BB5 型 5 级离心泵非定常流体激励下的转子动力特性分析

工业应用中，把双壳、径向剖分多级两端支承式泵统称为 BB5 型泵，该泵型机组是卧式、双壳体、内芯节段式，叶轮同向布置、首级单吸或双吸多级离心泵，适用于输送石油，成品油，液化石油气、轻烃和易燃易爆有毒的高温高压液体。最大设计流量可达 1200m³/h，扬程 H 可达 3600m，设计温度 t 范围约在 $-80 \sim +450$℃ 之间。该型号泵机组广泛应用于石油精制工业、石油化工工业、电力工业等，典型产品主要包括加氢装置中的加氢进料泵、煤化工用除焦泵等。

某功率为 1500kW 的 BB5 型 5 级离心泵机组，额定流量为 344m³/h，设计扬程为 713m，额定转速为 2980r/min，机组进口直径为 242.8mm，出口直径为 193.7mm。各级叶轮均为闭式扭曲叶片叶轮，采用同向布置，首级叶轮出口直径为 371mm，首级叶轮进口直径为 92mm，叶轮出口宽度为 17mm，首级叶轮中截面工作面进口安放角为 31.6°，首级叶轮中截面工作面出口安放角为 20°，叶片数 5。次级叶轮出口直径为 374mm，次级叶轮进口直径为 190mm，叶轮出口宽度为 17mm，次级叶轮中截面工作面进口安放角为 67.1°，次级叶轮中截面工作面出口安放角为 26.3°，叶片数 7。第三级叶轮、第四级叶轮和末级叶轮的几何参数和次级叶轮完全相同。所有叶片均为扭曲叶片，每级导叶都设计有 8 个流道，其中首级导叶、次级导叶、第三级导叶和第四级导叶均设有 8 个圆柱背叶片，末级导叶没有背叶片。基于该模型泵的全流场非定常数值计算（详见 3.2.5 节）、Bulk-flow 模型及有限元法，进行模型泵的环形密封间隙流体激励力及其等效动力学特性分析、主流场激励力特性分析及非定常流体激励下的转子动力学特性分析。

4.3.2.1　模型泵间隙流场激励力等效动力学特性

提取全流场计算结果中各级叶轮口环进、出口压力与速度边界条件作为收敛边界，基于 Bulk-flow 模型，对该模型泵叶轮口环密封在单倍间隙介质为水、双倍间隙介质为输运介质，并且转速分别为额定转速的 0.25、0.5、0.75、1、1.25 倍转速下的间隙流体激励力等效动力学特性参数进行分析，计算结果见表 4-8。

第4章 离心泵机组的结构动力与转子动力分析实例

表 4-8 各级叶轮口环间隙流体激励力等效动力学特性参数

	首级叶轮口环刚度系数和阻尼系数(单倍间隙、介质水)				
压差/MPa	转速/(r/min)	$K/(\text{N/m})$	$k/(\text{N/m})$	$C/(\text{N}\cdot\text{s/m})$	$c/(\text{N}\cdot\text{s/m})$
0.26	745	6.4010×10^5	6.5748×10^4	1.6855×10^3	61.9489
	1490	6.3994×10^5	1.3074×10^5	1.6758×10^3	123.2490
	2235	6.3942×10^5	1.9430×10^5	1.6603×10^3	183.2877
	2980	6.3823×10^5	2.5588×10^5	1.6399×10^3	241.5213
	3725	6.3603×10^5	3.1508×10^5	1.6155×10^3	297.4995

	首级叶轮口环刚度系数和阻尼系数(双倍间隙、介质水)				
压差/MPa	转速/(r/min)	$K/(\text{N/m})$	$k/(\text{N/m})$	$C/(\text{N}\cdot\text{s/m})$	$c/(\text{N}\cdot\text{s/m})$
0.26	745	2.7949×10^5	4.7165×10^4	1.2091×10^3	56.6975
	1490	2.7822×10^5	9.4004×10^4	1.2049×10^3	113.0318
	2235	2.7602×10^5	1.4022×10^5	1.1982×10^3	168.6534
	2980	2.7278×10^5	1.8554×10^5	1.1891×10^3	223.2402
	3725	2.6836×10^5	2.2978×10^5	1.1781×10^3	276.5102

	首级叶轮口环刚度系数和阻尼系数(单倍间隙、工作介质)				
压差/MPa	转速/(r/min)	$K/(\text{N/m})$	$k/(\text{N/m})$	$C/(\text{N}\cdot\text{s/m})$	$c/(\text{N}\cdot\text{s/m})$
0.26	745	4.4111×10^5	4.0386×10^4	1.0353×10^3	20.3660
	1490	4.4138×10^5	8.0042×10^4	1.0260×10^3	40.4043
	2235	4.4163×10^5	1.1834×10^5	1.0113×10^3	59.8154
	2980	4.4161×10^5	1.5483×10^5	992.3205	78.3502
	3725	4.4107×10^5	1.8927×10^5	970.3893	95.8233

	首级叶轮口环刚度系数和阻尼系数(双倍间隙、工作介质)				
压差/MPa	转速/(r/min)	$K/(\text{N/m})$	$k/(\text{N/m})$	$C/(\text{N}\cdot\text{s/m})$	$c/(\text{N}\cdot\text{s/m})$
0.26	745	3.0873×10^5	2.9379×10^4	753.1561	25.0142
	1490	3.0880×10^5	5.8359×10^4	748.0393	49.7204
	2235	3.0878×10^5	8.6586×10^4	739.9002	73.8307
	2980	3.0851×10^5	1.1379×10^5	729.2418	97.0944
	3725	3.0781×10^5	1.3977×10^5	716.6389	119.3104

	2~5级叶轮口环刚度系数和阻尼系数(单倍间隙、介质水)				
压差/MPa	转速/(r/min)	$K/(\text{N/m})$	$k/(\text{N/m})$	$C/(\text{N}\cdot\text{s/m})$	$c/(\text{N}\cdot\text{s/m})$
0.24	745	6.0379×10^5	6.2579×10^4	1.6042×10^3	59.4402
	1490	6.0354×10^5	1.2439×10^5	1.5944×10^3	118.2196
	2235	6.0289×10^5	1.8476×10^5	1.5788×10^3	175.7162
	2980	6.0152×10^5	2.4313×10^5	1.5582×10^3	231.3817
	3725	5.9912×10^5	2.9914×10^5	1.5337×10^3	284.7674

(续)

压差/MPa	转速/(r/min)	K/(N/m)	k/(N/m)	C/(N·s/m)	c/(N·s/m)
	2~5 叶轮口环刚度系数和阻尼系数(双倍间隙、介质水)				
0.24	745	2.7262×10^5	4.5276×10^4	1.1607×10^3	55.7565
	1490	2.7136×10^5	9.0214×10^4	1.1563×10^3	111.1275
	2235	2.6917×10^5	1.3450×10^5	1.1494×10^3	165.7430
	2980	2.6594×10^5	1.7788×10^5	1.1400×10^3	219.2638
	3725	2.6153×10^5	2.2014×10^5	1.1287×10^3	271.3953
	2~5 叶轮口环刚度系数和阻尼系数(单倍间隙、工作介质)				
0.24	745	3.9993×10^5	3.8762×10^4	993.7011	19.1795
	1490	4.0011×10^5	7.6794×10^4	984.3293	38.0372
	2235	4.0023×10^5	1.1347×10^5	969.6308	56.2801
	2980	4.0006×10^5	1.4835×10^5	950.7648	73.6668
	3725	3.9935×10^5	1.8119×10^5	929.0040	90.0203
	2~5 级叶轮口环刚度系数和阻尼系数(双倍间隙、工作介质)				
0.24	745	2.8801×10^5	2.7972×10^4	717.0922	23.8607
	1490	2.8803×10^5	5.5542×10^4	711.9349	47.4109
	2235	2.8793×10^5	8.2356×10^4	703.7501	70.3614
	2980	2.8755×10^5	1.0814×10^5	693.0660	92.4623
	3725	2.8673×10^5	1.3272×10^5	680.4813	113.5160

4.3.2.2 非定常流体激励下的转子系统动力学特性

模型泵转子系统为 5 级叶轮转子系统（见图 4-62），除了首级叶轮是 5 叶片，其他级叶轮都是 7 叶片，泵轴总长 2390.3mm，泵轴材料为 06Cr17Ni12Mo2。根据 API610 横振分析的要求，基于有限元法对该模型泵转子系统进行"干态"与"湿态"临界转速的计算，并针对流体激励力作用下的振动响应进行计算。根据轴承厂家提供的轴承支承数据，对转子系统的"干态"（仅考虑轴承支承）、"湿态"（考虑轴承支承与各级叶轮口环间隙的流体激励力）下的动力学特性与行为进行计算。两种计算模型下的转子系统坎贝尔图分别如图 4-63 和图 4-64 所示，读取三种计算模型前 4 阶的临界转速，见表 4-9。

图 4-62 模型泵转子系统模型

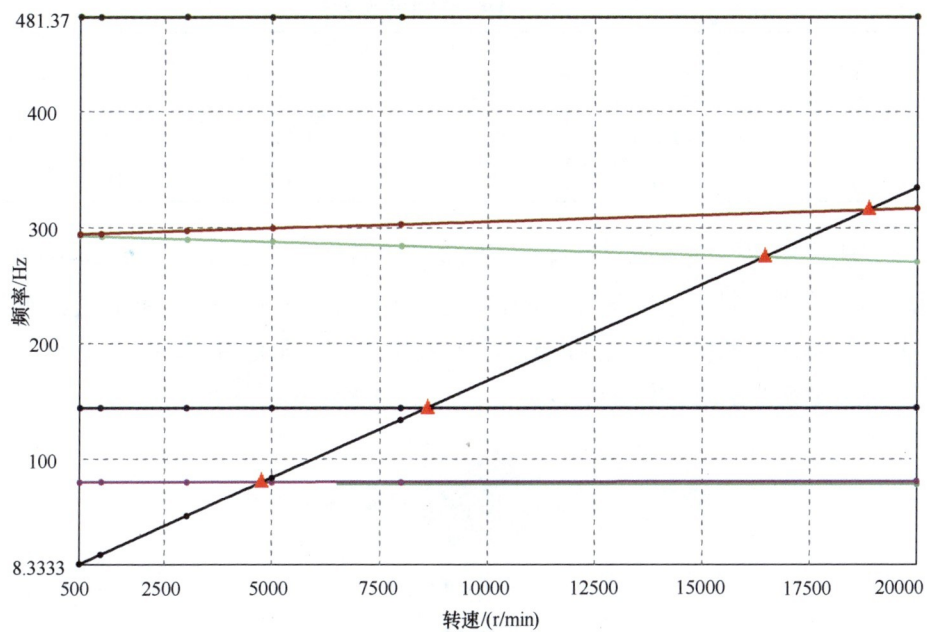

图 4-63　转子系统干态坎贝尔图

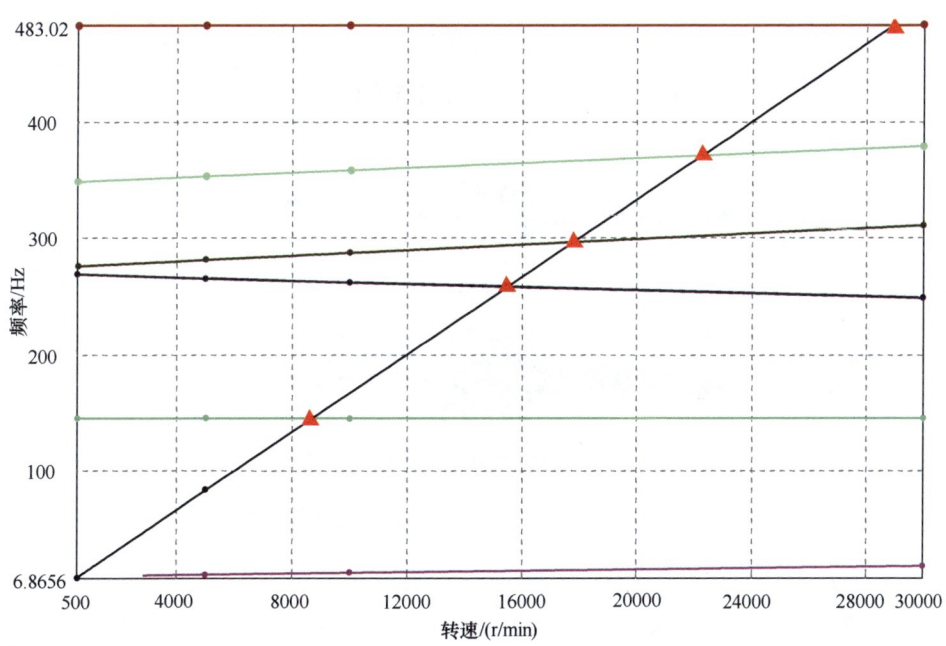

图 4-64　转子系统湿态坎贝尔图

表 4-9　不同支承条件下的临界转速

条件	临界转速/(r/min)			
	1 阶	2 阶	3 阶	4 阶
干态	4716.7	8613.6	16395	18879
湿态	8614.9	15432	22185	28981

对比"干态"与"湿态"模型下转子系统的各阶振型（见图 4-65 与图 4-66）可知，转子系统在两种计算模型下的各阶模态振型基本相同，"湿态"计算模型考虑了叶轮口环间隙内流体激励力的刚度与阻尼效应，对应 1 阶及 2 阶模态振型弯曲振动幅度均明显小于"干态"模型下的转子系统各阶振型。

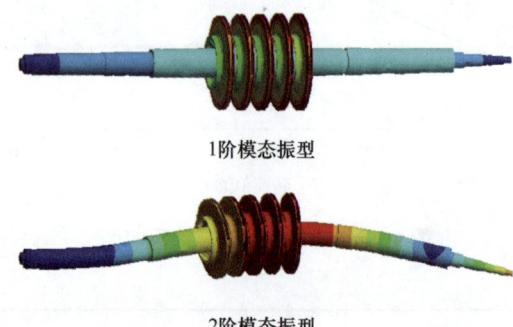

图 4-65　"湿态"模型下转子系统的各阶振型

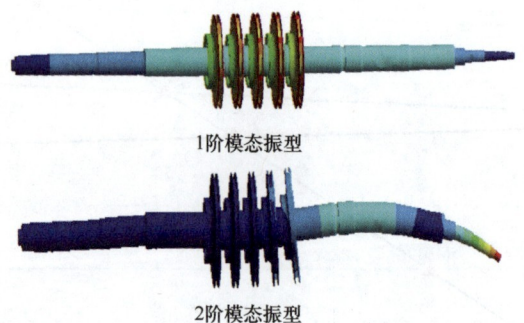

图 4-66　流固耦合模型下转子系统的各阶振型

将全流场数值计算结果所得的各级叶轮主流场激励力模型以作用于集中质量点的外激激励力的形式代入转子系统运动方程中，可得各流量工况下转子系统在轴承位置的时域振动位移曲线。对比不同流量工况下驱动端轴承处的振动位移（见图 4-67）可知，额定流量工况下振动性能最好，小流量工况下振动幅

第 4 章 离心泵机组的结构动力与转子动力分析实例

值较大,以高频段振动分量为主,这与各级叶轮在低流量工况下的流体激励力频率特性分布对应,周期性规律不明显。额定流量及大流量工况下的振动周期明显,以转频及 7 倍转频为主。

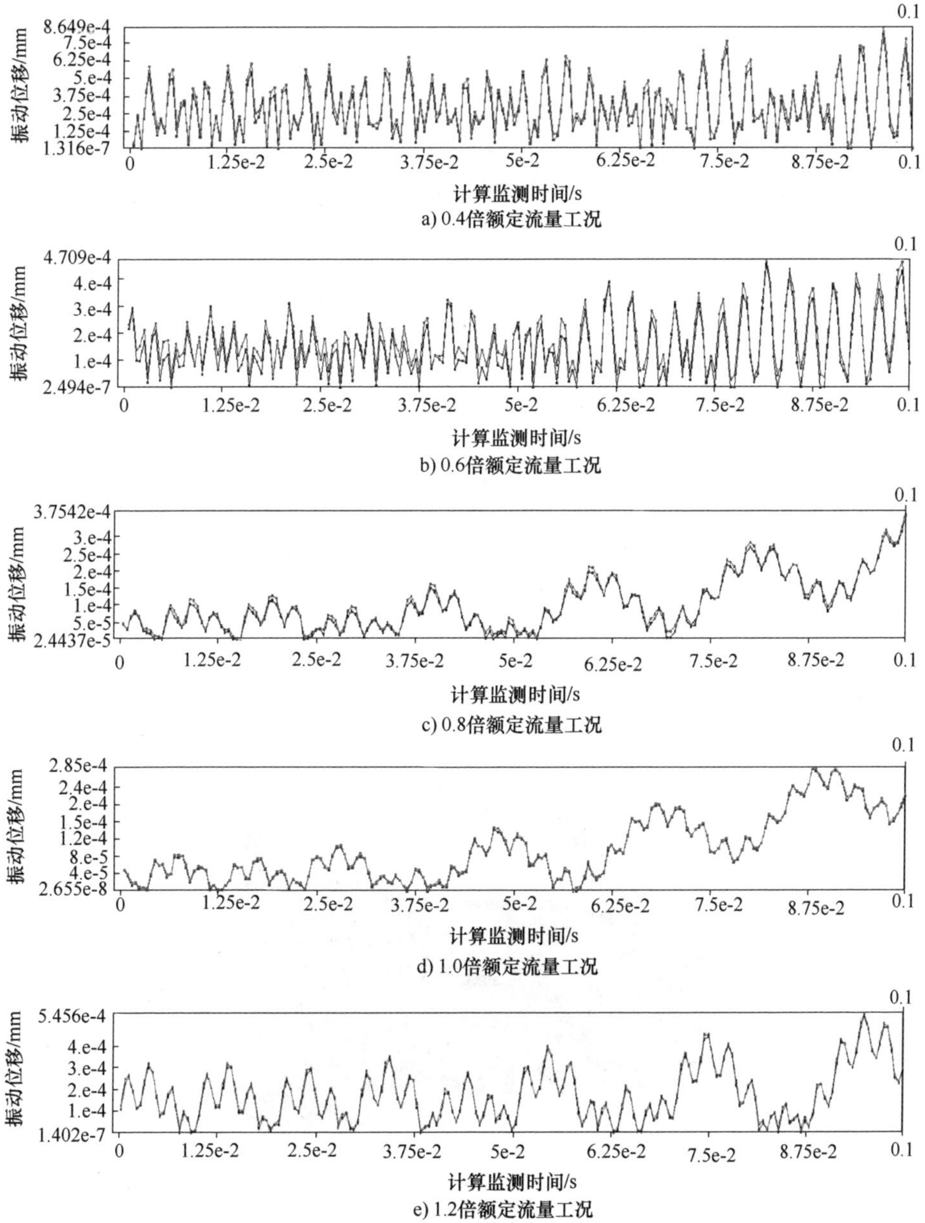

图 4-67　驱动端轴承位置时域振动位移

a) 0.4 倍额定流量工况
b) 0.6 倍额定流量工况
c) 0.8 倍额定流量工况
d) 1.0 倍额定流量工况
e) 1.2 倍额定流量工况

4.3.3 BB5 型 10 级离心泵非定常流体激励下的转子动力特性分析

某功率为 2800kW 的 BB5 型 10 级离心泵机组,额定流量为 290m³/h,设计扬程为 2369m,额定转速为 3550r/min,机组进口直径为 200mm,出口直径为 130mm。各级叶轮均为闭式扭曲叶片叶轮,采用"背靠背"布置。各级叶轮出口直径为 355mm,进口直径为 132mm,出口宽度为 17mm,工作面进口安放角为 31.6°,中截面工作面出口安放角为 20°,叶片数 7。每级导叶设计 7 个流道,其中首级导叶、次级导叶、第三级导叶和第四级导叶均设有 7 个圆柱背叶片,末级导叶没有背叶片。开展该模型泵的全流场非定常数值计算并基于 Bulk-flow 模型及有限元法,进行模型泵的环形密封间隙流体激励力及其等效动力学特性分析、主流场激励力特性分析及非定常流体激励下的转子动力学特性分析。该模型泵全流场水力结构及总装剖视图分别如图 4-68 和图 4-69 所示,全流场数值计算采用 LES 湍流模型,亚格子模型选用局部涡黏度的壁面自适应模型(Wall-Adapting Local Eddy-Viscosity Model,即 WALE 模型),WALE 模型下的亚格子涡黏度在纯剪切流动区域自动取零,基于压力求解器,模拟计算流场的参考压力设为 101325Pa。求解控制时间步长设置为 0.00004684835681s,每步最大迭代 100 次,最大时间步长为 7200 步,收敛精度为 5×10^{-5}。梯度项选择基于最小二乘法(Least Squares Cell Based),压力项选择二阶精度(Second Order),动量项选择有界中心差分格式(Bounded Central Differencing),欠松弛因子皆设为 0.1,求解方法使用一阶隐式,压力速度耦合计算选用 SIMPLE 算法。

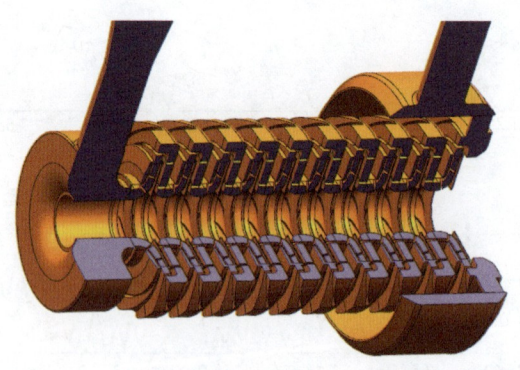

图 4-68 模型泵全流场水力结构

在各级首级叶轮出口按顺时针依次布置 4 个压力脉动监测点 1、2、3 和 4,首级导叶进口处顺时针依次分布 3 个监测点 a、b、c,如图 4-70 所示。

图 4-69　模型泵总装剖视图

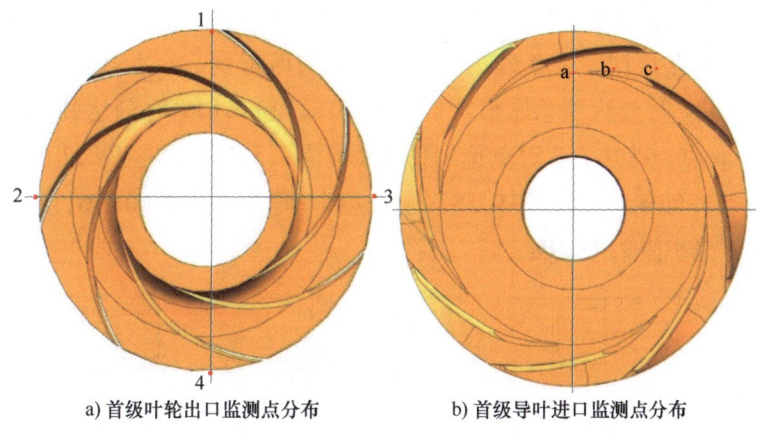

a) 首级叶轮出口监测点分布　　　　b) 首级导叶进口监测点分布

图 4-70　多级离心泵各级叶轮及导叶流道内监测点分布图

模型泵首级叶轮、首级导叶不同位置处的压力脉动时域图分别如图 4-71a、b 所示。由图 4-71a 可知，首级叶轮出口截面四个点处的总压幅值大小的周期性较好。首级叶轮出口截面 1 点处在 7 个计算周期内最小值为 2.01MPa，最大值为 1.85MPa，平均值为 1.93MPa。出口截面 2 点处在 7 个计算周期内最小值为 1.93MPa，最大值为 2.11MPa，平均值为 2.00MPa。截面 3 点处在 7 个计算周期内最小值为 1.78MPa，最大值为 1.92MPa，平均值为 1.85MPa。首级叶轮出口截面 4 点在 7 个计算周期内最小值为 1.93MPa，最大值为 2.11MPa，平均值为 2.00MPa。由 1、2、3、4 四点各自的总压值可以看出，1 点的最小值最大，2 点、4 点相同，3 点最小；2 点、4 点的最大值相同且最大，3 点其次，1 点最小；2 点、4 点的平均值相同且最大，1 点其次，3 点最小。首级叶轮出口截面 1 点，在初始时刻 2.21T 时刻达到总压最大值 1.85MPa，在 2.59T 时刻达到总压最小值 2.01MPa。对于 2 点，在 4.13T 时刻达到总压最大值 2.11MPa，在 6.52T

时刻达到总压最小值 2.00MPa。对于首级叶轮出口截面 3 点，在 4.35T 时刻达到总压最大值 1.92MPa，在 3.78T 时刻达到总压最小值 1.78MPa。对于 4 点，在 4.74T 时刻达到总压最大值 2.11MPa，在 3.81T 时刻达到总压最小值 1.93MPa，且首级叶轮出口不同位置处压力变化的同步性一致。

由图 4-71b 可知，首级导叶进口 a 点的总压幅值相对较大，而且周期性较好。在 7 个计算周期内最小值为 2.06MPa，最大值为 2.47MPa，平均值为 2.25MPa。首级导叶进口 b 点在 7 个计算周期内呈现的最小值为 2.34MPa，最大值为 2.57MPa，平均值为 2.47MPa。首级导叶进口 c 点在 7 个计算周期内呈现的最小值为 2.43MPa，最大值为 2.60MPa，平均值为 2.50MPa。从 a、b、c 三点各自的总压值可以看出，c 点的最小值最大，b 点其次，a 点最小；c 点的最大值最大，b 点其次，a 点最小；c 点的平均值最大，b 点其次，a 点最小。a 点，在 4.32T 时刻达到总压最大值 2.47MPa，在 2.81T 时刻达到总压最小值 2.06MPa。b 点，在 0.35T 时刻达到总压最大值 2.57MPa，在 4.84T 时刻达到总压最小值 2.35MPa，c 点，在 0.38T 时刻达到总压最大值 2.60MPa，在 4.68T 时刻达到总压最小值 2.43MPa。

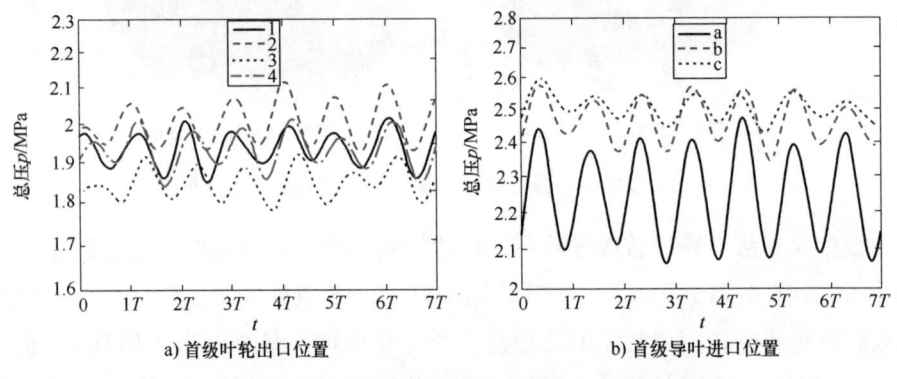

a) 首级叶轮出口位置　　b) 首级导叶进口位置

图 4-71　首级叶轮与导叶不同位置处的压力脉动时域图

模型泵次级叶轮不同位置处的压力脉动时域图分别如图 4-72a、b 所示。由图中可知，次级叶轮出口截面 1 点在 6.08T 时刻达到总压最大值 4.37MPa，在 2.75T 时刻达到总压最小值 4.17MPa。出口截面 2 点在 5.89T 时刻达到总压最大值 4.47MPa，在 6.51T 时刻达到总压最小值 4.28MPa。出口截面 3 点在 3.45T 时刻达到总压最大值 4.27MPa，在 3.85T 时刻达到总压最小值 4.08MPa。出口截面 4 点在 3.37T 时刻达到总压最大值 4.38MPa，在 2.71T 时刻达到总压最小值 4.19MPa。对比各点压力变化特性可知：次级叶轮出口位置压力出现最大值的先后顺序依次为 4、3、2、1，压力最小值与其同步性不一致。由图 4-72b 所示 a、b、c 三点的总压变化规律可知：a、b、c 点最小值、最大值、平均值依次增大，同步性较好；压力梯度由隔舌外壁面向内壁面拓展，且在该过流断面上极易发生二次流现象，动静干涉较大，导致水力损失，次级叶轮前的直管吸水室受到首级导叶结构影响较大。

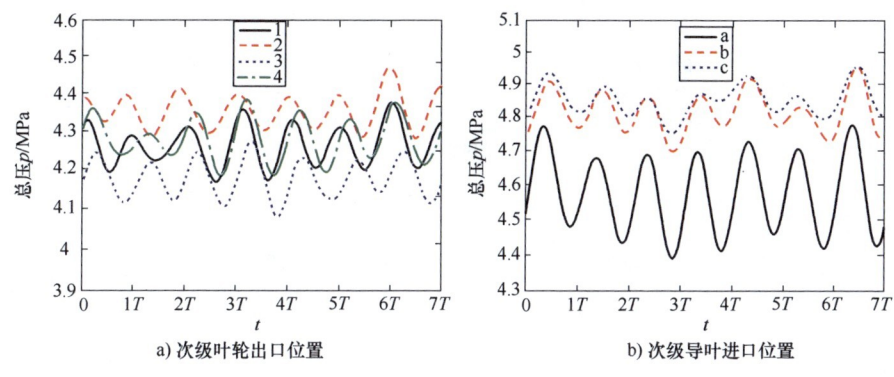

图 4-72　次级叶轮与导叶不同位置处的压力脉动时域图

模型泵转子系统为 10 级叶轮转子系统（见图 4-73），根据 API610 横振分析的要求，基于有限元法对该模型泵转子系统进行"干态"与"湿态"临界转速的计算，并针对流体激励力作用下的振动响应进行计算。根据轴承厂家提供的轴承支承数据，对转子系统的"干态"（仅考虑轴承支承）、"湿态"（考虑轴承支承与各级叶轮口环间隙流体激励力）下的动力学特性与行为进行计算。三种计算模型下的转子系统坎贝尔图分别如图 4-74 和图 4-75 所示，读取三种计算模型前 4 阶临界转速，见表 4-10。

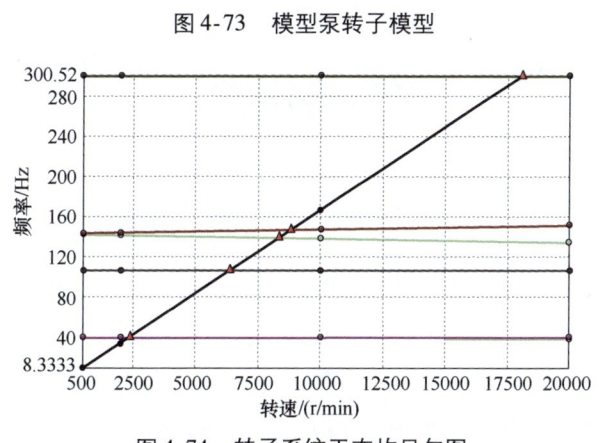

图 4-73　模型泵转子模型

图 4-74　转子系统干态坎贝尔图

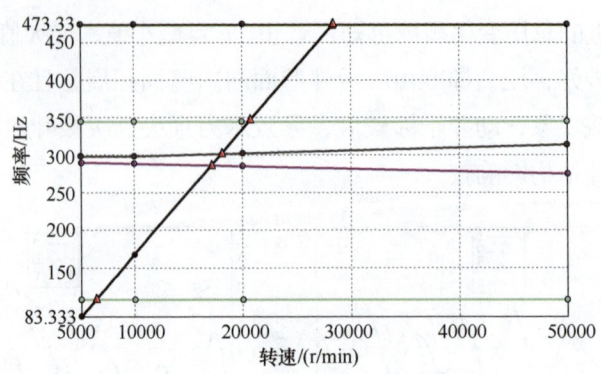

图 4-75 转子系统湿态坎贝尔图

表 4-10 不同支承条件下的临界转速

条件	临界转速/(r/min)			
	1 阶	2 阶	3 阶	4 阶
干态	2342.6	2357.1	6370.7	2342.6
湿态	6373	17122	18033	6373

对比"干态"与"湿态"模型下转子系统的各阶振型（见图 4-76 和图 4-77）可知，转子系统在两种计算模型下的各阶模态振型基本相同，"湿态"计算模型考虑了叶轮口环间隙内流体激励力的刚度与阻尼效应，对应前 3 阶模态振型的弯曲振动幅度，均明显小于"干态"模型下的转子系统各阶振型。

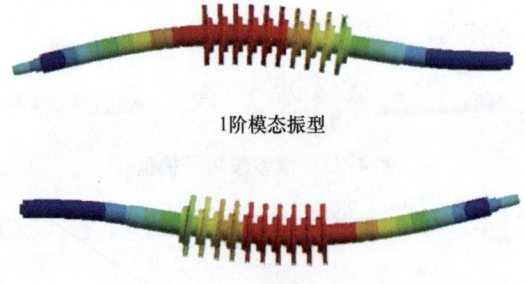

图 4-76 "干态"模型下转子系统的各阶振型

将全流场数值计算结果所得各级叶轮主流场激励力模型以作用于集中质量点的外激激励力的形式代入转子系统运动方程中，可得 0.2 倍、0.8 倍及 1.2 倍额定流量工况下转子系统在轴承位置的时域振动位移曲线。对比不同流量工况下驱动端轴承处振动位移（见图 4-78）可知，额定流量工况下振动性能最好，

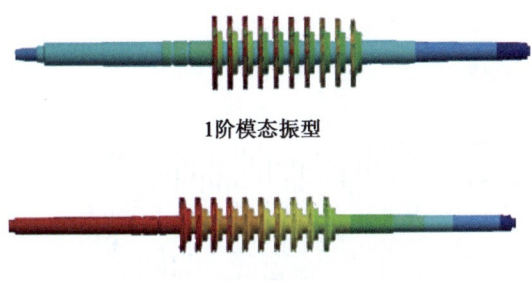

1阶模态振型

2阶模态振型

图 4-77 "湿态"模型下转子系统的各阶振型

小流量工况下振动幅值较大，以高频段振动分量为主，这与各级叶轮在低流量工况下流体激励力频率特性分布对应，周期性规律不明显。额定流量及大流量工况下振动周期明显，以转频及 7 倍转频为主。

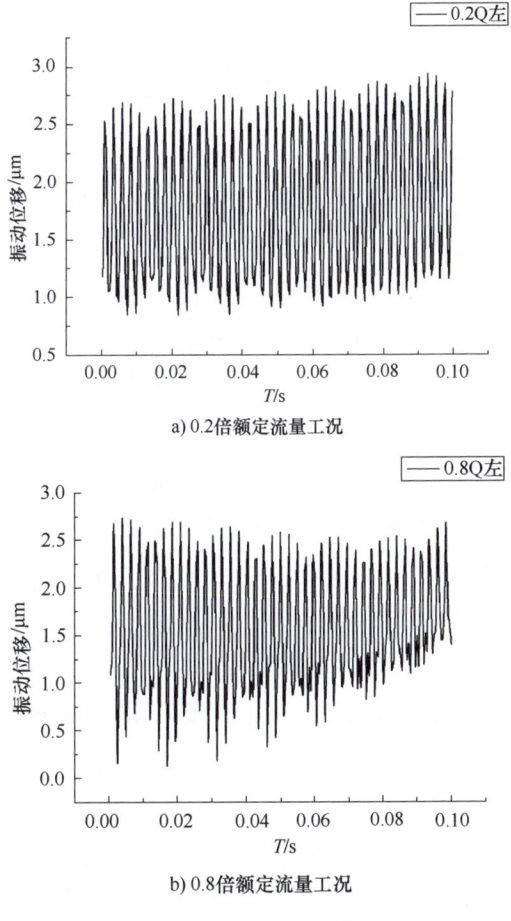

a) 0.2 倍额定流量工况

b) 0.8 倍额定流量工况

图 4-78 驱动端轴承位置时域振动位移

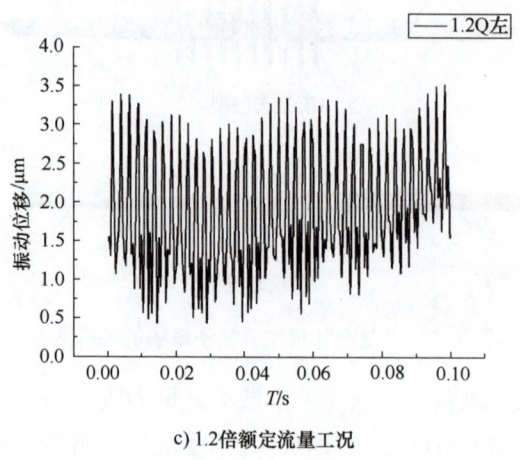

c) 1.2倍额定流量工况

图 4-78 驱动端轴承位置时域振动位移（续）

4.3.4 BB5 型 11 级离心泵非定常流体激励下的转子动力特性分析

某功率为 1500kW 的 BB5 型 11 级离心泵机组（见图 4-79），额定流量为 155m³/h，设计扬程为 2471m，额定转速为 4910r/min。机组进口直径为 161mm，出口直径为 120mm。各级叶轮均为闭式扭曲叶片叶轮，首级叶轮为 5 叶片双吸叶轮，其余各级为 7 叶片单吸叶轮，采用"背靠背"布置，各级涡室均采用对称布置的双蜗壳及过渡流道结构。首级叶轮出口直径为 253mm，首级叶轮进口直径为 142mm，叶轮出口宽度为 14mm，叶片数 5。次级及其他各级叶轮结构一致，出口直径为 253mm，次级叶轮进口直径为 123mm，叶轮出口宽度为 13.5mm，叶片数 7。各级叶轮前、后口环均为矩形槽迷宫密封形式，首级前口环半径间隙为 0.225mm，齿深为 1.5mm，齿宽为 1.93mm，槽宽为 1.5mm，轴向长度为 25mm；后口环半径间隙为 0.215mm，齿深为 1mm，齿宽为 2mm，槽宽为 1.5mm，轴向长度为 20mm；次级及其他各级叶轮前口环轴向长度为 20mm，后口环轴向长度为 19mm；第 6 级与第 11 级中间迷宫密封衬套轴向长度为 75mm。基于 LES 湍流模型开展该泵的全流场非定常数值计算，并基于 Bulk-flow 模型及有限元法，进行模型泵的环形迷宫密封间隙流体激励力及其等效动力学特性分析、主流场激励力特性分析及非定常流体激励下的转子动力学特性分析，机组全流场流线分布、全流场静压分布及中间迷宫衬套内间隙静压分布分别如图 4-80、图 4-81、图 4-82 所示。

图 4-79　模型泵内部结构

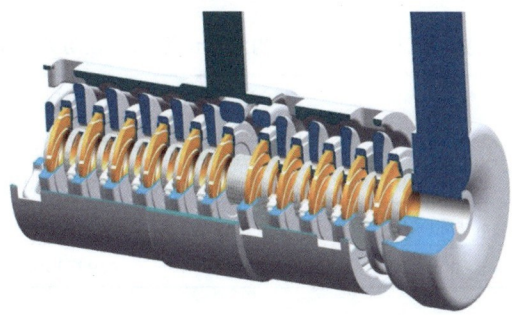

图 4-80　模型泵内部全流场流线分布

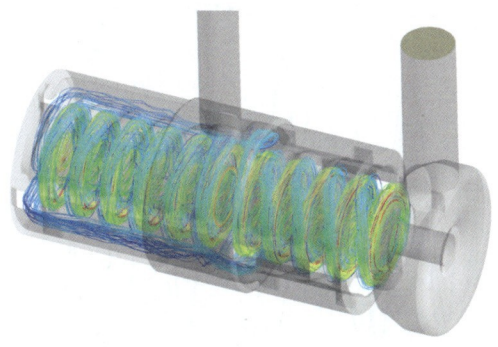

图 4-81　全流场内部静压分布

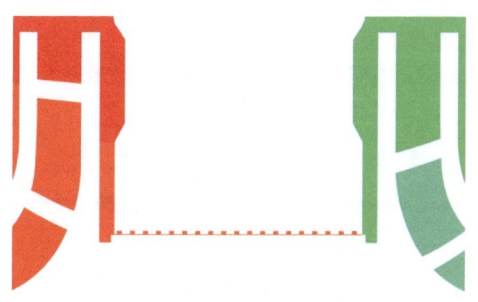

图 4-82　中间迷宫衬套内间隙静压分布

提取全流场计算结果中各级叶轮口环进、出口压力与速度边界条件作为收敛边界，基于第2章中所述Bulk-flow模型下的矩形齿迷宫密封激励力及其等效动力学特性求解方法，对该模型泵叶轮口环密封在设计间隙、额定流量工况下迷宫密封间隙流体激励力等效动力学特性参数进行分析，各级叶轮迷宫密封间隙内流体激励力等效动力学特性参数见表4-11。将表中所列间隙流体激励力与额定工况下主流场非定常流体激励力模型（见图4-83）加载到如图4-84所示的模型泵转子系统运动方程中，驱动端与非驱动端轴承振动位移时域响应如图4-85所示。

表4-11 各级叶轮迷宫密封间隙内流体激励力等效动力学特性参数

各级位置	$K/(N/m)$	$k/(N/m)$	$C/(N·s/m)$	$c/(N·s/m)$
首级叶轮前口环	5.1129×10^6	1.6257×10^6	6.3237×10^3	7.7204×10^2
首级叶轮后口环	1.3544×10^6	5.1126×10^5	1.9886×10^3	2.9428×10^2
次级叶轮前口环	3.9980×10^6	1.0897×10^6	4.2386×10^3	4.3397×10^2
次级叶轮后口环	3.0005×10^5	1.2849×10^5	4.9979×10^2	7.4732×10

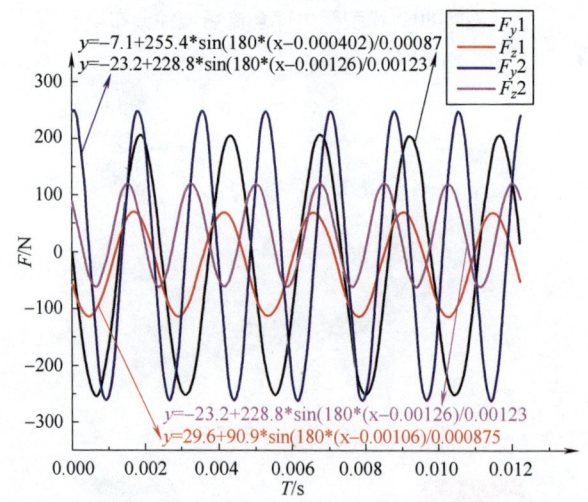

图4-83 首级叶轮及次级叶轮主流场激励力模型

图4-84 模型泵转子系统模型

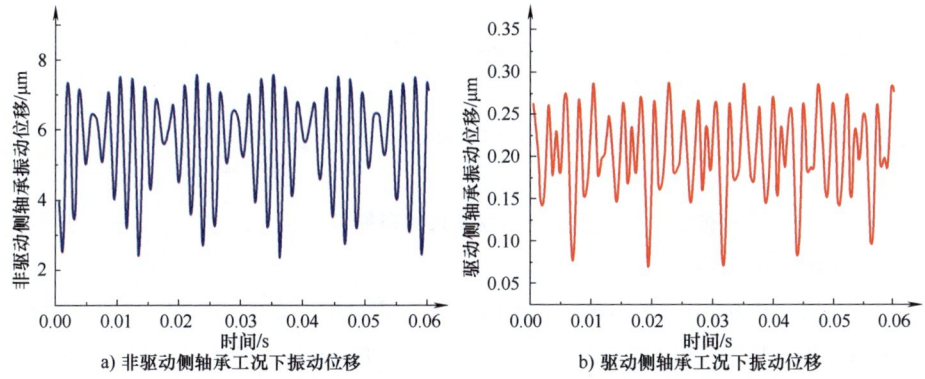

图 4-85 流场激励力作用下两端轴承振动位移

参 考 文 献

[1] Rankine W J. On the centrifugal force of rotating shafts [J]. Electric Engineer Magazine, 1969 (27): 249-256.

[2] 陆颂元. 论国内旋转动力机械非线性振动理论研究的现状和发展 [J]. 汽轮机技术, 2006, 48 (2): 85-87.

[3] 孟光. 转子动力学研究的回顾与展望 [J]. 振动工程学报, 2002, 15 (1): 1-9.

[4] Lund J W. The Stability of an Elastic Rotor in Journal Bearing with Flexible, Damped Supports [J]. Trans. Journal of Applied Mechanics, 1965, 32 (4): 911-920.

[5] Tondle A. Some Problems of Rotor Dynamics [M]. London: Chapman & Hall, 1965.

[6] 虞烈, 刘恒. 轴承-转子系统动力学 [M]. 西安: 西安交通大学出版社, 2001.

[7] Black H F. The stabilizing capacity of bearings for flexible rotors with hysteresis [J]. Journal of Engineering for Industry, 1976, 98 (1): 87-91.

[8] Barrett L E, Gunter E J, Allaire P E. Optimum bearing and support damping for unbalance response and stability of rotating machinery [J]. Journal of Engineering for Gas Turbines and Power, 1978, 100 (1): 89-84.

[9] Barret L E, Allaire P E, Gunter E J. A finite length bearing correction factor for short bearing theory [J]. Journal of Lubrication Tech, 1979, 102 (3): 283-287.

[10] Muszynska A. Whirl and whip-rotor/bearing stability problems [J]. Journal of Sound and Vibration, 1986, 110 (3): 443-462.

[11] Muszynska A. Improvements in lightly loaded rotor/bearing and rotor/seal models [J]. Journal of Vibration, Acoustics, Stress and Reliability in Design, 1988, 110 (2): 129-136.

[12] Muszynska A, Bently D E. Anti-swirl arrangements prevent rotor/seal instability [J]. Journal of Vibration, Acoustics, Stress and Reliability in Design, 1989, 111 (2): 156-162.

[13] Smith D M. The motion of a rotor carried by a flexible shaft in flexible bearings [J]. Proceedings of the Royal Society A Mathematical Physical & Engineering Sciences, 1993, 142: 92-118.

[14] 欧圆霞, 李彦. 转子动力学特性计算中常见方法的对比 [J]. 航空动力学报, 1994, 1 (2): 142-146.

[15] 谷口修. 振动工程大全: 上册 [M]. 伊传家, 译. 北京: 机械工业出版社, 1983.

[16] Duhl R L. Dynamics of Distributed Parameter Turbortor Systems: Transfer Matrix and Finite Element Techniques [D]. Ithaca: Cornell University, 1970.

[17] Nelson H D, McVaugh J M. The Dynamics of Rotor-Bearing Systems Using Finite Elements

[J]. Journal of Engineering for Industry, 1976, 98 (2): 593-600.

[18] Gasch R. Vibration of large Turbo-Rotors in Fluid-Film Bearing on An Elastic Foundation [J]. Journal of Sound and Vibration, 1976, 47 (1): 53-73.

[19] Zorzi E S, Nelson H D. Finite Element Simulation of Rotor Bearing Systems with Internal Damping [J]. Journal of Engineering for Power, 1977, 99 (1): 71-76.

[20] Nelson H D. A Finite Rotating Shaft Element using Timoshenko Beam Theory [J]. Journal of Mechanical Design, 1980, 102 (4): 793-803.

[21] 张锦, 刘晓平. 叶轮机振动模态分析理论及数值方法 [M]. 北京: 国防工业出版社, 2001.

[22] 白利皇. 模态综合分析技术在转子动力学中的应用研究 [D]. 西安: 西安工业大学, 2007.

[23] Rao J S. Instability of rotors mounted in fluid film bearings with a negative cross-coupled stiffness coefficient [J]. Mechanism and Machine Theory, 1985, 20 (3): 181-187.

[24] Sharan A M, Rao J S. Unbalance response of rotor disks supported by fluid film bearings with a negative cross coupled stiffness using influence coefficient method [J]. Mechanism and Machine Theory, 1985, 20 (5): 415-426.

[25] Lie Y, Bhat R B. Coupled dynamics of a rotor-journal bearing system equipped with thrust bearings [J]. Shock and Vibration, 1995, 2 (1): 1-14.

[26] Lin J R. Static characteristics of rotor bearing system lubricated with couple stress fluids [J]. Computers & Structures, 1997, 62 (1): 175-184.

[27] Lee C W, Kim J S. Modal testing and suboptimal vibration control of flexible rotor bearing system by using a magnetic bearing [J]. Journal of Dynamic Systems, Measurement, and Control, 1992, 114 (2): 244-252.

[28] He Y, Guo D, Chu F. Using genetic algorithms and finite element methods to detect shaft crack for rotor-bearing system [J]. Mathematics and Computers in Simulation, 2001, 57 (1): 95-108.

[29] Mohiuddin M A, Khulief Y A. Dynamic response analysis of rotor-bearing systems with cracked shaft [J]. Journal of Mechanical Design, 2002, 124 (4): 690-696.

[30] Taplak H, Erkaya S, Uzmay I. Experimental analysis on fault detection for a direct coupled rotor-bearing system [J]. Measurement, 2013, 46 (1): 336-344.

[31] Kirk R G, Miller W H. The influence of high pressure oil seals on turbo-rotor stability [J]. Tribology Transactions, 1979, 22 (1): 14-24.

[32] Rajakumar C, Sisto F. Experimental investigations of rotor whirl excitation forces induced by labyrinth seal flow [J]. Journal of Vibration and Acoustics, 1990, 112 (4): 515-522.

[33] Huang D, Li X. Rotordynamic characteristics of a rotor with labyrinth gas seals. Part 3: cou-

pled fluid-solid vibration [J]. Proceedings of the Institution of Mechanical Engineers, Part A: Journal of Power and Energy, 2004, 218 (3): 187-197.

[34] Akmetkhanov R, Banakh L, Nikiforov A. Flow-coupled vibrations of rotor and seal [J]. Journal of Vibration and Control, 2005, 11 (7): 887-901.

[35] Jiang Q, Zhai L, Wang L, et al. Fluid-structure interaction analysis of annular seals and rotor systems in multi-stage pumps [J]. Journal of Mechanical Science and Technology, 2013, 27 (7): 1893-1902.

[36] 黄浩钦, 刘厚林, 王勇, 等. 基于流固耦合的船用离心泵转子应力应变及模态研究 [J]. 农业工程学报, 2014, 30 (15): 98-105.

[37] Li Q, Liu S, Pan X, et al. A new method for studying the 3D transient flow of misaligned journal bearings in flexible rotor-bearing systems [J]. Journal of Zhejiang University SCIENCE A, 2012, 13 (4): 293-310.

[38] Li Q, Yu G, Liu S, et al. Application of computational fluid dynamics and fluid structure interaction techniques for calculating the 3D transient flow of journal bearings coupled with rotor systems [J]. Chinese Journal of Mechanical Engineering, 2012, 25 (5): 926-932.

[39] Liu H, Xu H, Ellison P J, et al. Application of computational fluid dynamics and fluid-structure interaction method to the lubrication study of a rotor-bearing system [J]. Tribology Letters, 2010, 38 (3): 325-336.

[40] Ye X, Wang J, Zhang D, et al. The Dynamic Characteristic Analysis of the Water Lubricated Bearing-Rotor System in Seawater Desalination Pump [J]. Advances in Mechanical Engineering, 2014, 6: 356578 (1-25).

[41] 沈海平. 能量回收液力透平口环-轴承-转子动力学特性分析 [D]. 镇江: 江苏大学, 2013.

[42] Saito S. Calculation of nonlinear unbalance response of horizontal Jeffcott rotors supported by ball bearings with radial clearances [J]. Journal of Vibration and Acoustics, 1985, 107 (4): 416-420.

[43] Brancati R, Russo M, Russo R. On the stability of periodic motions of an unbalanced rigid rotor on lubricated journal bearings [J]. Nonlinear Dynamics, 1996, 10 (2): 175-185.

[44] Adiletta G, Guido A R, Rossi C. Nonlinear dynamics of a rigid unbalanced rotor in journal bearings. Part I: theoretical analysis [J]. Nonlinear Dynamics, 1997, 14 (1): 57-87.

[45] Adiletta G, Guido A R, Rossi C. Nonlinear dynamics of a rigid unbalanced rotor in journal bearings. Part II: experimental analysis [J]. Nonlinear Dynamics, 1997, 14 (2): 157-189.

[46] Kicinski J, Drozdowski R, Materny P. Nonlinear model of vibrations in a rotor-bearings system [J]. Journal of Vibration and Control, 1998, 4 (5): 519-540.

[47] Harsha S P, Sandeep K, Prakash R. Nonlinear dynamic response of a rotor bearing system due to surface waviness [J]. Nonlinear Dynamics, 2004, 37 (2): 91-114.

[48] Bently D E, Muszynska A. Proceedings of 5th Workshop on Rotor Dynamic Instability Problem in High Performance Turbo machinery [C]. Ohio: NASA, 1988.

[49] Muszynska A, Bently D E. Frequency-swept rotating input perturbation techniques and identification of the fluid force models in rotor/bearing/seal systems and fluid handling machines [J]. Journal of Sound and Vibration, 1990, 143 (1): 103-124.

[50] Ding Q, Cooper J E, Leung A T. Hopf bifurcation analysis of a rotor/seal system [J]. Journal of Sound and Vibration, 2002, 252 (5): 817-833.

[51] Hua J, Swaddiwudhipong S, Liu Z S, et al. Numerical analysis of nonlinear rotor-seal system [J]. Journal of sound and vibration, 2005, 283 (3): 525-542.

[52] Banakh L, Nikiforov A. Vibroimpact regimes and stability of system "Rotor-Sealing Ring" [J]. Journal of Sound and Vibration, 2007, 308 (3): 785-793.

[53] Wang W Z, Liu Y Z, Meng G, et al. ANonlinear model of flow-structure interaction between steam leakage through labyrinth seal and the whirling rotor [J]. Journal of Mechanical Science and Technology, 2009, 23 (12): 3302-3315.

[54] Zhou W, Wei X, Wei X, et al. Numerical analysis of a nonlinear double disc rotor-seal system [J]. Journal of Zhejiang University SCIENCE A, 2014, 15 (1): 39-52.

[55] Lomakin A A. Calculation of critical number of revolutions and the conditions necessary for dynamic stability of rotors in high-pressure hydraulic machines when talking into account forces originating in sealings [J]. Power and Mechanical Engineering, 1958, 4 (1): 66-74.

[56] Von Pragenau G L. Damping seals for turbomachinery [R]. Alabama: NASA, 1982.

[57] Proctor M P, Delgado I R. Proceedings of 2008 NASA Seal/Secondary Air System Workshop [C]. Ohio: NASA, 2008.

[58] Kang K, Rhim Y, Sung K. A study of the oil-lubricated herringbone-grooved journal bearing-part 1: Numerical analysis [J]. Journal of Tribology, 1996, 118 (4): 906-911.

[59] Zirkelback N, Andres S L. Finite element analysis of herringbone groove journal bearings: a parametric study [J]. Journal of Tribology, 1998, 120 (2): 234-240.

[60] Jang G H, Yoon J W. Nonlinear dynamic analysis of a hydrodynamic journal bearing considering the effect of a rotating or stationary herringbone groove [J]. Journal of Tribology, 2002, 124 (2): 297-304.

[61] Winoto S H, Hou Z Q, Ong S K. Effects of herringbone groove patterns on performance of vertical hydrodynamic journal bearings [J]. Journal of Tribology, 2002, 45 (3): 318-323.

[62] Zhu H T, Ding Q. Numerical analysis of static characteristics of herringbone grooved hydrodynamic journal bearing [J]. Applied Mechanics and Materials, 2012, 105: 2259-2262.

[63] Gad A M, Nemat M M, Khalil A A, et al. On the optimum groove geometry for herringbone grooved journal bearings [J]. Journal of Tribology, 2006, 128 (3): 585-593.

[64] Liu J, Mochimaru Y. The effects of trapezoidal groove on a self-acting fluid-lubricated herringbone grooves journal bearing [J]. ISRN Tribology, 2013, 2013: 240239 (1-7).

[65] Jang G H, Chang D I. Analysis of a hydrodynamic herringbone grooved journal bearing considering cavitation [J]. Journal of Tribology, 2000, 122 (1): 103-109.

[66] Junmei W, Lee T S, Shu C, et al. A numerical study of cavitation foot-prints in liquid-lubricated asymmetrical herringbone grooved journal bearings [J]. Internationl Journal of Heat and Fluid Flow, 2002, 12 (5): 518-540.

[67] Rao T, Sawicki J T. Stability characteristics of herringbone grooved journal bearings incorporating cavitation effects [J]. Journal of Tribology, 2004, 126 (2): 281-287.

[68] Wang Y M, Yang H A, Wang J, et al. Theoretical analyses and field applications of gas-film lubricated mechanical face seals with herringbone spiral grooves [J]. Journal of Tribology, 2009, 52 (6): 800-806.

[69] Black H F. Effects of hydraulic forces in annular pressure seals on the vibrations of centrifugal pump rotors [J]. Journal of Mechanical Engineering Science, 1969, 11 (2): 996-1021.

[70] Black H F, Jessen D. Dynamic hybrid properties of annular pressure seals [J]. Journal of Mechanical Engineering, 1970, 184: 92-100.

[71] Black H F. Calculation of forced whirling and stability of pump rotor vibrations [J]. Journal of Engineering for Industry, 1974, 96 (3): 1076-1081.

[72] Allaire P E, Lee C C, Gunter E J. Dynamics of short eccentric plain seals with high axial Reynolds Number [J]. Journal of Spacecraft and Rockets, 1978, 15 (6): 341-347.

[73] Childs D W. Dynamic analysis of turbulent annular seals based on hirs' lubrication equation [J]. Journal of Lubrication Technology, 1983, 105: 429-436.

[74] Childs D W. Finite-length solutions for rotordynamic coefficients of turbulent annular seals [J]. Journal of Tribology, 1983, 105 (3): 437-444.

[75] Childs D W. Proceedings of the IFToMM Conference [C]. Berlin: Springer, 1982.

[76] Nelson C C, Nguyen D T. Analysis of Eccentric Annular Incompressible Seals: Part 1- A New Solution Using Fast Fourier Transforms for Determining Hydrodynamic Force [J]. Journal of Tribology, 1988, 110 (2): 354-359.

[77] Ha T W, Lee Y B, Kim C H. Leakage and rotordynamic analysis of a high pressure floating ring seal in the turbo pump unit of a liquid rocket engine [J]. Tribology International, 2002, 35 (3): 153-161.

[78] Duan W, Chu F, Kim C H, et al. A bulk-flow analysis of static and dynamic characteristics of floating ring seals [J]. Tribology International, 2007, 40 (3): 470-478.

[79] 孙启国, 姜培林, 虞烈. 大间隙环流壁面摩擦及偏心转子静特性研究 [J]. 摩擦学学报, 1999, 19 (3): 261-265.

[80] 张新敏, 夏延秋, 赵清, 等. 离心泵稳态密封间隙力的计算分析 [J]. 润滑与密封, 2004, 4: 63-65.

[81] 张新敏, 夏延秋, 赵清, 等. 部分锥度环状间隙短密封动力特性计算分析 [J]. 润滑与密封, 2004, 3: 71-75.

[82] 蒋庆磊, 邢桂坤, 翟璐璐. 小间隙环流入口损失系数计算及其对转子特性影响研究 [J]. 工程热物理学报, 2011, 32: 87-90.

[83] Jiang Q, Zhai L, Wang L, et al. Fluid-structure interaction analysis on turbulent annular seals of centrifugal pumps during transient process [J]. Mathematical Problems in Engineering, 2011.

[84] Alford J S. Protecting turbomachinery from self-excited rotor whirl [J]. Journal of Engineering for Power, 1965, 87 (4): 189-198.

[85] Vance J M, Murphy B T. Labyrinth seal effects on rotor whirl stability [J]. Institute of Mechanical Engineer, 1980, 369-373.

[86] Iwatsubo T. Proceedings of the Rotordynamic Instability Problems in High Performance Turbomachinery [C]. Texas: Texas A&M University, 1980.

[87] Scharrer J K. A comparison of experimental and theoretical results for rotordynamic coefficients for labyrinth gas seals [D]. Texas: Texas A&M University, 1985.

[88] Iwatsubo T. Proceedings of the Rotordynamic Instability Problems in High Performance Turbomachinery [C]. Texas: Texas A&M University, 1986.

[89] Iwatsubo H, Nishino T, Ishimaru H. Proceedings of the Rotordynamic Instability Problems in High-Performance Turbomachinery [C]. Kobe: Kobe University, 1996.

[90] Childs D W, Scharrer J K. An Iwatsubo-based solution for labyrinth seals: comparison to experimental results [J]. Journal of Engineering for Gas Turbines and Power, 1986, 108 (2): 325-331.

[91] Nordmann R, Dietzen F, Janson W, et al. Proceedings of Second IFToMM International Conference on Rotordynamics [C]. Tokyo: Springer, 1986.

[92] Kim C, Childs D W. Analysis for rotordynamic coefficients of helically-grooved turbulent annular seals [J]. Journal of Tribology, 1987, 109 (1): 136-143.

[93] Kirk R G. Proceedings of the Design Engineering Vibration Conference [C]. Cincinnati: ASME, 1985.

[94] Rumeet P M. Labyrinth seal preprocessor and post-processor design and parametric study [D]. Virginia: Virginia Polytechnic Institute and State University, 1985.

[95] Wyssmam H R, Pham T C, Jenny R J. Prediction of stiffness and damping coefficients for centrifugal compressor labyrinth [J]. Journal of Engineering for Gas Turbines and Power, 1984,

106 (4): 920-926.

[96] Childs D W, Scharrer J K. Theory versus experiment for the rotordynamic coefficient of labyrinth gas seals: part II - a comparison to experiment [J]. Journal of Vibration and Acoustics, 1988, 110 (3): 67-83.

[97] Florjancic S. Annular seals of high energy centrifugal pumps: a new theory and full-scale measurement of rotordynamic coefficients and hydraulic friction factors [D]. Switzerland: Swiss federal Institute of Technology, 1990.

[98] Marquette O R, Childs D W. An extended three-control-volume theory for circumferentially-grooved liquid seals [J]. Journal of tribology, 1996, 118 (2): 276-285.

[99] Nelson C, Nguyen D. Comparison of Hirs' equation with Moody's equation for determining rotordynamic coefficients of annular pressure seals [J]. Journal of Tribology, 1987, 109: 144-148.

[100] Ha T W. Rotordynamic analysis for stepped-labyrinth gas seals using Moody's friction-factor model [J]. KSME International Journal, 2001, 15 (9): 1217-1225.

[101] Eser D, Dereli Y. Comparisons of rotordynamic coefficients in stepped labyrinth seals by using Colebrook-White friction factor model [J]. Meccanica, 2007, 42 (2): 177-186.

[102] Dereli Y. Comparison of rotordynamic coefficients for labyrinth seals using a two-control volume method [J]. Proceedings of the Institution of Mechanical Engineers, Part A: Journal of Power and Energy, 2008, 222 (1): 123-135.

[103] Tam L T. An interim report on the calculation method for a multi-dimensional whirling seal [R]. Alabama: Chamber of North America, 1985.

[104] Tam L T, Przekwas A J, Hendricks R C. Numerical modeling of multi-dimensional whirling seal and bearings [R]. Alabama: Chamber of North America, 1986.

[105] Tam L T, Przekwas A J, Muszynska A. Numerical and analytical study of fluid dynamic forces in seals and bearings [J]. Journal of Vibration, Acoustics, Stress, and Reliability in Design, 1988, 110 (3): 315-325.

[106] Dietzen J F, Nordmann R. Calculating rotordynamic coefficients of seals by finite-difference techniques [J]. Journal of Tribology, 1987, 109 (3): 388-394.

[107] Dietzen F, Normann R. Proceedings of ASME Symposium on Thin Fluid Films [C]. Texas: Rice University, 1987.

[108] Baskharone E A, Ghalit A. Theoretical versus experimental rotordynamic coefficients of incompressible flow labyrinth seals [J]. Journal of Propulsion and Power, 1994, 10 (5): 721-728.

[109] Rhode D L, Hensel S J, Guidry M J. Labyrinth seal rotordynamic forces using a three-dimensional Navier-Stokes code [J]. Journal of Tribology, 1992, 114 (4): 683-689.

[110] Athevale M M, Przekwas A J, Hendricks R C. Proceedings of the Advanced ETO Propulsion Conference [C]. Huntsville: NASA, 1994.

[111] Moore J J, Palazzolo A B. CFD comparison to 3D laser anemometer and rotordynamic force measurements for grooved liquid annular seals [J]. Journal of Tribology, 1999, 121 (2): 307-314.

[112] Moore J J, Palazzolo A B. Proceedings of ASME International Gas Turbine and Aeroengine Congress and Exposition [C]. Indiana: ASME, 1999.

[113] Kwanka K, Sobotzik J, Nordmann R. Proceedings of ASME International Gas Turbine and Aeroengine Congress and Exposition [C]. Munich: ASME, 2000.

[114] Moore J J. Three-dimensional CFD rotordynamic analysis of gas labyrinth seals [J]. Journal of Vibration and Acoustics, 2003, 125 (4): 427-433.

[115] Huang D, Li X. Rotordynamic characteristics of a rotor with labyrinth gas seals. Part 1: comparison with Childs' experiments [J]. Proceedings of the Institution of Mechanical Engineers, Part A: Journal of Power and Energy, 2004, 218 (3): 171-177.

[116] Dietzen F, Normann R. Proceedings of Rotordynamic Instability Problems in High Performance Turbomachinery [C]. Texas: Texas A&M University, 1988.

[117] Arghir M, Frene J. Rotordynamic coefficients of circumferentially-grooved liquid seals using the averaged Navier-Stokes equations [J]. Journal of Tribology, 1997, 119 (3): 556-567.

[118] Xi J, Rhode D L. Rotordynamics of turbine labyrinth seals with rotor axial shifting [J]. International Journal of Rotating Machinery, 2006, 93621: 1-11.

[119] Kim N, Rhode D L. Proceedings of ASME International Gas Turbine and Aeroengine Congress and Exposition [C]. Munich: ASME, 2000.

[120] Toshio H, Guo Z L, Gordon R K. Application of computational fluid dynamics analysis for rotating machinery-part II: labyrinth seal analysis [J]. Journal of Engineering for Gas Turbines and Power, 2005, 127 (4): 820-826.

[121] Schramm V, Denecke J, Kim S, et al. Shape optimization of a labyrinth seal applying the simulated annealing method [J]. International Journal of Rotating Machinery, 2004, 10 (5): 365-371.

[122] Kirk R G, Guo R. Influence of leak path friction on labyrinth seal inlet swirl [J]. Tribology Transactions, 2009, 52 (2): 139-145.

[123] Gao R. Computational fluid dynamic and rotordynamic study on the labyrinth seal [D]. Virginia: Virginia Polytechnic Institute and State University, 2012.

[124] Untaroiu A, Untaroiu C D, Wood H G, et al. Numerical modeling of fluid-induced rotordynamic forces in seals with large aspect ratios [J]. Journal of Engineering for Gas Turbines and Power, 2012, 135 (1): 154-160.

[125] Untaroiu A, Hayrapetian V, Untaroiu C D, et al. On the dynamic properties of pump liquid seals [J]. Journal of Fluids Engineering, 2013, 135 (5): 420-431.

[126] Untaroiu A, Migliorini P, Wood H G, et al. Hole-pattern Seals: a three-dimensional CFD approach for computing rotordynamic coefficient and leakage characteristics [J]. ASME International Mechanical Engineering Congress and Exposition, 2009: 981-990.

[127] Yan X, Li J, Feng Z. Investigations on the rotordynamic characteristics of a hole-pattern seal using transient CFD and periodic circular orbit model [J]. Journal of Vibration & Acoustics, 2011, 133 (4): 783-789.

[128] Zhang M, Wang X F, Xu S L, et al. Numerical simulation of the flow field in circumferential grooved liquid seals [J]. Advances in Mechanical Engineering, 2013, 5: 1-10.

[129] 刘晓锋, 陆颂元. 迷宫密封转子动特性三维 CFD 数值的研究 [J]. 热能动力工程, 2006, 21 (6): 635-639.

[130] 梁权伟, 王正伟. 混流式转轮静强度和振动特性分析 [J]. 清华大学学报: 自然科学版, 2003, 43 (12): 1649-1652.

[131] Gong R Z, Wang H J, Zhao J L, et al. Influence of clearance parameters on the rotor dynamic character of hydraulic turbine shaft system [J]. Proceedings of the Institution of Mechanical Engineers, Part C: Journal of Mechanical Engineering and Science, 2014, 228 (2): 262-270.

[132] 宫汝志, 王洪杰, 舒峻峰, 等. 水轮发电机转子密封系统转子动力学分析 [J]. 水力发电学报, 2013, 32 (1): 282-286.

[133] 宁喜, 王维民, 张娅. 离心式压缩机密封动态特性分析及稳定性评价 [J]. 振动与冲击, 2013, 32 (13): 153-158.

[134] 郝木明, 张贤晓, 陈小宁. 螺旋槽气膜浮环密封结构参数设计分析 [J]. 流体机械, 2010, 38 (1): 33-38.

[135] 张贤晓, 郝木明, 项树光. 基于 CFD 方法的螺旋槽浮环密封性能分析 [J]. 润滑与密封, 2009, 34 (5): 72-75.

[136] 叶建槐, 刘占生. 第八届全国转子动力学学术讨论会论文集 [C]. 湘潭: 中国振动工程协会, 2008.

[137] Ma W S, Chen Z B, Jiao Y H. Proceedings of International Conference on Electronic and Mechanical Engineering and Information Technology [C]. Harbin: EMEIT, 2011.

[138] Chochua G, Soulas T A. Numerical modeling of rotordynamic coefficients for deliberately roughened stator gas annular seals [J]. Journal of Tribology, 2006, 129 (2): 335-341.

[139] Nielsen K K, Jonck K, Underbakke H. Proceedings of Turbine Technical Conference and Exposition [C]. Copenhagen: ASME, 2012.

[140] Athavale M M, Przekwas A J, Hendricks R C. Proceedings of the AIAA 29th Joint Propulsion

Conference [C]. Nashville: AIAA, 1992.

[141] Childs D W, Nelson C, Noyes T, et al. Proceedings of rotordynamic instability problems in high performance turbomachinery workshop [C]. Texas: Texas A&M University, 1982.

[142] Tony B S. A study of the effects of inletpreswirl on the dynamic coefficients of a straight-bore honeycomb gas damper seal [D]. Texas: Texas A&M University, 2004, 129 (1): 220-229.

[143] Benchert H, Wachter J. Flow induced spring coefficients of labyrinth seals for application in rotor dynamics [R]. Stuttgart: NASA, 1980.

[144] Childs D W, Kim C H. Proceedings of second IFToMM international conference on rotordynamics [C]. Tokyo: Springer, 1986.

[145] Childs D W, Scharrer J K. Experimental rotordynamic coefficient results for teeth-on-rotor and teeth-on-stator labyrinth gas seals [J]. Journal of engineering for gas turbines and power, 1986, 108 (4): 599-604.

[146] Childs D W, Scharrer J K. Theory versus experiment for the rotordynamic coefficients of labyrinth gas seals II: A comparison to experiment [J]. Journal of Vibration Acoustics Stress and Reliability in Design, 1988, 110 (3): 281-287.

[147] Kanki H, Kawakami T. Experimental study on the static and dynamic characteristics of screw grooved seals [J]. Journal of Vibration Acoustics Stress and Reliability in Design, 1988, 110 (3): 326-331.

[148] Childs D W. The SSME seal test program: Leakage tests for helically-grooved seals [R]. Alabama: NASA, 1983.

[149] Childs D W. The SSME seal test program: Test results for smooth, hole-pattern and helically-grooved stators [R]. Alabama: NASA, 1986.

[150] Childs D W, Nolan S A, Kilgore J J. Test results for turbulent annular seals, using smooth rotors and helically grooved stators [J]. Journal of tribology, 1990, 112 (2): 254-258.

[151] Diewald W, Nordmann R. Proceedings of rotordynamic instability problems in high performance turbomachinery workshop [C]. Texas: Texas A&M University, 1988.

[152] Kilgore J, Childs D W. Rotordynamic coefficients and leakage flow of circumferentially-grooved liquid seals [J]. Journal of fluids engineering, 1990, 112 (3): 250-256.

[153] Kwanka K. Dynamic coefficients of stepped labyrinth gas seals [J]. Journal of Engineering for Gas Turbines and Power, 2000, 122 (3): 473-477.

[154] Soto E A, Childs D W. Experimental rotordynamic coefficient results for (a) a labyrinth seal with and without shunt injection and (b) a honeycomb seal [J]. Journal of engineering for gas turbines and power, 1999, 121 (1): 153-159.

[155] Kanemori Y, Iwatsubo T. Experimental study of dynamic fluid forces and moments for a long

annular seal [J]. Journal of Tribology, 1992, 114 (4): 773-778.

[156] Iwatsubo T, Sheng B C, Ono M. Proceedings of Rotordynamic Instability Problems in High-Performance Turbomachinery workshop [C]. Virginia: NASA, 1991.

[157] Iwatsubo T, Sheng B C. Proceedings of third IFToMM international conference on rotordynamic [C]. Lyon: NASA, 1990.

[158] Guinzburg A, Brennen C E, Acosta J, et al. Experimental results for the rotordynamic characteristics of leakage flows in centrifugal pumps [J]. Journal of Fluids Engineering, 1994, 116 (1): 110-115.

[159] Robert V U, Bircumshaw B L, Brenen C E. Rotordynamic forces from discharge-to-suction leakage flows in centrifugal pumps: effects of geometry [J]. JSME International Journal of Fluids and Thermal Engineering, 1998, 41 (1): 208-213.

[160] 蒋庆磊. 环形密封和多级转子系统耦合动力学数值及实验研究 [D]. 杭州: 浙江大学, 2012.

[161] Uchida N, Imaichi K, Shirai T. Radial force on the impeller of a Centrifugal pump [J]. Bulletin of JSME, 1971, 14 (76): 1106-1117.

[162] Mays J H. Wave Radiation and diffraction by a floating slender body [D]. Massachusetts: MIT, 1978.

[163] Newman J N. The theory of ship motions [J]. Advances in Applied Mechanics, 1978, 18: 221-283.

[164] Bishop R, Price W G. Hydroelasticity of ships [M]. Cambridge: Camb. UNIV. Press, 1979.

[165] Hiibner B, Seidel U. Proceedings of 2nd IAHR International Meeting of the Workgroup on Cavitation and Dynamic Problems in Hydraulic Machinery and Systems [C]. Romania: IAHR, 2007.

[166] Ramaswamy B, Kawahara M. Arbitrary Lagrangian-Eulerian finite element method for unsteady, convective, incompressible viscous free surface fluid flow [J]. International Journal for Numerical Methods in Fluids, 1987, 7 (10): 1053-1075.

[167] Huerta A, Liu W K. Viscous flow with large free surface motion [J]. Computer Methods in Applied Mechanics and Engineering, 1988, 69 (3): 277-324.

[168] Dong R, Chu S, Katz J. Quantitative Visualization of the Flow Within the Volute of a Centrifugal Pump. Part A: Technique [J]. Journal of Fluids Engineering, 1992, 114 (3): 390-395.

[169] Dong R, Chu S, Katz J. Quantitative Visualization of the Flow Within the Volute of a Centrifugal Pump. Part B: Results [J]. Journal of Fluids Engineering, 1992, 114 (3): 396-403.

[170] Gonzaláz José, Santolaria Carlos, Parrondo Jorge Luis. Proceedings of the ASME/JSME Joint

Fluids Engineering Conference [C]. Hawaii: ASME, 2003.

[171] Guo S J, Okamoto H, Maruta Y. Measurement on the fluid forces induced by rotor-stator interaction in a centrifugal pump [J]. Transactions of the Japan Society of Mechanical Engineers, 2005, 706: 1603-1610.

[172] Blanco E, Parrondo J, Barrio R, et al. Proceedings of 2005 ASME Fluids Engineering Division Summer Meeting [C]. Texas: ASME, 2005.

[173] Yoshida Y, Tsujimoto Y, Kawakami T, et al. Unbalanced hydraulic forces caused by geometrical manufacturing deviations of centrifugal impellers [J]. Journal of Fluids Engineering, Transactions of the ASME, 1998, 120 (3): 531-537.

[174] Colding J J. Effect of fluid forces on rotor stability of centrifugal pumps and compressors [J]. NASA CP, 1980, 2133: 249-265.

[175] Tsujimoto Y, Acosta A, Brennen C. Two-dimensional unsteady analysis of fluid forces on a whirling centrifugal impeller in a volute [J]. NASA CP, 1984, 2388: 161-172.

[176] Adkins D. Analysis of Hydrodynamic Forces of Centrifugal Pump Impellers [D]. California: California Institute of Technology, 1985.

[177] Adkins D, Brennen C. Analyses of Hydrodynamic Radial Forces on Centrifugal Pump Impellers [J]. ASME Journal of Fluids Engineering, 1988, 110 (1): 20-28.

[178] Childs D W. Fluid-structure interaction forces at pump-impeller-shroud surfaces for rotordynamic calculations [J]. Journal of Vibration, Acoustics, Stress, and Reliability in Design, 1989, 111 (3): 216-225.

[179] Yun H S, Brennen C E. Effect of swirl on rotordynamic forces caused by front shroud pump leakage [J]. ASME Journal of Fluids Engineering, 2002, 124 (4): 1005-1010.

[180] Brennen C E, Acosta A J. Fluid-induced rotordynamic forces and instabilities [J]. Structural Control and Health Monitoring, 2006, 13 (1): 10-26.

[181] Gupta M K, Childs D W. Rotordynamic Stability Predictions for Centrifugal Compressors Using a Bulk-Flow Model to Predict Impeller Shroud Force and Moment Coefficients [J]. Journal of Engineering for Gas Turbines and Power, 2006, 132 (9): 1211-1223.

[182] González José, Parrondo Jorge, Santolaria Carlos, et al. Steady and unsteady radial forces for a centrifugal pump with impeller to tongue gap variation [J]. Journal of Fluids Engineering, 2006, 128 (3): 454-462.

[183] Raúl B, Eduardo B, Jorge P, et al. The Effect of Impeller Cutback on the Fluid-Dynamic Pulsations and Load at the Blade-Passing Frequency in a Centrifugal Pump [J]. Journal of Fluids Engineering, 2008, 130 (11): 111102.

[184] Moore J, Palazzolo A. Rotordynamic force prediction of whirling centrifugal impeller shroud passages using computational fluid dynamic techniques [J]. ASME Journal of Engineering for

Gas Turbines and Power, 2001, 123 (4): 910-917.

[185] Benra F K, Dohmen H J. Proceedings of the ASME Pressure Vessels & Piping Conference [C]. Texas: ASME, 2007.

[186] Campbell R L, Paterson E G. Fluid-structure interaction analysis of flexible turbomachinery [J]. Journal of Fluids and Structures, 2011, 27 (8): 1376-1391.

[187] Muench C, Ausoni P, Braun O, et al. Fluid-structure coupling for an oscillating hydrofoil [J]. Journal of Fluids and Structures, 2010, 26: 1018-1033.

[188] Jiang Y Y, Yoshimura S, Imai R, et al. Quantitative evaluation of flow-induced structural vibration and noise in turbomachinery by full-scale weakly coupled simulation [J]. Journal of Fluids and Structures, 2007, 23: 531-544.

[189] 裴吉. 离心泵瞬态水力激振流固耦合机理及流动非定常强度研究 [D]. 镇江: 江苏大学, 2013.

[190] 何希杰, 于禧民. 离心泵水力设计对振动的影响 [J]. 水泵技术, 1995, 1: 17-22.

[191] 吴仁荣. 降低离心泵运行振动的水力设计 [J]. 机电设备, 2004, 4: 18-22.

[192] 黄国富, 常煜, 张海民. 基于CFD的船用离心泵流体动力振动噪声源分析 [J]. 水泵技术, 2008, 3: 20-33.

[193] 倪永燕. 离心泵非定常湍流场计算及流体诱导振动研究 [D]. 镇江: 江苏大学, 2008.

[194] 叶建平. 离心泵振动噪声分析及声优化设计研究 [D]. 武汉: 武汉理工大学, 2006.

[195] Xu H, Tan M G, Liu H L, et al. Proceedings of the 5th International Symposium on Fluid Machinery and Fluids Engineering [C]. Korea: KoreaScience, 2013.

[196] 王洋, 王洪玉, 张翔, 等. 基于流固耦合理论的离心泵冲压焊接叶轮强度分析 [J]. 农业工程学报, 2011 (3): 131-137.

[197] 窦唯, 刘占生. 液体火箭发动机涡轮泵转子弯扭耦合振动研究 [J]. 火箭推进, 2012, 38 (4): 17-25.

[198] 窦唯, 刘占生. 流体激励力对高速泵转子振动特性的影响研究 [J]. 机械科学与技术, 2013, 32 (3): 377-382.

[199] 蒋爱华. 流体激励诱发离心泵基座振动的研究 [D]. 上海: 上海交通大学, 2011.

[200] 蒋爱华, 章艺, 靳思宇, 等. 离心泵流体激励力的研究 [J]. 2012, 31 (22): 123-127.

[201] 蒋爱华, 章艺, 靳思宇, 等. 离心泵流体激励力的研究: 蜗壳部分 [J]. 2012, 31 (4): 60-66.

[202] 袁振伟, 褚福磊, 林言丽, 等. 考虑流体作用的转子动力学有限元模型 [J]. 动力工程, 2005, 25 (4): 457-461.

[203] 胡朋志. 离心叶轮转子系统动力学特性研究 [D]. 兰州: 兰州交通大学, 2006.

[204] 李同杰, 王娟, 陈云香, 等. 含转轴裂纹的离心叶轮转子非线性动力学特性研究 [J]. 振动与冲击, 2010, 29 (11): 213-225.

[205] 唐云冰, 高德平, 罗贵火. 叶轮偏心引起的气流激励力对转子稳定性影响的分析 [J]. 航空学报, 2006, 27 (2): 245-249.

[206] 张妍. 叶轮前侧盖板流固耦合动力学特性研究 [D]. 郑州: 郑州大学, 2010.

[207] Childs D W. Turbomachinery Rotordynamics: Phenomena, Modeling, and Analysis [M]. Texas: Springer Press, 1993.

[208] Storteig E. Dynamic Characteristics and Leakage Performance of Liquid Annular Seals in Centrifugal Pumps [D]. Trondheim: Norwegian University of Science and Technology, 1999.

[209] Versteeg H K, Malalasekera W. An introduction to computational fluid dynamics [M]. British: Longman Group Ltd, 1995.

[210] 刘树红, 邵杰, 吴摘锋, 等. 轴流转桨式水轮机压力脉动数值预测 [J]. 中国科学 E 辑: 技术科学, 2009, 39 (4): 626-634.

[211] 余利仁, 张书农, 蔡树棠. 水环境中紊流污染场深度平均二方程数值模拟新模式及其数值检验 [J]. 水利学报, 1990 (3): 13-21.

[212] Menter F R. Influence of freestream values on k-ω turbulence model predictions [J]. AIAA Journal. 1992, 30 (6): 1651-1659.

[213] Launder B E, Spalding D B. The numerical computation of turbulent flows [J]. Computer Methods in Applied Mechanics and Engineering, 1974, 3: 269-289.

[214] 赖喜德, 徐永. 叶片式流体机械动力分析与应用 [M]. 北京: 科学出版社, 2017.

[215] 钟一谔, 何衍宗, 王正, 等. 转子动力学 [M]. 北京: 清华大学出版社, 1987.

[216] 马辉, 韩清凯, 太兴宇, 等. 转子系统动力学基础与数值仿真 [M]. 武汉: 武汉理工大学出版社, 2018.

[217] 周文杰. 多级离心泵转子耦合系统动力学特性研究 [D]. 杭州: 浙江大学, 2016.

[218] Gulich, Johann Friedrich. Centrifugal pumps [M]. Berlin: Springer, 2010.